海洋材料科技创新发展

韩恩厚　毛新平　魏　凤　编著

科学出版社

北京

内 容 简 介

发展海洋经济，建设海洋强国是我国的国家战略。海洋材料为海洋的探索、开发、应用及产业发展提供了重要保障支撑。我国正处于高质量发展、高效率变革、新动能转型的新质生产力提质增效关键时期，本书着眼于海洋材料的创新发展，首先调研欧盟、美国、日本、中国等主要经济体或国家在海洋战略及海洋材料方面的战略、布局、规划发展及重点领域方向；其次，针对海洋高温、高湿、高盐等环境特点，介绍了诸多海洋材料及防腐技术，并着眼于建设海洋工程的结构材料、腐蚀材料和深海装备材料，分别开展前沿技术创新和标准技术的分析；最后基于上述分析提出我国发展海洋材料的建议。

本书适合有志于推动海洋和海洋材料探索、规划、研究、开发和应用发展及相关行业的研究人员、管理和决策人员使用。

图书在版编目（CIP）数据

海洋材料科技创新发展 / 韩恩厚，毛新平，魏凤编著. -- 北京 ：科学出版社，2024.11

ISBN 978-7-03-078547-3

Ⅰ．①海… Ⅱ．①韩… ②毛… ③魏… Ⅲ．①海洋工程–工程材料–研究–中国 Ⅳ．①P75

中国国家版本馆 CIP 数据核字（2024）第 101568 号

责任编辑：张淑晓　高　微 / 责任校对：杜子昂
责任印制：赵　博 / 封面设计：东方人华

科 学 出 版 社 出版

北京东黄城根北街 16 号
邮政编码：100717
http://www.sciencep.com

三河市春园印刷有限公司印刷
科学出版社发行　各地新华书店经销

*

2024 年 11 月第 一 版　开本：720×1000　1/16
2025 年 1 月第二次印刷　印张：14 1/4
字数：280 000

定价：108.00 元
（如有印装质量问题，我社负责调换）

主要撰写人员

领衔撰写：韩恩厚　中国工程院院士

　　　　　毛新平　中国工程院院士

　　　　　魏　凤　中国科学院武汉文献情报中心、中国科学院大
学　　研究员

参与撰写：张志明　广东省腐蚀科学与技术创新研究院　研究员

　　　　　周　洪　中国科学院武汉文献情报中心　副研究员

　　　　　邓阿妹　中国科学院武汉文献情报中心　副研究员

　　　　　郑启斌　中国科学院武汉文献情报中心　助理研究员

　　　　　高国庆　中国科学院武汉文献情报中心　助理研究员

　　　　　周超峰　福建农林大学　博士、馆员

前　言

　　发展海洋经济、建设海洋强国是我国的国家战略。建设海洋强国意味着我国必须在海洋勘探和开发、海洋资源开发、保护与利用、海洋信息传输、海洋开发技术创新等海洋发展关键技术领域达到国际一流水平。2017 年 10 月 18 日，中国共产党第十九次全国代表大会报告明确提出"加快海洋强国建设"。2020 年 10 月 29 日，中国共产党第十九届中央委员会第五次全体会议审议通过《中共中央关于制定国民经济和社会发展第十四个五年规划和二〇三五年远景目标的建议》（以下简称纲要），纲要中 4 次提到海洋，明确表示要坚持陆海统筹，发展海洋经济，建设海洋强国，提高海洋资源开发保护水平，加快壮大海洋装备，发展战略性新兴产业。这是在习近平总书记亲自领导下，汇聚全国智慧编制而成的行动纲领和政治宣言，擘画了中国面向未来的宏伟蓝图。

　　与此同时，我国出台《国家标准化发展纲要》中提出，要深化标准化与科技创新互动发展，以科技创新促进标准水平提升，以标准化促进科技成果产业化、市场化和国际化，加快发展新质生产力，更好地服务经济社会高质量发展。这是在以习近平新时代中国特色社会主义思想为指导，坚持以推动高质量发展为主题，促进科技创新和标准化互动发展，为科技创新和标准化的融通提供支撑的重要思想。

　　为了详细、确切把握我国海洋材料科技、创新与标准化发展现状、关键技术与发展方向，同时为政府管理部门提供制定政策和决策的可靠依据，2022 年 5 月，广东省腐蚀科学与技术创新研究院启动了"粤港澳大湾区海洋材料发展战略研究"战略咨询与研究项目。项目成立了以毛新平院士、韩恩厚院士为项目负责人，殷瑞钰院士、柯伟院士、周克崧院士、王海舟院士等 30 多位专家为主要成员的项目组，项目组历时一年多、深入调研十多家研究和应用单位、大量调研国内外重要学术成果，旨在找出我国海洋关键结构材料、防腐材料、深远海材料目前存在的主要问题，向政府和相关部门提出如何加快发展海洋关键材料的措施和建议。

本书调研目标是海洋结构、海洋防腐和深远海等关键材料。海洋材料是建设海洋强国的前提和基础保障，包括海洋结构材料、海洋电子材料、海洋腐蚀防护材料、海洋新能源材料、深远海装备材料等在内的关键海洋材料体系为海洋资源开发、海洋能源开发利用、海洋生物开发、海洋通信、海洋勘察、海洋基础设施建设、海洋装备制造等领域的发展提供了必要支撑。其中，海洋结构材料主要包括高性能钢铁材料、轻合金材料、工程塑料等结构材料，是海洋工程的主要建筑材料；海洋腐蚀防护材料包括陶瓷材料、涂层材料、表面改性、海洋腐蚀监测等技术相关材料；深远海装备材料包括压力材料、深海动力材料、高强铝合金、高强韧钛合金、镁合金等。

本书围绕国家海洋强国的战略目标及发展要求，在充分调研国内外海洋战略和海洋产业发展的基础上，重点对海洋结构材料、海洋腐蚀防护材料、深远海装备材料等海洋材料开展科技发展状况与战略研究。从国内外海洋材料的发展现状、发展水平/阶段、技术能力等不同角度，分析国内外的规划、政策、技术创新情况、自主知识产权、产业化状况标准化及支持资助等内容，对国内外的科学研究进展、知识产权创新和标准化现状做了深入研判，比较和分析国内外海洋材料发展的优劣势、海洋材料研究创新及产业化发展的特点和存在的问题，提出我国海洋材料科技创新发展与标准化发展的建议，期望为我国海洋经济和海洋产业发展提供助力支撑。

本书较全面地反映了国内外海洋材料科研创新发展和标准化现状，提出我国海洋材料研究及产业化发展面临的问题，围绕我国海洋强国建设及海洋材料的快速发展提出思考，具有较强的前瞻性和实用性，非常具有理论创新和实践应用参考价值。

本书的完成汇集了项目组和编写组的集体智慧。本书在研究和撰写过程中，得到了殷瑞钰院士、柯伟院士、周克崧院士、王海舟院士等悉心指导和大力支持，以及冯埃生正高级工程师、王俭秋研究员、闫德胜研究员、刘福生研究员、王震宇研究员、单大勇研究员、杜昊研究员、张志明研究员、汪水泽研究员、武会宾研究员、吴桂林研究员、高军恒研究员、上官方钦研究员、赵雷研究员、张小锋研究员等专家学者的诚挚帮助，我们对他们严谨的态度、一丝不苟的精神和具有前瞻思想的学术风范表达崇高敬意和真挚的感谢！

由于本书涉及学科交叉，内容广泛，加之材料学科发展不断涌现出新成果，以及编者水平所限，本书难免有不足之处，恳请广大读者批评指正。

编　者

2024 年 7 月

目　　录

第1章　全球海洋战略与海洋材料发展趋势

1.1　海洋材料发展背景及意义

海洋覆盖了地球表面约 71% 以上，且蕴含着丰富的资源，包括生物资源、矿产资源、化学资源、动力资源、水资源以及空间资源，这些资源对于人类和生活在地球上的其他生物有着不可或缺的作用。随着陆地资源开发利用逐渐消耗，海洋资源利用成为缓解陆地资源紧张的有效途径。例如，海洋生物资源给渔业和医药产业带来发展新机遇；海洋矿产资源为工业发展提供了能源和原材料；海洋空间资源促成了海上贸易、远洋运输等经济活动[1]。据经济合作与发展组织（OECD）保守估计，全球 2010 年海洋经济实现创收 1.5 万亿美元，预计到 2030 年，全球海洋经济产值可能超过 3 万亿美元，其中包括来自海洋矿物和海洋遗传资源等新兴或欠发达服务业的贡献[2]。

海洋材料为海洋的探索、开发、应用提供了保障支撑，是海洋科学进步的基础，是发展海洋经济必不可少的一环。海洋作为一个复杂的、动态的社会生态系统，包括海岸线至开阔海域，从海洋表面至深海海床等广阔范围，人类对其知之甚少。现今当务之急是通过"海洋科技创新"来探索海洋、认识海洋、开发海洋，为可持续开发利用海洋提供支撑。"海洋科学"涵盖自然科学和社会科学（包括跨

---

① Dhanak M R, Xiros N I. Springer Handbook of Ocean Engineering (Springer Handbooks)[M]. Springer International Publishing, 2016.

② OECD. 2030 年海洋经济展望[R]. 巴黎: 经合组织出版社, 2016.

学科问题)、支持海洋科学的技术和基础设施、应用海洋科学造福社会(包括知识转让及在缺乏科学能力的地区应用海域科学),以及科学与政策和科学与创新之间的交互联系。因此,海洋科学具有很强的综合性、配套性和知识与资本密集性,与其他学科如材料工程、环境工程等密切相关。但是,海洋科技发展的最重要共性基础主要依赖于材料科技的发展和突破,尤其是依赖专用海洋材料的研发和应用。例如,深海设备的制造材料为探索深海状况提供了支撑;海上钻井平台材料的研发生产制造为海洋石油天然气开发提供了更长的服役时间以及更安全的工作环境;跨海大桥、海滨建筑等也会由于海洋材料的使用变得更加坚固耐用。

海洋材料的开发应用为包括海洋油气资源钻探开发在内的海洋工程发展提供了可能。以能源为例,能源安全是关系国家经济社会发展的全局性、战略性问题,对国家繁荣发展、人民生活改善、社会长治久安至关重要,其中油气资源是能源安全的核心所在。我国是最大的油气资源进口国,对外依存度高,要想保障能源安全,必须提高国内油气产量,而进入 21 世纪,海洋油气资源成为世界油气储量和产量的另一主要增长点,因此我国应抢占这一先机,大力勘探开发海洋油气。近海油气开发已有百年以上的历史,现在海洋油气资源正向深远海进发。早期近海油气开发依靠钻井浮船,发展至今浮船已经转变为半潜式钻井平台。除了转向远海,面对更加恶劣的海洋环境外,海洋油气的开发还要符合现代社会发展需求,向数字化、集成化、绿色化协同发展,因此海洋油气开发的装备需要向深水化、智能化、模块化、多功能化、循环化发展。海洋特种装备的设计和制造材料是上述发展的必要前提。

海洋环境的恶劣性对材料及探测开发设备的性能提出专门要求。勘探开发海洋油气的装备长期处于风、浪、流、蚀等恶劣环境中,特别是在深海海域,对制造材料有着苛刻的要求。海洋平台是一种岛状结构物,按照状态分为固定式和浮式,其主要建造材料是钢,由于所处环境恶劣,对钢材提出了严格的指标要求,如屈服强度的下屈服点不小于 355 MPa,冲击韧性的纵向冲击功平均值不小于 55 J,横向冲击功平均值不小于 37 J。海洋钻采设备包括海洋隔水管、水下井口、井控装置及水下集输系统。海洋隔水管的作用是隔离海水,工作环境恶劣,所以海洋隔水管首先要具有防水性、封闭性、耐腐蚀性等,其次要能抗海流、有良好的抗疲劳性能。水下集输系统则由于处于水底,且起着输运作用,要求其抗压、质软、抗疲劳等,如采用复合材料柔性软管。海洋油气开发需求的日益增长带动了海洋平台、海洋钻井装备和海底管道建设,加大了对新材料、新工艺的需求,未来海洋油气资源的材料必然朝着更耐腐蚀、抗疲劳等性能方面发展,柔性复合材料、低碳合金钢、钛合金等将成为重点研究方向。

海洋基础设施建设展现了海洋科技发展的能力和水平。海洋基础设施,如跨海大桥、海洋平台、海底管线、港口码头以及海上能源设施、各类船舰和潜艇等海洋交通和军用设施,为开发、探索、管理海洋提供了支撑,推动了国家海洋资源开发利用。但海洋苛刻的服役环境,使得海洋基础设施出现极为严重的腐蚀问题,严重影响海洋基础设施的使用寿命和安全性。海洋腐蚀已经成为影响近海工程和远洋设施服役安全性与使用寿命的重要因素,材料的耐腐蚀性与成本、不同海域的腐蚀速度、制造技术等关系较大。跨海大桥是海洋基础设施中重要的一环,连接了陆地和岛屿,能改善陆岛交通。跨海大桥跨度大,工程难度高,桥墩要抗海水腐蚀,桥身要抗风浪,桥梁使用寿命要长,而且在桥梁服役过程中,还要方便维护,这些要求促使对于跨海大桥的设计和建设采用更加稳固、更耐疲劳的结构材料。钢材是桥梁建设中主要使用的几种材料之一,桥梁不同部位的用钢需要符合所处的环境要求,如桥墩用钢的抗腐蚀能力要强,桥身用钢则要更具结构性能。因此,开发不同特性的高性能钢铁是跨海大桥建设的重要条件之一,甚至是海洋基础设施建设的关键因素之一。

海洋船舰制造是海洋军事能力的重要体现。海洋交通业、海洋渔业、海洋军事等行业均需要船舶舰艇,船舶舰艇在国民经济发展和军事力量上有着重要地位。正因有了"辽宁号""山东舰"等航母,新型海上驱逐舰以及护卫舰,我国海洋军事力量才得以提升,并对外形成武力威慑,维护我国海域安全。但海洋环境盐度高、富氧,存在大量海洋微生物和宏生物,加上海浪冲击和阳光照射,海洋内腐蚀环境非常复杂,而作为海洋中的交通工具,海洋船舶面临服役年限和腐蚀问题,材料是解决船舶制造难题的核心。在"船舶"历史上,船舶制造材料从木质演变成钢质,按材料划分船舶有木质船、铝合金船、玻璃钢船艇、混合机构船等。使用目的和服役环境是决定船舶制造材料的重要因素。

由此可见,海洋材料发展是海洋产业发展的重要推动力。海洋材料的创新发展需将材料科学知识与生命科学、环境科学、化学化工、海洋地质、海洋物理等交叉融合,既要考虑材料科学自身的规律与特点,又必须考虑海洋环境的特殊性[①],其综合性强,研究难度大,许多基于材料的海洋领域都受制于材料的短缺及其质量问题而无法继续发展。

1.2 国内外海洋发展战略和部署规划

人们很早就进行过海洋的探索开发,但真正进入海洋,大规模探索开发海洋从 20 世纪 60 年代才开始,与之伴随的是海洋科技的进步。从 20 世纪 80 年代开始,一些发达国家就开始规划布局,发展本国海洋科学与技术,并将其列入国家科学技术发展纲要。深海探测、水下作业、油气开发、深海采矿以及现代船舶技术等均成为国家战略要求发展的海洋高技术。

1.2.1 美国

为了更好地开发和利用海洋资源,美国近百年来持续制定海洋发展战略,意在加强海洋探索,巩固全球海洋研究中心的优势地位[②]。2000 年美国国会通过《关于设立海洋政策委员会及其目的的法案》,为制定美国在新世纪的海洋政策提供了法律保障,该法案中提到通过科学手段加强对海洋的理解,包括四个方面:创建国家一级的海洋研究、勘探和作业的国家战略,实现持续、综合的海洋观测系统,加强海洋基础设施和技术开发,完成海洋数据和信息系统现代化。美国新世纪后的海洋科技发展政策主要围绕这四个方向。

美国在海洋科技方面的研究资助主要依靠三家机构,分别是美国国家海洋与大气管理局(NOAA)、美国国家科学基金会(NSF)下属的海洋科学部(OCE)以及美国海军研究办公室(ONR)。

---

① 佚名. 院士专家: 加速海洋材料领域研发迫在眉睫[J]. 现代科学仪器, 2010, (5): 14.
② 王金平, 张波, 鲁景亮, 等. 美国海洋科技战略研究重点及其对我国的启示[J]. 世界科技研究与发展, 2016, 38(1): 224-229.

　　成立于 1946 年的美国海军研究办公室致力于美国海军服务和国际科学技术研究，同时成立的还有美国海军研究咨询委员会，美国海军研究办公室的研究侧重于海洋军事，如深海勘探、电子学、蜂窝材料、浮动工具平台、海底地图等。在美国海军研究办公室的《2018 年美国海军陆战队科技战略计划》中，从基础研究、应用研究和先进技术研究三部分开展海洋军事科技方面的研究部署，如对海底地形地貌的测绘、移动通信、观测雷达等。

　　20 世纪 60 年代末以前，美国海军研究办公室一直是海洋科学研究的主要资助方。而国际地球物理年(1957～1958 年)之后的国际海洋探索十年，美国国家科学基金会成为资助学术机构海洋科学基础研究的主要联邦机构。1970 年，美国政府将三个部门"美国海岸测量局"、"气象局"和"渔业管理局"收编成为美国国家海洋与大气管理局，划归美国商务部管理。1983 年，美国发布《大气、气候、海洋研究法案》(Atmospheric，Climatic，and Ocean Research Act)，首先定位了美国国家海洋与大气管理局的工作和目标，授权美国商务部投资海洋研究等多个领域[①]。

　　2005 年，美国推出《21 世纪海洋养护、教育和国家战略法案》[②]规定国家海洋政策的制定策略，在不同领域设立多个机构，如海洋管理方面，设立国家海洋顾问、海洋政策委员会、海洋政策顾问委员会等机构；成立海洋科学、教育和运作委员会(OSEO 委员会)指导海洋政策委员会制定海洋和海岸科学国家战略；在海洋和大气研究及数据服务办公室内设立海洋勘探办公室；在财政部设立海洋和五大湖保护信托基金。

美国新世纪(2000 年)以来的两个十年计划

　　2007 年，美国国家科学技术委员会(NSTC)海洋科学技术联合会发布《绘制美国未来十年海洋科学路线：海洋研究优先计划及实施战略》(Charting the Course for Ocean Science in the United States for the Next Decade: An Ocean Research Priorities Plan and Implementation Strategy)(简称《海洋研究优先计划及实施战略》)[③]，这是美国第一个全面的国家海洋研究优先计划。该文件的目标是为建立科学基础提供指导，

---

① https://www.congress.gov/bill/98th-congress/house-bill/3597

② https://www.congress.gov/bill/109th-congress/house-bill/2939

③ NSTC Joint Subcommittee on Ocean Science and Technology. Charting the Course for Ocean Science in the United States for the Next Decade. An Ocean Research Priorities Plan and Implementation Strategy[R]. 2007.

改善社会对海洋的管理和利用以及与海洋的交互作用。该海洋科学战略的基本要素主要包括三个方面：①提高预测海洋和受海洋影响的关键过程和现象的能力，降低海洋灾害的风险，改善海洋相关活动的行动方式；②为基于生态系统的管理提供科学支持，此要素是考虑到海洋与人类是一种交互的关系，资源管理将更加复杂；③部署海洋观测系统，部署的系统将改变人们对海洋的访问和观察，提高海洋研究的速度、效率和范围，反过来，观测能力的提高将使海洋预报和基于生态系统的管理成为可能。

在三个基本要素的指导方向下，《海洋研究优先计划及实施战略》确立了多个近期和中期的行动目标及实施途径，并制定了多部门的协作机制(图 1.1)。该战略于 2013 年被修订，提出的优先研究领域及优先研究事项包括：①支持国家需求的海洋科学(海洋酸化研究，北极地区环境变化)；②社会科学研究主题(海洋自然资源和人文资源的管理，提高自然灾害和环境灾难的恢复力，海洋运输业务活动及海洋环境，海洋在气候变化中的角色，提升生态系统健康，增强人类健康)。

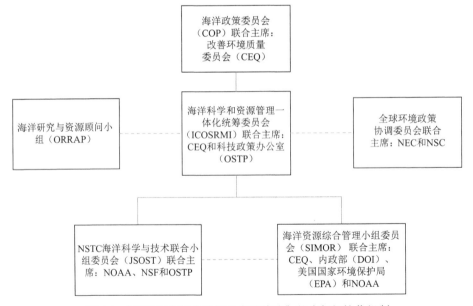

图 1.1 《海洋研究优先计划及实施战略》的多部门协作机制

在该战略的基础上，美国国家科学技术委员会于 2018 年重新部署了《美国国家海洋科技发展：未来十年愿景》(Science and Technology for America's Oceans: A Decadal Vision)(简称《十年愿景》)，以替换原战略。

美国国家科学技术委员会的《十年愿景》确定了 2018~2028 年海洋科技发展的迫切研究需求与发展机遇以及未来 10 年推进美国国家海洋科技发展的目标与优先事项：①了解地球系统中的海洋：研发现代化的基础设施，利用大数据，开发地球系统的模型，促进商业化运营研究；②促进经济繁荣：扩大国内海产品生产，勘探潜在的能源资源，评估海洋关键矿物，平衡经济和生态效益，培养蓝色劳动力；③确保海上安全：提高海洋事务感知能力，了解北极的变化，维护和加强海上运输；④保障人类健康：防止和减少塑料污染，改进对海洋污染物和病原体的预测，减少有害藻华，开发天然产品；⑤发展具有恢复力的沿海社区：为自然灾害和天气事件做好准备，降低风险和脆弱性，赋予地方和区域决策权力。而在具体研究上，侧重 5 个具体方向：①将大数据方法完全整合到地球系统科学中；②提高监测和预测建模能力；③改进决策支持工具中的数据集成；④支持海洋勘探和描述；⑤支持正在进行的研究与技术合作。

其他海洋计划

2009 年，美国政府还发布了《海洋研究和勘探加强法案》[①]，该法案要求国家海洋和大气管理局制定国家海洋勘探计划，以促进与其他联邦海洋和海底研究和勘探计划的合作；召集并组建海洋勘探和海底研究技术与基础设施工作组；成立海洋勘探咨询委员会。该法案中，行动计划包括开发、测试和推广与海洋观测站、潜水器、先进潜水技术、遥控飞行器、自主水下航行器以及新的采样和传感技术相关的先进海底技术。

美国一直着眼于海洋及海洋资源的持续、高效开发，制定沿海和海洋空间规划，对美国境内多个海洋区域进行了开发活动系统规划。2015 年，美国国家海洋委员会制定《海洋变化：2015—2025 海洋科学十年计划》[②]，总结了 21 世纪后(到 2015 年)的重大海洋科技成果，依托于观测技术的进步、计算能力的提升、卫星和传感器系统的升级换代，人们对海洋的认识：从微生物到海洋盆地、从海底到

---

① House-Science and Technology; Natural Resources. Ocean Research and Exploration Enhancement Act of 2009[EB/OL]. https://www.congress.gov/bill/111th-congress/house-bill/366. 2009-09-01.

② http://download.nap.edu/cart/download.cgi?&record_id=21655

海洋大气都显著增加。在新 10 年(2015～2025 年)中,《2015—2025 海洋科学十年计划》提到海洋学研究的 8 个优先事项:①研究海平面变化的速率、机制、影响和地理变异性;②研究全球水文循环、土地利用和深海上升流对沿海和海洋河口及其生态系统的影响;③研究海洋生物地球化学和物理过程促成现今气候及其变化的机制,并预测下一个世纪海洋系统的演变;④研究生物多样性对海洋生态系统恢复力的促进作用,以及自然和人为因素对海洋生物多样性的影响作用;⑤预测到 2050 年甚至是下个世纪,海洋食物链的演变;⑥探究控制海洋盆地形成和演化的过程;⑦研究提高特大地震、海啸、海底滑坡和火山爆发等地质灾害的预测能力,以及更精准描述风险;⑧研究海底环境的地球物理、化学和生物特征,以及海底环境对全球元素循环的影响及对生命起源与进化的贡献。

2021 年 2 月,美国政府提出《蓝色地球法案》[①],旨在支持创新、加快海洋技术的发展并改善对重要水域的监测,该法案将加强对湖泊、海洋、海湾和河口的长期认识和探索,加快技术创新,并计划为蓝色海洋经济奠定增加创业就业基础。

美国的海洋强国地位,得益于其对海洋科技的高度重视和强大的海洋科技实力。在新科技革命不断深入发展的背景下,美国显著加强了对海洋先进装备和技术的研发,在海洋探测、水下通信、深海资源勘探、船舶制造等传统领域继续保持领先地位的同时,无人自主船舶、低成本智能感应器、深潜机器人、水下云计算等新一代颠覆性海洋技术得到迅速发展,并开始应用于海洋开发活动。此外,美国还大力开展海洋基础科学研究,美国海军、美国国家科学基金会等部门相继制定研究计划,聚焦海洋酸化、北极和墨西哥湾生态系统、海洋可再生能源、深海生物基因等领域,为新一代海洋科技研发提供基础技术储备。

1.2.2 欧盟

不同于美国重视海洋勘探、海洋军事以及涉及美国海域内的海洋环境等(特别是酸化问题),欧盟更关注海洋的可持续发展,提高知识和创新基础、提高生活环境、提升海洋事务的领导地位和欧洲的"海洋气质",提出的具体措施包括开展海

---

① Senate Commerce, Science, and Transportation. S. 140 - BLUE GLOBE Act [EB/OL]. https://www.congress.gov /bill/117th-congress/senate-bill/140. 2012-12-17.

洋战略研究、布局海洋新技术、发展新产业、开展海洋空间规划研究与制定、积极参与气候变化和海洋环境事务等。欧盟比较关注海洋经济发展，并开展了较为详细的经济统计和产业规划。2018年发布的《2018年欧盟蓝色经济报告》对2009～2016年欧盟传统产业和海洋新兴产业进行了统计分析，为海洋产业发展决策打下了坚实基础。

欧盟出台的涉海战略和规划中，涉及海洋数据的获取、整合与利用，包括欧洲海洋观测数据网络、渔业数据系统的完善，以及不同部门间的数据分享等。作为欧盟代表性的战略计划，"地平线2020"在海洋开发方面同样具有不小的影响，设立了"蓝色增长战略"(the Blue Growth Strategy)[1]、"海洋传感器"[2](Technologies for Ocean Sensing)等多个科学研究项目。蓝色增长战略强化科技界、产业界和决策界之间的沟通与对话，特别是在海洋能、海上风电、蓝色生物技术领域。海洋人才培养也是欧盟系列海洋战略规划中的重要内容，欧盟认为应及时关注海洋产业领域和海洋科技领域人才缺口问题，通过各类人才计划激励科研人员留在欧洲工作。

欧盟在海洋管理方面较为积极，始终认为需要制定综合海洋政策，在保护海洋环境的同时保持欧盟经济的可持续发展。欧盟出台的海洋战略和政策文件中较为有代表性的有《欧盟海洋综合政策蓝皮书》《蓝色经济创新计划》《欧盟海洋安全战略》等。

开展欧洲与海洋相关研究的另一重要机构是欧洲海洋委员会(EMB)。EMB成立于1995年，是独立的非政府咨询机构，代表来自欧洲各国的一万多名海洋科学家，促进欧洲海洋科学组织之间的合作，其聚焦认知空白的海洋科学关键领域。

从创立至2021年，EMB发布多个政策报告[3]，参与了欧盟内多个项目[4]，包括"地平线2020"。2013年，EMB发布《领航未来Ⅳ》(Navigating the Future Ⅳ, NFⅣ)，该报告确定并优先考虑了海洋科学技术领域的一些关键的未来机遇和挑战。欧盟成员国曾多次引用它作为海洋和海事研究的优先事项和支撑政策制定的

---

[1] EU. Marine Investment for the Blue Economy[EB/OL].https://cordis. europa. eu/project/id/652629. 2020-07-03.

[2] EU. Technologies for Ocean Sensing[EB/OL]. https://cordis. europa. eu/project/id/101000858. 2022-01-12.

[3] https://www.marineboard.eu/publications/policy-brief.

[4] https://www.marineboard.eu/projects.

重要参考文件，如爱尔兰的《国家海洋 2017—2021 年研究与创新战略》。同时，NFⅣ也被科学工作者引用为其研究佐证。2019 年，"领航未来"系列的第五份报告《领航未来Ⅴ：海洋十年的建议》(Navigating the Future Ⅴ：Recommendations for the Ocean Decade，NFⅤ)发布，NFⅤ全面阐述了六个社会目标：清洁的海洋、可持续收获的海洋、安全的海洋、健康的海洋、预测的海洋和透明的海洋。NFⅤ提供了海洋科学的整体视野，并建议利益攸关方合作制定新的研究议程，将可持续治理作为核心[①]。2015 年，EMB 推出《深入探索：21 世纪深海研究的关键挑战》(Critical challenges for 21st century deep-sea research)[②]。该报告探讨了现阶段海洋科学技术与海洋管理框架体系结构与不断增长的需求之间的不匹配。

1. 英国

英国陆续制定并发布《海洋展望》《2050 海洋战略》等文件，其海洋战略和政策主要聚焦海洋经济发展，特别是海上风电产业以及政策机制对海洋经济的促进方面。

英国强调并确定关键行业，通过合作利用不断增长的全球商品和服务机会：重视发展海洋船舶制造和海上风电，并依托在海上风电发展经验，扩展可再生能源行业；支持建立海洋经济不同部门之间关于共同研究、基础设施建设和技能需求的联合机制，解决限制海洋经济潜力的制度障碍。

2020 年 6 月，英国国家海洋学中心(NOC)[③]发布《2020—2021 年国家海洋设施(NMF)技术路线图》，该路线图概述英国当前的海洋科学和技术能力状况，提到了英国海洋数据管理、海洋地震研究、远程操作平台、水下滑翔机平台、无人水面飞行器、海洋和大气监测等多个方面的现有能力，并展望了未来发展。NMF 是 NOC 的下属机构，其目标是通过开发、协调和提供平台、观测系统以及技术专长来支持英国海洋科学界，其提出的支持英国海洋科学界设想如图 1.2 所示。

---

① European Marine Board. Recommendations for the Ocean Decade[R]. 2019.11. https://www.marineboard. eu/sites/marineboard.eu/files/public/publication/EMB_PB6_2019_Recommendations_Ocean_Decade_Web_v7%20%2800 02%29.pdf.

② European Marine Board. Critical challenges for 21st century deep-sea research[R]. https://www.marineboard.eu/ publication/delving-deeper-critical-challenges-21st-century-deep-sea-research. 2015.11.

③ https://noc.ac. uk/.

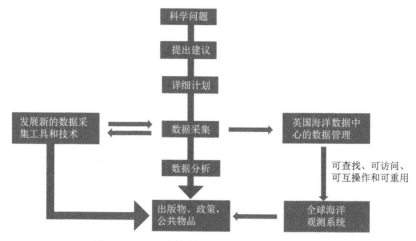

图 1.2　NMF 支持英国海洋科学界的简单设想

《NMF 技术路线图》是发展国家海洋设备库（National Marine Equipment Pool，NMEP）和相关支持基础设施过程中科学与技术交互的焦点，包括船舶安全的仪器设备和相关的基础设施支撑。该路线图强调了这些能力如何影响综合观测系统实现更广泛的目标，以及所收集的数据如何支持全球海洋观测系统及其组成部分。

2020 年 8 月，NOC 发布《2020—2025 发展战略》（Strategic Priorities 2020—2025）。该战略描述了英国国家海洋学中心成为世界上最具创新性的海洋研究机构的愿景，并设定了一系列目标，旨在通过研究和技术开发，推进海洋领域的前沿发展。根据战略目标，英国国家海洋学中心未来将开展以下四个方面工作：一是对海洋进行研究和持续观察，共享研究成果；二是确保所有人都能获得海洋数据；三是领导和促成国家与国际研究合作；四是为海洋资源和生态保护提供独立的科学和技术咨询等。

2. 德国

2017 年 3 月，德国发布了《海洋议程 2025：德国作为海洋产业中心的未来》，确立了以高技术、高标准和高国际参与手段提升德国海洋产业国际竞争力的总体方针，主要目标是强化德国海洋经济所有分支领域的全球竞争能力。德国特别强调在 9 个实施领域提高其国际竞争力，如提升研究、开发和创新投入比，强化海洋经济在全球市场的竞争力，构建可持续发展的海洋运输业，将海洋技术应用于能源革命，利用数字化机遇，发展海洋 4.0 等。

欧盟及其重要成员国如德国的海洋战略与政策重点聚焦海洋经济发展，特别是聚焦蓝色经济、部分战略性新兴产业，重点就本国优势的海洋产业和海洋科技领域如何保持世界领先地位展开。同时，上述发达国家和地区都将海洋环境保护、海洋科技发展、海洋管理机制，以及基于生态的、流域的、陆海统筹的海岸带综合管理作为海洋战略和政策的重点内容。

1.2.3 日本

日本海洋政策发展一直秉持产业界、学界、民间等参与，由官方制定的惯例。2006 年，日本海洋政策研究会向政府提交了《海洋政策大纲》和《海洋基本法案概要》，这两份文件也成为日本政府制定海洋战略的蓝本。在日本政府推进海洋战略的进程中，日本海洋研究界大力参与、超前设计，为海洋战略的制定和决策提供学术资源。日本海洋研究财团负责筹集资金，为各种研究海洋问题的研究机构提供经费支持，包括日本海洋研究开发机构、海洋能源资源利用推进机构、日本海洋政策研究会、海洋基本法战略研究会、海洋产业研究会、水产学会、海洋政策学会、东京大学海洋研究所、东海大学海洋研究所。

2007 年 4 月，日本通过《海洋基本法》，该法确立了日本海洋政策的推进制度，一是设置由内阁总理大臣兼任本部长的综合海洋政策，二是规定由综合海洋政策本部主导制定《海洋基本计划》，并推动计划的实施，《海洋基本计划》包括政府海洋政策的基本方针和政府各部门的具体职责，且根据情势每 5 年做 1 次修改[①]。2018 年，日本施行第三期《海洋基本计划》。第三期《海洋基本计划》分作序言(评价与现状认识)、第一部总论(海洋政策的理念、方向、基本方针)、第二部分论(具体对策)、第三部必要事项(体制机制与评价标准等)、结语等五部分。第一部强调继续以《海洋基本法》确立的新海洋立国为根本目标，为应对实现新的海洋立国目标的各项挑战，确立海洋政策的新方向，由政府统一推进综合性海洋安全保障。在确保海洋安全的前提下，促进海洋产业利用、充实科学知识、推进北极政策、国际合作、培养海洋人才与增进国民理解。

综合性的海洋安全保障作为日本海洋政策的基本方针，包括两个方面，一方

---

① 张晓磊. 日本《第三期海洋基本计划》评析[J]. 日本问题研究, 2018, 32(6): 1-10.

面是作为核心的海洋安全保障政策，包括防卫、执法、外交、海上交通安全、海上防灾应对等；另一个方面是作为基础的强化海洋安全保障的政策，包括基础性政策，即海洋状况把握（MDA）机制的确立、离岛的保护与管理、海洋调查与海洋观测、科学技术与研究开发、人才培育与理解促进等，还有辅助性政策，包括经济安全保障和海洋环境保护等。在第三部分中，促进海洋产业利用部分，分别从推进海洋资源的开发与利用、海洋产业的振兴与国际竞争力的强化、海上运输的确保、水产资源的适当管理与水产业的成长产业化四个层面，提出了 32 条具体对策；海洋调查与海洋科学技术的研究开发部分，分别从海洋调查的推进、海洋科学技术研究开发的推进两个层面提出了 22 条具体对策。

在海洋资源方面，2019 年 2 月，日本发布《海洋能源和矿产资源开发计划》，围绕具体海洋能源和矿产资源的勘查开发与技术研发等方面，确定了未来 5 年的工作方向，涉及天然气水合物、石油和天然气以及海洋矿产资源。

1.2.4　中国

我国既是陆地大国，也是海洋大国，拥有广泛的海洋战略利益。经过多年发展，我国海洋事业总体上进入了历史上最好的发展时期[①]。2008 年，我国发布一项海洋发展规划《国家海洋事业发展规划纲要》，该纲要旨在增强国民海洋意识，健全海洋法律法规，为我国建设海洋强国奠定基础。2012 年，党的十八大报告指出，我国应"提高海洋资源开发能力，发展海洋经济，保护生态环境，坚决维护国家海洋权益，建设海洋强国。"这是首次从国家层面提出"建设海洋强国"战略部署，这些内容构成我国建设海洋强国的基本体系。

2014 年之后，国家海洋局、科学技术部、工业和信息化部、国家发展和改革委员会和自然资源部等相继出台了多项政策，内容涉及海洋用钢、海洋用有色金属、海洋防护材料、混凝土以及复合材料等海洋工程关键材料的研发。2014 年，国家发展和改革委员会、财政部、工业和信息化部联合发布《关键材料升级换代工程实施方案》，政策目标旨在到 2020 年，在此前的基础上，继续围绕海洋工程、新能源等战略性新兴产业和国民经济重大工程建设需要，促进 50 种以上重点新材

[①] http://politics.people.com.cn/n1/2018/0813/c1001-30225727.html.

料实现规模稳定生产与应用,包括海洋工程装备产业用高端金属材料、岛礁建设用新型建筑材料、新型防腐涂层。

2016 年作为"十三五"的开局之年,我国相继发布多项与海洋科技和经济发展相关的政策规划。2016 年发布的《全国科技兴海规划(2016—2020 年)》,其目标是形成有利于创新驱动发展的科技兴海长效机制。次年,随着海洋经济发展空间的不断拓展,综合实力和质量效益进一步提高,我国发布《全国海洋经济发展"十三五"规划》,进一步合理规划海洋产业机构和布局,增强海洋科技支撑和保障能力。2017 年还配套发布《"十三五"海洋领域科技创新专项规划》,提出包括深海探测技术研究、海洋环境安全保障、深水能源和矿产资源勘探与开发、海洋生物资源持续开发利用等在内的多个重点任务,重点部署深海空间站研制、全海深潜水器研制及深海前沿关键技术研究、深海通用配套技术及 1000~7000 m 级潜水器作业及应用能力示范、深远海核动力平台关键技术研发、海洋观测/监测新型传感器技术研发、海洋油气工程新概念/新技术研究、精确勘探和钻采试验技术与装备研发、深海能源/矿产资源勘探开发共性关键技术研发及应用、海水淡化与综合利用关键技术和装备研发、极区装备基础及共性技术研究、海洋国际科技合作等任务。

2016 年,国家海洋局发布了《海洋可再生能源发展"十三五"规划》《关于"十三五"期间中央财政支持开展海洋经济创新发展示范的通知》等规划,聚焦发展无人观测艇、水下机器人、海洋传感器、水下通信、轻质耐压材料、长效环保防腐材料、接插件/海缆、浅海和深海海上试验场、测试检验平台、海洋装备性能测试评估标准等科学技术,推进海洋装备产品化,拓展装备的应用领域。

除上述政策,工业和信息化部于 2016 年公布《稀土行业发展规划(2016—2020年)》和《有色金属工业发展规划(2016—2020 年)》等与海洋材料相关的政策,前者旨在通过加强规范稀土行业,带动稀土相关产业和产品的发展与研发,如稀土特种钢、稀土铸铁、稀土铝合金、稀土镁合金等;后者则是调整有色金属工业结构,促进转型升级,在海洋方面,着力研发深潜、抗冲击、耐腐蚀材料,钛合金超宽幅厚板/大口径厚壁管,高性能耐腐蚀铜合金、铝合金、镁合金等。

在"十三五"的各类规划带动下,2017 年,针对海洋科学技术发展,多个部门再发文细化研究领域。工业和信息化部发布《产业关键共性技术发展指南(2017年)》,联合国家发展和改革委员会、科学技术部、财政部发布《新材料产业发展指南》，以及国家发展和改革委员会等 7 部门发布《海洋工程装备制造业持续健康发展行动计划(2017—2020 年)》，科学技术部发布《"十三五"材料领域科技创新专项规划》。《产业关键共性技术发展指南(2017 年)》是为进一步落实《中国制造 2025》提出的，旨在提升高品质海洋工程用钢的开发与应用，如高品质海洋工程用钢的开发与应用技术，包括：自升式平台用 690MPa 级特厚板、大口径无缝管、大壁厚深海隔水管、管线钢，南海岛礁基础设施用耐候钢、耐海水腐蚀钢筋，海水淡化、化学品船用特种双相不锈钢，深海钻用高等级高氮奥氏体不锈钢，极寒耐低温船舶及海工用钢等。《新材料产业发展指南》是为完成新材料产业的规模化、完善产业体系提出的，与海洋相关的内容包括研发齿条钢特厚板、大壁厚半弦管、大规格无缝支撑管、钛合金油井管、X80 级深海隔水管材及焊材、大口径深海输送软管、极地用低温钢、高止裂厚钢板、高强度双相不锈钢宽厚板、船用殷瓦钢及专用高强度聚氨酯绝热材料等材料产品。《海洋工程装备制造业持续健康发展行动计划(2017—2020 年)》则是为了提升我国海洋工程装备制造业国际竞争力和持续发展能力，重点研发深海油气资源开发装备的建造技术、海洋矿产资源和天然气水合物开采装备、万米载人/无人潜水器等谱系化系列探测装备、岛礁/锚泊浮台信息系统、海上综合实验船、海水淡化和海水提锂装备、极地海洋工程装备、水下作业系统、海洋观测/监测设备、水下运载器、海上通信组网装备等。《"十三五"材料领域科技创新专项规划》重点发展基础材料技术提升与产业升级、战略性先进电子材料、材料基因工程关键技术与支撑平台、纳米材料与器件、先进结构与复合材料、新型功能与智能材料、材料人才队伍建设，海洋工程用关键结构材料：超致密、高耐候、长寿命结构材料，海洋工程与装备用钛合金、高强耐腐蚀铝合金和铜合金、防腐抗渗高强度混凝土、防腐涂料等。

2018 年，《关于促进海洋经济高质量发展的实施意见》出台，明确重点支持海洋产业改造升级、海洋新兴产业培育壮大、海洋服务业提升、重大涉海基础设施建设、海洋经济绿色发展等重点发展领域。国务院为准确反映"十三五"国家战略性新兴产业发展规划情况，制定并发布《战略性新兴产业分类(2018 年)》，规定了一批新兴海洋工程产业，包括海洋工程装备制造、深海石油钻探设备制造、涂料制造、渔业机械制造、潜水装备制造、水下救捞装备制造、海洋环境监测与探测装备制造、海洋工程建筑及相关服务、高技术船舶及海洋工程用钢加工、高技术船舶用钢加工、海洋工程用钢加工、核电装备制造、风能发电机装备及零部件制造等。工业和信息化部则在《重点新材料首批次应用示范指导目录（2019 年版）》中列入了一批重点发展的海洋工程材料，如海洋工程用低温韧性结构钢板、海洋工程及高性能船舶用特种钢板、超高纯生铁、焊管用钛带、宽幅钛合金板、新型硬质合金材料、连续玄武岩纤维、HS6 高强玻璃纤维、超高分子量聚乙烯纤维、高性能钐钴永磁体。

为贯彻落实十九大报告中关于"坚持陆海统筹，加快建设海洋强国"重大决策部署，促进海洋经济高质量发展，国家发展和改革委员会、自然资源部联合发布《关于建设海洋经济发展示范区的通知》（以下简称《通知》），支持山东威海、山东日照、江苏连云港、江苏盐城、浙江宁波、浙江温州、福建福州、福建厦门、广东深圳、广西北海 10 个设立在市和天津临港、上海崇明、广东湛江、海南陵水 4 个设立在园区的海洋经济发展示范区建设。《通知》要求以产业集聚与转型升级促发展，以资源节约和环境保护促生态，实现改革和发展高效联动，努力将示范区建设成为全国海洋经济发展的重要增长极和加快建设海洋强国的重要功能平台。

建设海洋强国战略的目标是我国对海洋经济发展政策的深化和提升，该目标与此前的政策策略具有连续性和一贯性的特点，该目标也成为国家层面的战略共识及指导方针，如从《中华人民共和国国民经济和社会发展第十一个五年规划》（以下简称《十一五规划纲要》）到《十四五规划纲要》①。

《十四五规划纲要》明确指出海洋发展路径要坚持陆海统筹、人海和谐、合作共赢，协同推进海洋生态保护、海洋经济发展和海洋权益维护，加快建设海洋强国。落实到具体领域则是围绕海洋工程、海洋资源、海洋环境等领域突破一批关键核心技术。培育壮大海洋工程装备、海洋生物医药产业，推进海水淡化和海洋能规模化利用，提高海洋文化旅游开发水平。优化近海绿色养殖布局，建设海洋牧场，发展可持续远洋渔业。建设一批高质量海洋经济发展示范区和特色化海洋产业集群，全面提高北部、东部、南部三大海洋经济圈发展水平。以沿海经济带为支撑，深化与周边国家涉海合作。《十四五规划纲要》还明确需要推动船舶与海洋工程装备产业

---

① https://aoc.ouc.edu.cn/90/b3/c9821a102579/page.psp.

发展,加速关键核心技术创新应用,增强要素保障能力,培育壮大产业发展新动能。

1.3　国内外海洋经济发展情况

海洋经济,又被称为蓝色经济,是开发、利用和保护海洋各类产业及相关经济活动的总和。海洋经济主要涉及的相关产业包括海洋渔业、海洋船舶工业、海洋油气业、海洋盐业和盐化工业、海洋工程装备制造业、海洋药物和生物制品业、海洋可再生能源业、海水利用业、海洋交通运输业、海洋旅游业、海洋文化产业、涉海金融服务业、海洋公共服务业等。蓝色经济的新兴和创新领域为经济增长、可持续转型以及创造就业提供了巨大的潜力。

Virdin 等对大型海洋企业进行的研究[1]显示,海洋经济高度集中于少量跨国私营企业,涉海服务的前 100 家企业中,石油与天然气行业具有普遍性,也是营收最多的行业,其次是集装箱运输、造船与修理、海上设备与建筑、海鲜生产(大型工业捕捞)、邮轮旅游和港口活动以及海上风电。而根据总部设立对区域进行划分,美国境内的几家企业收入总额最高(12%),其次是沙特阿拉伯和中国(占比 8%),之后依次为挪威(7%)、法国(6%)、英国(5%)等;沙特阿拉伯、巴西、伊朗、墨西哥和美国是最大的海上石油和天然气跨国公司的东道国;中国、韩国和美国是最大的造船和修理跨国公司的东道国;韩国、中国和意大利是最大的海上设备和建筑跨国公司的东道国。

1.3.1　美国

根据美国国家海洋经济项目(NOEP),海洋经济是指来自海洋(或五大湖),且其资源直接或间接投入经济活动中的产品或服务[2]。NOEP 主要的经济数据统计

---

① Virdin J, Vegh T, Jouffray J B, et al. The Ocean 100: Transnational corporations in the ocean economy[J]. Science Advances, 2021, 7(3): 8041-8054.

② NOEP. State of the U. S. Ocean and Coastal Economies[R]. http://midatlanticocean. org/wp-content/uploads/2016/03/NOEP_National_Report_2016.pdf. 2016.

是基于海洋矿业、旅游休闲、海洋运输业、船舶制造业、海洋生物资源业、海洋建筑业等六大行业。

美国30个沿海州土地面积占全美的57%,但人口和经济占82%以上(2014年数据),2015年,海洋经济贡献了全美2.3%的就业和1.8%的国内生产总值(GDP),占比超过了其他自然资源产业,如农业、石油天然气开采以及林业等,可见海洋经济在美国产业结构中占据有相当重要的地位。从美国六大产业增加值变动趋势来看,2014年美国海洋石油与天然气为美国海洋矿产部门提供了96%的就业机会和99%的GDP,即海洋石油与天然气产业是美国海洋矿业的主力产业。

从就业人员和GDP来看,资本密集型产业如海洋矿业,仅以约5%的就业率创造了较高的GDP;而服务密集型产业如滨海旅游娱乐业,相比于其对GDP的贡献,容纳大量就业的贡献更为显著[①]。

根据美国国家海洋与大气管理局2018年《美国海洋经济报告》[②],在2018年,美国海洋经济创造了10.2万个工作岗位(有340万从业人员)(各行业占比见图1.3),贡献了3460亿美元的GDP(各行业占比见图1.4)。

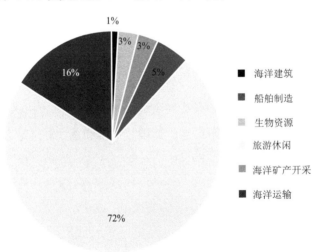

图1.3 海洋经济各行业从业人员占比[*]

---

* 扫描封底二维码,可见全书彩图。

① 邢文秀,刘大海,朱玉雯,等. 美国海洋经济发展现状、产业分布与趋势判断[J]. 中国国土资源经济, 2019, 32(8): 23-32, 38.

② NOAA. Reports on the U. S. Marine Economy[R]. https://coast.noaa.gov/data/digitalcoast/pdf/econ-report-2020.pdf.

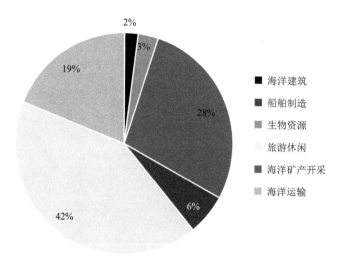

图 1.4　海洋经济各行业 GDP 占比

2018 年，6 个海洋经济行业中的 4 个行业（海洋建筑、船舶制造、旅游休闲、海洋运输）的 GDP 和就业都实现了增长。与 2017 年相比，2018 年海洋建筑行业增长最快。旅游休闲、船舶制造以及海洋运输行业的就业和 GDP 占比也都有所增加。海洋经济规模庞大、复杂、多样化且不断增长（图 1.5）。

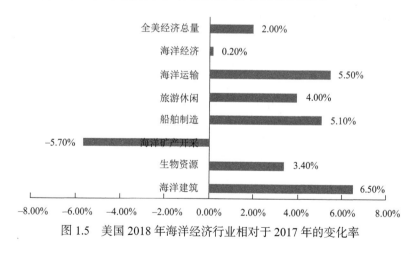

图 1.5　美国 2018 年海洋经济行业相对于 2017 年的变化率

2019 年休闲旅游占到海洋经济总产值的 35.3%，国防和公共行政占有 27.1%，海洋矿产则占到了 14%，非娱乐性船舶制造业的总产值为 312 亿美元，较 2018 年增长了 37.2%，成为增长最快的海洋产业（图 1.6）。

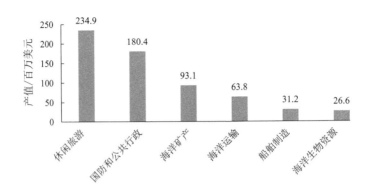

图 1.6　美国 2019 年海洋经济 6 大产业增加值

在美国国家海洋与大气管理局 2023 年预算①中，美国国家海洋与大气管理局将投入 21246.4 万美元，支持美国经济的多个产业发展，包括渔业、交通行业、航运和娱乐业。美国国家海洋与大气管理局进一步要求增加 4539.9 万美元的经费支持海上风力的开发以及水域的监测，从而达到 2030 年生产 30 吉瓦海上能源的目标，并保护生物多样性，促进可持续的海洋发展。此外，美国国家海洋与大气管理局还要求增加 4628.7 万美元，以评估相控阵雷达在 2040 年前取代现有NEXRAD 雷达网络的能力。预算报告中还提出为空间商业办公室(Office of Space Commerce，OSC)增加 7770 万美元的预算，支持民用和商业空间部门发展空间态势感知能力，并寻求可能将 OSC 从国家环境卫星信息资料中心(NESDIS)提升到美国国家海洋与大气管理局总部，以确保最高水平的可见性和问责制。

从美国海洋经济过去的发展形势以及美国国家海洋与大气管理局 2023 年预算可以看出，资产密集型的产业为海洋经济贡献了大部分产值，特别是海洋油气产业。海洋运输、船舶制造以及基础设施等行业的产值也在逐年增大，2018 年三个行业的产值比 2017 年均高出 5 个百分点以上，而在 2019 年，非娱乐性船舶制造(包括军事用船、用舰等)甚至成为产值增长最快的产业。从最新投资预算来看，美国开始加大对海上新能源的投资，尤其是风能的利用，同时，美国国家海洋与

---

① U. S. Department of Commerce. National Oceanic and Atmospheric Administration FY 2023 Congressional Budget Submission[Z]. https://www.noaa.gov/organization/budget-finance-performance/budget-and-reports.

大气管理局对与水域监测相关的投资预算可能超过 1 亿美元。

以上增长快速的产业和领域都离不开钢铁、防腐蚀等材料和技术，如海洋油气资源的开采离不开海上平台的建设，船舶制造需要先进的钢铁材料和防腐技术，滨海建筑需要考虑结构材料，海上风电场建设需要考虑长期腐蚀和机械损伤等。近些年，美国产值增加或投资增加，都在说明其对于海洋资源开发的深入，从侧面表明其海洋设施装备等所用材料的应用及科研投入也相当庞大。

1.3.2　欧盟

据欧盟《2019 年蓝色经济报告》[①]显示，2017 年欧盟蓝色经济的增加值(GVA)为 1800 亿欧元，占欧盟 GDP 的 1.3%。欧盟的主要海洋产业包括滨海旅游业、海洋生物资源开发业、海洋矿物油气开采业、港口仓储业、造船修理业和海上运输业。滨海旅游业增加值占比最大，为 36.2%。排在第 2 位和第 3 位的分别是海洋矿物油气开采业和港口仓储业，这 3 个海洋产业的增加值总和占欧盟 6 大产业增加值的近 70%；再次分别为海上运输业、海洋生物资源开发业、造船修理业，比例分别为 12.2%、11.5%、8.2%。

在欧盟《2021 年度蓝色经济报告》[②]中，2018 年欧盟海洋经济的成熟行业创造了近 450 万个工作岗位，约 6500 亿欧元的营收(表 1.1)。

表 1.1　2018 年欧盟蓝色经济相关产业的主要指标

指标	数值	指标	数值
营收	6500 亿欧元	就业(岗位)	450 万个岗位
总附加值	1760 亿欧元	有形商品的净投资	64 亿欧元
总利润	680 亿欧元	净投资比例	3.6%

来源：欧共体统计局(SBS)，欧盟数据采集框架和服务委员会(EU Data Collection Framework and Commission Services)。

---

① European Union. The EU BLUE ECONOMY REPORT[R]. https://prod5.assets-cdn.io/event/3769/assets/8442090163-fc038d4d6f.pdf. 2019.

② European commission. The EU blue economy report 2021[R]. https://op.europa.eu/en/publication-detail/-/publication/0b0c5bfd-c737-11eb-a925-01aa75ed71a1.

在已建立的行业中，有两个行业尤其值得注意：海洋生物资源开发业，2018年毛利润为 73 亿美元，比 2009 年(51 亿美元)增长 43%，营业额达到 1174 亿美元，比 2009 年增长 26%；海洋可再生能源(海上风能)也出现了增长趋势，2018年的就业人数增加了 15%(与 2017 年相比)。

2018 年，欧盟蓝色经济的相关行业为欧盟生产总值(13.5 万亿欧元)贡献达到1.5%的 GVA 和 2.3%的就业(1.93 亿人)。尽管此后两年欧盟蓝色经济受到疫情影响有所回缩，但随着经济的复苏，欧盟海洋经济将会迅猛增长。

从欧盟的海洋经济产业可以看出，欧盟对于海洋发展更多秉持可持续发展的理念，如发展生物资源行业(渔业水产、海洋生物制药等)、海上新能源等。

1.3.3 日本[①]

日本国土面积狭小，从 20 世纪 60 年代开始就十分重视向海洋发展，推行"海洋立国"战略。日本海洋产业开发向经济社会各领域全方位渗透，呈现出分工细化、领域扩大、传统产业与新兴产业并驾齐驱的发展态势，构筑起新型的海洋产业体系。海洋渔业、船舶制造业、滨海旅游业和海洋新兴产业所占比例较大，发展也较为成熟，已成为日本海洋经济的支柱产业。近年来，日本采取更加积极的海洋发展战略积极地推动传统海洋产业的集聚与升级，同时加强对海洋新兴产业的扶持，积极向深远海资源开发布局。

在海洋传统产业方面，日本不断加大扶持力度，促进产业集聚与升级。日本拥有 3.5 万 km 的海岸线，以及 447 万 km^2 的海洋专属经济区，渔港和海港达 3914个。因此，海洋渔业在日本国民经济中占有重要位置，是海洋经济重要的支柱产业之一。2015 年，日本渔业产值达到 129.91 亿美元，占全球份额的 2.1%，其中水产养殖业产值达到 45.37 亿美元。

海洋运输业也是日本的命脉产业之一，是维持日本经济发展的重要支柱。2018年，日本进出口总额达到 1.486 万亿美元，占全球贸易总额的 3.8%，居世界第四位。日本自 20 世纪 60 年代发展海洋经济以来就极为重视海洋港口的发展，同时

---

① 周乐萍. 世界主要海洋国家海洋经济发展态势及对中国海洋经济发展的思考[J]. 中国海洋经济, 2020, (2): 128-150.

依托港口发展临港工业、临港服务业等，促进产业集聚发展，形成了世界上著名的湾区——东京湾区。

日本的滨海旅游业与船舶制造业也各有优势。2017 年，日本滨海旅游业的产值占日本 GDP 的 2%左右；就业人数达到 650 万人左右，占总就业人数的 9.6%。2018 年，入境旅游人数达到 3100 万人，国际游客收入达到 424 亿美元。因此，日本政府对旅游业的发展极为重视，2019 年日本国家旅游局拿出 6.7 亿美元的预算，用于改善旅游环境，提高旅游吸引力。在船舶制造方面，日本具有一定的技术优势，日本船舶订单量一直处于世界前三位。受国际疫情和竞争影响，日本船舶制造订单量持续下滑，2020 年初，日本造船企业手持订单量跌破 1700 万 GT（GT 表示总吨位），为 1998 年以来的最低值。因此，日本造船企业更注重核心技术的突破与储备，向高端船型建造领域转型，力争迅速抢占新型船舶市场。

在海洋新兴产业方面，日本在谋求传统产业转型升级的同时，加大了对新兴产业的培育与扶持力度，海洋信息产业及海洋新能源、海洋生物资源等开发和关联产业逐步成为海洋新兴产业发展的主要内容。日本积极推动海洋调查等工程的实施，从而推动海洋信息产业、海洋勘探业、海洋可再生能源产业、海洋生物医药业等新兴产业的快速发展。日本实施积极的矿产资源开发政策，也加快了日本对于深远海资源开发的步伐，在推动海洋科技深层次发展的同时，促进了深远海勘探、深远海开发等相关新兴产业的兴起[①]。

1.3.4　中国

近年来，我国海洋经济发展较为稳健，势头良好。2022 年全国海洋生产总值 94628 亿元，同比增长 1.9%，海洋生产总值占 GDP 的比例为 7.8%。2009～2022 年[②]，我国海洋经济生产总值由 31964 亿元增至 94628 亿元，年复合增长率为 8.7%左右，GDP 占比总体呈现出轻微下降趋势。结合海洋生产总值和 GDP 占比趋势（图 1.7），可以看出我国海洋经济正高速发展，而国内海洋经济目前正保持与 GDP 相对同步的增速进入较为稳定的增长阶段。

---

① 吴崇伯. 日本海洋经济发展以及与中国的竞争合作[EB/OL]. https://aoc.ouc.edu.cn/2018/1120/c9821a228063/page.psp. 2018-11-19.

② http://www.nmdis.org.cn/hygb/zghyjjtjgb/.

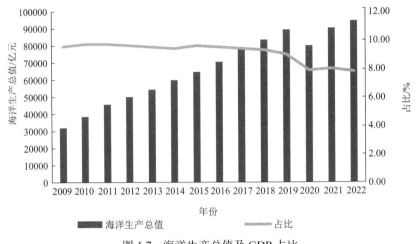

图 1.7 海洋生产总值及 GDP 占比

　　而在海洋三大产业^①数据中，第三产业的占比明显要高于其他两大产业，尽管从数据上看第一产业呈现上升趋势，但相对整个海洋经济而言，其发展相对稳定，增幅不大。第三产业和第二产业在 2011 年以前的增加值基本一致，2011 年后第二产业增速缓慢，而第三产业增速迅猛(图 1.8)。

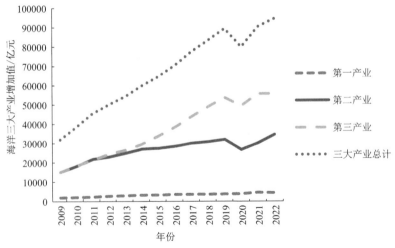

图 1.8 海洋经济三大产业年度增加值

----

　　① 中华人民共和国海洋行业标准《海洋经济统计分类与代码》(HY/T052—1999)规定：我国海洋第一产业包括海洋渔业；海洋第二产业包括海洋油气业、海滨砂矿业、海洋盐业、海洋化工业、海洋生物医药业、海洋电力和海水利用业、海洋船舶工业、海洋工程建筑业等；海洋第三产业包括海洋交通运输业、滨海旅游业、海洋科学研究教育管理服务业等。

　　我国在 2012 年 3 月正式公布的《海洋工程装备制造业中长期发展规划》中提出，2015 年，海洋工程装备年销售收入达到 2000 亿元以上，其中海洋油气开发装备的国际市场份额达 20%；2020 年，海洋工程装备年销售收入将达到 4000 亿元以上，工业增加值率提高 3 个百分点，其中海洋油气开发装备的国际市场份额达到 35%以上。随着海洋工程装备产业发展的逐步深入，新材料的开发与应用已经成为制约海洋工程装备国产化的重要瓶颈之一。

1.4　海洋材料技术发展趋势

　　随着海洋开发进入新时代，船舶和海洋工程中需要更加先进的材料来应对海洋中的各种风险。从宏观角度来说，海洋工程材料主要是指从海洋中提取的材料和海洋开发中使用的专属材料。传统海洋工程材料已经无法满足海洋工程的发展，加强新材料的开发和研究，有利于提高人类的海洋资源开发能力。海洋环境对船舶等建筑和设备有很大威胁，如海水的腐蚀、深海的低温和高压、洋流以及海浪等，借助新材料能够增强建筑和设备的性能，满足它们功能的需求。

　　船舶与海洋工程中应用的材料有很多，包括钢铁材料、混凝土、防腐涂料、复合材料、合金材料等。这些材料的研发影响着海洋经济、海洋军事的发展，钢铁材料、合金材料、复合材料以及防腐材料等四类材料是海洋工程发展必不可少的一部分，从政策规划上看也是我国重点研发的材料，下述对四种材料及相关技术的发展趋势进行介绍。

1.4.1　钢铁材料技术

　　钢铁是海洋工程中应用最广泛的金属材料，港口码头的建筑结构和集装箱、跨海大桥的桥墩和桥身、钻井平台、船舶舰艇等多种海洋工程设施都离不开钢铁材料。但受海洋环境影响，如高盐高湿的化学侵蚀和复杂载荷的物理腐蚀(风载荷、浪载荷、水压载荷等)，这些工程结构和装备的长期服役能力会因钢铁材料性能的退化甚至失效而不足。要延长工程结构和装备的服役寿命并保障其安全运行，钢铁材料性能，特别是耐腐蚀、抗蠕变等性能的提升至关重要，因此高性能钢铁成为钢铁材料领域重要的研究方向之一。

根据碳含量，钢铁可分为低碳钢、中碳钢、高碳钢和超高碳钢。其中低碳钢相对质软，但易焊接，其性能通过改性有巨大提升空间，Vaynman 等[1]对海军舰艇船体上用的低碳钢进行过改性研究。在低碳钢中增加锰含量，并加入微量钒、钛、铌等合金元素，可大大提高钢的强度；而若降低碳含量并加入少量铝、硼和碳化物，则可研制成超低碳贝氏体(ULCB)钢，这种钢强度高，并保持了较好的塑性和韧性。低碳钢广泛应用于建造海洋结构，如船体、潜艇、海洋平台和海底管道[2]，是一类主要的高性能钢铁。

1. 高强低合金钢

船舶舰艇作为一国海洋军事力量的体现，特别是航空母舰，其制造难度高，钢铁材料性能要求严格。美国从第二次世界大战到 20 世纪 50 年代，舰艇用钢以高强度，屈服强度为 340 MPa 的碳锰钢为主，并开始建立以 Ni-Cr-Mo-V 系为主的高屈服强度(HY)钢体系，后期发展出包括 HY80、HY100 和 HY130 等在内的多类钢种，HY80 钢被用在美国海军第二代弹道导弹核潜艇"伊桑·艾伦"的全部耐压壳体中[3]，美国"海狼"级核潜艇则采用了 HY100。到 80 年代，HY 系列钢成为美国舰船主要结构用钢，其 HY130 钢屈服强度高于 896 MPa。80 年代后，美国开始着手研制铜弥散析出的沉淀强化型高强度低合金系列钢(HSLA 钢)[4]，该类钢的屈服强度和低温韧性与 HY80 钢、HY100 钢相当，但可以在不预热和较低预热温度下进行焊接，能够大大降低建造成本，因此此类钢主要用于大型水面船舰以及潜艇的非耐压壳体。20 世纪 90 年代初，为了进一步满足大型水面建筑物减轻重量和降低重心的需求，美国研制了 HSLA65、10Ni 和 HSLA115 钢。福特

① Vaynman S, Isheim D, Prakash Kolli R, et al. High-strength low-carbon ferritic steel containing Cu-Fe-Ni-Al-Mn precipitates[J]. Metallurgical and Materials Transactions A, 2008, 39(2): 363-373.

② Yang H Q, Zhang Q, Tu S S, et al. A study on time-variant corrosion model for immersed steel plate elements considering the effect of mechanical stress[J]. Ocean Engineering, 2016, 125: 134-146.

③ 黄晓艳, 刘波. 舰船用结构材料的现状与发展[J]. 船舶, 2004, (3): 21-24.

④ 郝文魁, 刘智勇, 王显宗, 等. 舰艇用高强钢强度及其耐蚀性现状及发展趋势[J]. 装备环境工程, 2014, 11(1): 54-62.

号航空母舰(简称航母)上采用了 HSLA115 和 HSLA65 等钢种,HSLA115 钢屈服强度达到 785MPa,作为航母的飞行甲板、栈桥甲板等部位材料,HSLA65 钢则是作为主壳体材料,降低了航母重心和甲板厚度,减轻了航母重量。

HSLA 钢的含碳量通常小于 0.25%,属于一种低碳钢[1],这类钢的微观结构经过设计,可满足机械性能需求,微合金化(加入适量合金元素)提高了钢的强度,合金元素还能提升钢的耐腐蚀性,而低含碳量使其具有良好的可焊接性。Kumar 等[2]对 HSLA 钢的微观结构形成进行了研究,探讨识别和量化奥氏体、马氏体以及贝氏体的模式。

2. 钢材制造及焊接工艺

无论是海洋工程还是陆上工程的装备设施,钢铁材料的焊接都是必要且重要的,焊接质量直接影响装备设施整体稳定性和服役安全性。焊接质量与以下两方面因素有关:一是焊接工艺;二是钢材本身。超厚钢板的焊接热输入能量需求比常规钢板大幅提高,新日铁的 X60 管线钢焊接热输入能量达到了 193 kJ/cm,X80 管线钢的焊接热输入能量可达 150 kJ/cm,这不仅提高了对焊接工艺的要求,还提高了对钢板材质的要求。

针对 HSLA 系列钢,美国自 80 年代以后改进了钢的强化技术和工艺改进,许多结构用钢从以调质工艺(淬火+回火)为核心演变成微合金化成分设计、热机械控制工艺(TMCP)以及加速冷却(ACC)等工艺,强化机制从马氏体相变强化演变为细晶强化、固溶强化以及 Cu 沉淀相或碳化物的沉淀强化等贝氏体相变强化和沉淀强化[3]。美国海军针对 HSLA 系列钢,采用"板坯连铸-低温再加热-低温控制轧制-双重奥氏体化-回火后水淬"等工艺,获得与 HSLA100 相当的韧性与可焊性钢材(HSLA115、HSLA130)。日本钢铁企业采用以水冷技术为核心的控轧控冷技术,替代传统热轧正火技术,生产了高强度、高韧性且具有良好焊接性能的钢板。

在焊接工艺上,美国研究范围广泛,包括激光焊接、包层金属和切剪、水下

① 冯艳鹏. 车用高强钢激光焊接工艺研究[D]. 北京: 北京石油化工学院, 2016.

② Kumar A, Sahoo L, Kumar D, et al. Dilatometric and microstructural investigations on austenite decomposition under continuous cooling conditions in a Cu-bearing high-strength low-alloy steel[J]. Journal of Materials Engineering and Performance, 2022: 1-13.

③ 张中武, 魏兴豪, 赵刚. 低合金高强钢的强韧化机理与焊接性能[J]. 鞍钢技术, 2018, (4): 1-8.

切割、电弧焊和镀膜技术等，许多已经在海军部门得到应用，同时美国有近一百家大学和学院都进入了钢铁焊接的研发程序，如俄亥俄州立大学(OSU)的焊接工程计划的主要研究项目是焊接工艺控制的研发，曾经专心致力于改善新的电弧焊接工艺。

在制备高性能钢铁的工艺上，通过对传统工艺的组合、改进以及对新工艺的研究，业界也发展出一批新的高性能钢铁制备工艺，美国就以热机械控制工艺为核心，通过贝氏体相变强化和沉淀强化两种方式增强了钢材的强度[①]。传统制备高性能钢铁的工艺包括：低成本高效化洁净钢生产技术、大板坯高速连铸技术、炉渣干法粒化技术、粉矿低温快速还原技术、高品质板带材关键生产技术、高品质特殊钢生产技术、基于氢冶金的熔融还原炼钢技术、微合金化钢技术、超细晶粒钢技术、氮合金化不锈钢技术、高质量特殊钢技术和钢材组织性能预报和材料信息化技术等。经过技术改造和研发，钢铁制造领域涌现了一批新的高性能钢铁制造技术，包括：①控制轧制和控制冷却技术；②超快速冷却(UFC)技术；③在线快速冷却(OLAC)技术；④超速在线快速冷却(Super-OLAC)技术；⑤在线回火热处理(HOP)技术；⑥感应加热技术。

3. 耐腐蚀钢

海洋大气潮湿、高盐，在沿海地带具有钢结构的建筑物会受到强烈电化学腐蚀，如跨海大桥等建筑物的服役环境严峻，不仅会受到化学腐蚀，还要承受风、浪等疲劳腐蚀，因此桥梁用钢要具备高强度、高韧性、可焊接和耐腐蚀等综合性能。耐候钢由于具有良好的耐腐蚀性成为桥梁用钢的选材之一。

耐候钢是通过添加少量合金元素(Cu、P、Cr、Ni 等)，使其在大气中具有良好耐腐蚀性的低合金高强度钢，耐候钢在服役过程中，其表面会逐渐形成一层致密的锈层，阻碍腐蚀性介质对基体进一步腐蚀，显著降低腐蚀速度，耐大气腐蚀性一般可以达到普通碳钢的 2～8 倍，且在大气中的服役时间越长，其耐候效果越明显。与普通碳钢相比，耐候钢既具有一般结构钢的优质特性，又能发挥无需涂

---

① 刘振宇, 陈俊, 唐帅, 等. 新一代舰船用钢制备技术的现状与发展展望[J]. 中国材料进展, 2014, 33(Z1): 595-602, 629.

装的防腐性能[①]。

美国是最早进行耐候钢研究的国家(从 1900 年开始),早期耐候钢主要为高磷、高铜掺入铬、镍的 Corten A 系列和以 Cr、Mn、Cu 合金化为主的 Corten B 系列,ASTM A709 中 70W 和 100W 等高强度耐候桥梁钢,碳含量较高(≥0.12%),焊接性较差。为了改善焊接性能,1990 年,美国钢铁学会、美国海军等多家机构联合开发出高性能桥梁结构用耐候钢——HPS 系列钢(HPS70W、HPS100W 等),此类钢有着良好的综合力学性能,以及耐工业大气和海洋大气腐蚀的能力。20 世纪 50 年代,日本开始对耐候钢进行研究和应用,其研发的耐候桥梁用钢主要有两大系列,分别是 Ni 型高耐大气腐蚀钢系列 JFE-ACL 和耐海水腐蚀钢系列 JFE-MARIN。韩国和我国同样具有自主研发的耐候钢,如我国武钢开发的超低碳贝氏体钢 WNQ570。

Cu 和 P 能够明显改善钢的耐大气腐蚀和海水腐蚀,张思勋等[②]通过添加 Cu、P 和 Mo 等元素设计了一种耐腐蚀型超低碳贝氏体钢,使其在强度、韧性和耐海水腐蚀及海洋大气腐蚀方面均能够满足海洋工程用结构钢的需求。虽然 P 对提高钢的耐腐蚀性能有很大帮助,但 P 会损害钢的冲击韧性,随着桥梁结构对材料韧性的要求越来越高,我国在 GB/T 714—2015 标准中对磷的含量做了明确的限制[③],国内耐候桥梁钢的成分主要以低碳添加 Cr、Cu 和 Ni 来满足钢的综合力学性能和耐腐蚀性能(耐腐蚀性能指数≥6.0)。

除了耐腐蚀钢材料的研发,钢材在海洋环境中的腐蚀机理和腐蚀评价研究对于后续研发出性能更加优秀、更适应海洋环境的钢铁材料起着引导性的作用。Zhang 等[④]针对海洋平台的海洋立管用低合金高强度钢的氢扩散和氢脆敏感性开展过研究。Xu 等[⑤]探讨了 EH 36 碳钢在天然流动海水和合成海水中的腐蚀性能,研究结果表明,3.5% NaCl 溶液与天然海水的 pH 差异并不是流动加速腐蚀(FAC)

① 车平, 李军平, 于强, 等. 耐候桥梁钢及其焊缝耐腐蚀性评价研究[J]. 世界桥梁, 2022, 50(2): 71-77.

② 张思勋, 崔文芳, 董杰, 等. 一种耐海水腐蚀型超低碳贝氏体钢的研究[J]. 东北大学学报(自然科学版), 2011, 32(2): 251.

③ 田志强, 孙力, 刘建磊, 等. 国内外耐候桥梁钢的发展现状[J]. 河北冶金, 2019, (2): 11-13, 25.

④ Zhang D, Li W, Gao X, et al. Effect of cold deformation before heat treatment on the hydrogen embrittlement sensitivity of high-strength steel for marine risers[J]. Materials Science and Engineering A, 2022, 845: 143220.

⑤ Xu Y Z, Zhou Q P, Liu L, et al. Exploring the corrosion performances of carbon steel in flowing natural sea water and synthetic sea waters[J]. Corrosion Engineering, Science and Technology, 2020, 55(7): 579-588.

性能变化的主要原因。Guo 等[①]对 Q690 高强钢在海洋飞溅区的抗疲劳性能进行了
试验，探究了其疲劳腐蚀机理和失效阈值。Yang 等[②]研究了对沿海管道用的 Q235
钢在海水、土壤和干湿交替环境中的腐蚀特性。

1.4.2 合金材料技术

金属及其合金在海洋工程装备制造上同样有着重要的地位。轻质合金，如铝
合金、镁合金等，可以减轻装备重量，提高船舰速度；铜及铜合金以优异的导热
性、耐腐蚀性(包括抗生物污染)、耐磨性以及气密性，成为海洋工程中重要的结
构功能材料之一；钛合金则由于具有突出的耐海水和海洋大气腐蚀，以及高强度、
轻质量和无磁性等特点成为苛刻环境中服役的优选合金材料。

1. 铝及铝合金

铝及铝合金是海洋工程中最为关键的支撑材料之一。铝及铝合金具有密度小、
耐腐蚀、易成型、焊接性能好、无磁性等特点，因此其研制的装备质轻、环保、
经济、耐用。铝材在船舶、石油钻井平台、石油钻探、风力发电和牺牲阳极保护
等海洋工程领域有着广泛使用。

铝由于质软、较轻，在船舰中应用可减轻船舰重量。铝制船相比于同等强度
的钢质船，船体厚度能够减少 50%，重量减轻 50%，耐冲击性提高 30%，断裂强
度提高 13%，特别是快速渡船，但作为结构金属材料，铝合金的强度明显欠缺，
因此，铝材的强度是海洋工程用铝的一个重要研究方向。美国船舶结构协会(Ship
Structure Committee)于 2000 年开展了一系列铝制船开发技术，同时，美国海军研
究办公室也开始实行"铝合金结构可靠性计划"，目的是提高高速铝制海军舰艇的
结构设计、操纵和维护能力。

腐蚀防护是铝材应用在海洋中的一个主要研究方向。美国开展船舰用高强度
耐腐蚀铝合金计划，投资 62.6 万美元研发 Al-Sc 合金，通过在铝合金中添加 Sc

① Guo H, Wei H, Li G, et al. Experimental research on fatigue performance of corroded Q690 high-strength steel[J].
Journal of Materials in Civil Engineering, 2021, 33(11): 04021304.

② Yang C, Wang Z, Wang G, et al. Study on corrosion characteristics of Q235 steel in seawater, soil and dry-wet
alternating environments focusing on Shengli oilfield[J]. Materials Research Express, 2022, 9(4): 046506.

元素，以抑制再结晶，提高合金的抗疲劳性，减少焊接时的热裂缝，提高室温和高温强度。研制出的 Al-Sc 合金强度与 7050 合金相当，耐腐蚀性类似于 5456 合金，并且可焊接，能够取代船舰结构中使用的较低强度合金，如 5456 合金。铝镁合金具有耐腐蚀性是因为铝中加入镁，铝合金电极电位发生变化，机体为阴极，第二相为阳极。此后英国、美国均在其船舶舰艇中使用铝镁合金。1960 年后，美国海军先后开发出铝镁系 5086-H32 和 5456-H321 合金板材、5086-H111 和 5456-H111 合金挤压型材，消除了铝材的沿晶沉淀网膜，解决了剥落腐蚀和晶间腐蚀问题。迄今为止，船舰采用的铝合金主要是 5XXX 系和 6XXX 系，分别用于船壳体和船上建筑，充分利用其耐腐蚀性能、焊接性能、易成型性能以及力学性能的综合优势[①]。随着材料加工技术的进步，大型铝合金舰船开始被建造出来，铝合金表面的磷化处理和热喷涂技术的成熟加速了铝合金成为船舰制造的关键材料。

铝合金质轻，强度经过设计和调制后也较高，是深海装置设备应用的材料选择之一，近些年对铝合金在深海的原位腐蚀研究也逐渐增多。Canepa 等[②]为深海 KM3NeT 深海观测基础设施的铝合金材料选择进行了对比研究，研究针对 Al 5083 H111、Al 6082 T6、Al 7075 T651、Al 8090 T81 等铝合金进行了腐蚀失重、腐蚀情况分析。最后 Canepa 等推荐 Al 6082 T6 合金作为装置的建设材料，且强烈建议不同时使用 Al 7075 T651 和 Al 8090 T81，因为两者的微观结构异质性增加了局部腐蚀攻击的倾向，从而阻碍了这些合金在深海的使用。我国 Peng 等[③]同样开展了深海的铝合金腐蚀研究，但针对的仅仅是 1060 铝合金，研究结果表明从 1200 m 到 3000 m 海域，合金的腐蚀速度先减小后增大，氧含量和电导率是影响腐蚀的重要因素。

铝材还可以作为阴极保护的牺牲阳极，铝基牺牲阳极的研究朝着合金体系(添加稀土、金属氧化物、纳米尺度元素等)和电解液体系的选择(海泥、海沙等环境)等更加宽泛的方向发展。同样，合金的阳极反应(关于开路电位)和冶金性能(关于

① 管仁国，娄花芬，黄晖，等. 铝合金材料发展现状、趋势及展望[J]. 中国工程科学，2020，22(5): 68-75.

② Canepa E, Stifanese R, Merotto L, et al. Corrosion behaviour of aluminium alloys in deep-sea environment: A review and the KM3NeT test results[J]. Marine Structures, 2018, 59: 271-284.

③ Peng W, Duan T, Hou J, et al. Long-term corrosion behaviour of 1060 aluminium in deep-sea environment of South China Sea[J]. Corrosion Engineering, Science and Technology, 2021, 56(4): 327-340.

腐蚀形态和由此导致的电流容量）之间关系的理论基础性研究也是必需的。铝基材料也可以用于牺牲阳极的阴极保护，主要采用 Al-Zn-In 系牺牲阳极，一般用于电位为 $-1.3 \sim -1.1V$ 的海水表面海洋平台或船舰中。电流效率在海水中可达 90%。铝基牺牲阳极的效果很大程度上由合金化学成本决定，一般添加相关元素来改善牺牲阳极的防护效果，如表 1.2 所示。Silva Campos 等[1]对铝基在低碳钢的阴极保护方面开展了研究，并对铝基涂层的研发提出了建议。

表 1.2　不同添加元素对铝材的影响

添加元素	作用	添加量/%
Zn	形成单一固溶体相，作为微量元素的溶液及载体，使阳极电位负移 0.22 V	3～8
Hg、In、Cd、Bi、Sn	主要活化元素，对阳极性能起到关键作用，使阳极电位负移 0.3～0.9 V	Hg、In、Cd：0.01～0.03；Bi、Sn：0.03～0.1
Zr、Ti、Re、B、Te	细化晶粒，对阳极电位无影响	0.1～0.3
Ca、Mg	提高合金元素固溶度，有助于固溶体的形成，使阳极电位负移 0.1～0.3 V	0.1～0.3
Si、Mn	形成化合物，降低 Fe 的有害作用，Si 使阳极电位正移，Mn 无影响	0.1～0.3
Fe、Cu	有害元素，加速自腐蚀，Cu 使阳极电位正移，Fe 基本无影响	尽可能少

焊接加工技术对于金属材料非常重要，要提高金属设施的稳固性，一方面要提升金属的可焊接性和焊接牢固性，减少焊缝的存在；另一方面需要改善焊接技术。美铝萨马拉冶金公司与俄罗斯研究所合作开发的 1565ch 铝合金，具有良好的可焊性，其抗拉强度比 5083 合金和 AlMg5 合金高 20%～25%，且具有与它们相当的伸长率，其焊缝强度不小于 90%母材的抗拉强度，比 AlMg5 合金的焊缝强度高约 20%。Xiong 等[2]在对比了铝合金在低温环境和室温环境下的力学性能，发现

① Silva Campos M R, Blawert C, Scharnagl N, et al. Cathodic protection of mild steel using aluminium-based alloys[J]. Materials, 2022, 15(4): 1301.

② Xiong H, Su L, Kong C, et al. Development of high performance of Al alloys via cryo-forming: A review[J]. Advanced Engineering Materials, 2021, 23(6): 2001533.

在低温下进行塑料加工可以提高铝合金的力学性能，如低温轧制、非对称低温轧制、低温挤压和低温锻造。

2. 铜及铜合金

铜及铜合金材料具有强度高、导电性高、工艺性能优良、耐海水腐蚀和防污损性能，因此在船舶和海洋工程中得到了广泛的应用。钢材、复合材料等材料是船舶制造中主要的结构材料，但由于这些材料使用寿命短、在海水中的劣化率高和抗污损性低，船体需要定期维护。为降低船舶的维护成本、延长使用寿命，并提高船体材料的可靠性以及可回收性，船体的一些部件，如冷凝管、螺旋桨等，可采用铜及铜合金来制造。舰船冷凝器、螺旋桨、泵体叶轮以及海水管道装置因热交换、传输介质均为海水，对制造材料的抗海水腐蚀性能、耐疲劳强度、力学性能有较高要求，使用铜及铜合金可以降低船舰局部腐蚀风险。

由于采用铜合金主要是应对腐蚀和生物污损，所以现今主要研究方向也是耐腐蚀和抗污损。铜合金在海洋中的应用较早，因此铜合金在海洋中的腐蚀理论研究较丰富，早期 Trethewey 等[1]采用 20 kHz 超声波振动器研究了船用螺旋桨用铜锰铝合金在海水中的空化腐蚀，发现了空化和腐蚀的协同效应，并归因于微裂纹和晶界腐蚀。而 Heidersbach[2]系统地讨论了氧含量、氯化物、pH、铜离子浓度和温度等环境因素对铜合金脱合金腐蚀的影响，为铜合金的应用提供了指导。Zhang 等[3]研究证明铜在磁化海水中的腐蚀为点蚀，腐蚀产物为氧化铜和氯化铜，并认为电磁处理对铜的腐蚀有显著影响。

在应用研究方面，多数研究主要集中在铜合金材料的腐蚀特性及影响因素。Yuan 等[4]研究了海水中硫化物对铜及其合金的影响；Kear 等[5]则综述了氯化物对非合金铜的电化学腐蚀。此外，一些研究重点针对特定的铜合金，如 12832 铜合金，

① Trethewey K R, Haley T J, Clark C C. Effect of ultrasonically induced cavitation on corrosion behaviour of a copper-manganese-aluminium alloy[J].British Corrosion Journal, 1988, 23(1): 55-60.

② Heidersbach R. Clarification of the mechanism of the dealloying phenomenon[J]. Corrosion, 1968, 24(2): 38-44.

③ Zhang P, Guo B, Jin Y P, et al. Corrosion characteristics of copper in magnetized sea water[J]. Transactions of Nonferrous Metals Society of China, 2007, 17(s1A): s189-s193.

④ Yuan S J, Pehkonen S O. Surface characterization and corrosion behavior of 70/30 Cu-Ni alloy in pristine and sulfide-containing simulated seawater[J]. Corrosion Science, 2007, 49(3): 1276-1304.

⑤ Kear G, Barker B D, Walsh F C. Electrochemical corrosion of unalloyed copper in chloride media—A critical review[J]. Corrosion Science, 2004, 46(1): 109-135.

12832 铜合金是在 Cu-Al 二元合金基体中加入大量 Mn 和适量 Fe、Ni 的一种高锰铝青铜，在海水等介质中具有优良的耐腐蚀性和较高的机械性能，常用作船舶螺旋桨材料。Lin 等[1]研究了 12832 铜合金在含有硫酸盐还原菌的海水环境中的腐蚀行为，发现硫酸盐还原菌的代谢产物加速了脱合金腐蚀的发生。Ding 等[2]对 T2 铜合金与 12832 铜合金在海洋环境中长期腐蚀数据进行分析，评价研究了 12832 铜合金的腐蚀行为和机理。Ding 等[3]对比 T2 铜合金与 B30 铜镍合金在不同深度海水中的腐蚀行为，结果表明 T2 铜合金腐蚀速度随海水深度的增加而降低，而 B30 铜镍合金的腐蚀速度则相反。不同海水深度下 T2 铜合金腐蚀速度的演化规律主要受海水温度和溶解氧浓度的变化控制。静水压力对 T2 铜合金腐蚀速度的影响有限，但高的静水压力能促进氯离子穿透腐蚀产物膜，使 T2 铜合金形成均匀的腐蚀形貌。对于 B30 铜镍合金，溶解氧浓度和静水压力同时影响腐蚀产物膜，且腐蚀产物膜中 Ni 和 Fe 元素丰富，对点蚀、缝隙腐蚀和晶间腐蚀敏感。

在应对铜合金腐蚀和污损的研究上，一方面是研究铜合金的掺杂物，从而提高铜合金的抗性，如 Drach 等[4]测试了 8 种铜合金在海水中一年的腐蚀现象，结果表明 7 种合金都有良好的抗生物污损特性，仅有一种铜合金表现出严重的藤壶污损，据推测铝的存在阻碍了铜合金的抗生物污损能力。另一方面是研究缓蚀剂和防污腐涂层，如吡唑、烯唑醇、三唑酮[5]等，Tian 等[6]测试了一种新型无毒噻二唑衍生物对铜在海水（氯化物介质）中的腐蚀效果，结果显示缓蚀效果良好；Pareek 等[7]模拟研究了苯并咪唑嘧啶-g-氧化石墨烯复合涂层对铜在自然和人工海水中的腐蚀影响。

① Lin J, Yan Y G, Chen G Z. Study on microbiologically influenced corrosion of copper manganese aluminium alloy[J]. Rare Metal Materials and Engineering, 2007, 36: 551.

② Ding K, Fan L, Yu M, et al. Sea water corrosion behaviour of T2 and 12832 copper alloy materials in different sea areas[J]. Corrosion Engineering, Science and Technology, 2019, 54(6): 476-484.

③ Ding K, Liu S, Cheng W, et al. Corrosion behavior of T2 and B30 Cu-Ni alloy at different seawater depths of the South China Sea[J]. Journal of Materials Engineering and Performance, 2021, 30(8): 6027-6038.

④ Drach A, Tsukrov I, DeCew J, et al. Field studies of corrosion behaviour of copper alloys in natural seawater[J]. Corrosion Science, 2013, 76: 453-464.

⑤ Hu L, Zhang S, Li W, et al. Electrochemical and thermodynamic investigation of diniconazole and triadimefon as corrosion inhibitors for copper in synthetic seawater[J]. Corrosion Science, 2010, 52(9): 2891-2896.

⑥ Tian H, Li W, Cao K, et al. Potent inhibition of copper corrosion in neutral chloride media by novel non-toxic thiadiazole derivatives[J]. Corrosion Science, 2013, 73: 281-291.

⑦ Pareek S, Jain D, Behera D, et al. Effective anticorrosive performance of benzo-imidazo-pyrimidine-g-graphene oxide composite coating for copper in natural and artificial sea water[J]. Surfaces and Interfaces, 2021, 22: 100828.

3. 钛及钛合金

与钢铁、铝等材料相比，钛材料最突出的特点是密度低、比强度高、耐腐蚀性强，同时具备耐海水冲刷、无磁性、无冷脆性、高透声系数及优异的中子辐照衰减性能。在塑性成型、铸造、焊接等方面，可以采用常规方法进行加工成型，因此钛材具有广泛适用性。钛和钛合金能提高装备的作业能力、安全性和可靠性，是高性能海军装备、深潜装备的重要和关键物质保障，其应用属于高技术产业，全球仅有几个国家在投入研究和使用。俄罗斯、美国等军事发达国家在核潜艇、常规潜艇、水面舰艇、航母等海军装备上大量使用高性能的钛合金材料。我国在深海装备上也有钛材的应用，如我国自主研发的"蛟龙号"载人潜水器。

钛密度比钢低40%，但强度与钢相当，屈服比和比强度在金属中居首位，所以钛和钛合金在海洋工程中被广泛应用于轻型装备，小型、轻量的设备。钛材应用在船舰上，则可显著提高船舰的航速、浮力和机动性；应用在深潜器中，则能增加其下潜深度和有效载荷，美国的阿尔文号(Alvin)深潜器在改用钛合金作为壳体后，下潜深度由2000 m提升到3600 m。

钛的抗腐蚀性使得钛被用于直接接触海水或暴露在海水中各类装备或部件上，如船舰壳体、冷凝器、海水淡化装置、海上油气开采装置等。钛及钛合金主要应用在四个领域，分别是：①船舰、潜艇和深潜器等；②海上油气勘探与开发；③海水淡化与滨海发电；④沿海建筑与设施。

钛耐腐蚀性主要是由钛和氧气反应形成致密的钝化膜(TiO_2薄膜)，钛极易发生钝化，其可钝化性超过了铝、铬、镍和不锈钢。钛的钝化膜稳定，且不受氯离子影响，能够很好抵御海洋电化学腐蚀的特性。尽管钛合金的钝化膜极易形成，遭到破坏后也能自愈，但如果在缺乏膜形成反应的氧元素环境中，钝化膜一旦遭到破坏将很难再形成，如深海环境[①]。另外，掺杂微量镍或贵金属(Pb、Ru、Pt)等的钛合金尽管会发生电偶腐蚀，但在可接收范围内，这种掺杂可以防止缝隙腐蚀的发生。基于钛的耐腐蚀特性和原理，很多研究都是针对钝化膜的腐蚀和修复。

---

① Sawant S S, Venkat K, Wagh A B. Corrosion of metals and alloys in the coastal and deep waters of the Arabian Sea and the Bay of Bengal[J]. Indian Journal of Technology, 1993, 31(12): 862.

Cui 等[①]认为钝化膜的稳定性和溶解速率取决于成型环境和成型速率。Alves 等[②]指出钛合金的钝化膜破裂会造成耐腐蚀性的暂时缺失，而当钝化膜破裂时，钝化区和去钝化区之间形成的电极电位存在较大差异，会导致电偶腐蚀[③]。

提高钛合金抗腐蚀性能的手段有添加金属和涂层。钛的强度高、耐腐蚀力强，但钛容易受到生物污垢的影响，从而发生生物污损现象。Arroussi 等[④]利用抗菌试验和各种电化学分析技术研究了 Ti-5Cu 合金对铜绿假单胞菌的生物腐蚀抑制作用，试验结果表明工业纯钛（cp-Ti）中加入 Cu 能有效降低生物腐蚀速度，增强对铜绿假单胞菌引起的点蚀抵抗力。Chen 等[⑤]在电解液中加入二硫化钼（MoS_2）颗粒，以提高经过微弧氧化处理的钛合金（Ti-6Al-4V）的耐腐蚀性，其机理是在合金表面形成不同 MoS_2 含量的复合氧化物涂层。试验结果也表明 MoS_2 的添加提高涂层的耐腐蚀性，这有助于扩大合金在海洋中的应用。

随着对深海开发的需求不断加强，钛合金制深海装备越来越受到重视，但至今学界对钛材在深海的应用和变化（腐蚀）研究明显不足[⑥]。深海区别于浅层海洋的最大特点是其静水压力巨大。在深海环境下，氧的溶解度较小，深海装备不仅会受到来自深海的腐蚀作用，还会受到高静水压力的作用。范林等[⑦]的研究和 Beccaria 等[⑧]的研究都表明静水压力通过促进点蚀萌生、降低金属表面腐蚀产物的抗腐蚀性能、加速阳极溶解速度、破坏钝化膜等一系列方式影响金属的抗腐蚀性能。因此，在深海环境中，钛合金的应力腐蚀敏感性高于其他种类的钛

① Cui Z, Wang L, Zhong M, et al. Electrochemical behavior and surface characteristics of pure titanium during corrosion in simulated desulfurized flue gas condensates[J]. Journal of the Electrochemical Society, 2018, 165(9): C542.

② Alves A C, Wenger F, Ponthiaux P, et al. Corrosion mechanisms in titanium oxide-based films produced by anodic treatment[J]. Electrochimica Acta, 2017, 234: 16-27.

③ Khayatan N, Ghasemi H M, Abedini M. Synergistic erosion-corrosion behavior of commercially pure titanium at various impingement angles[J]. Wear, 2017, 380: 154-162.

④ Arroussi M, Bai C, Zhao J, et al. Preliminary study on biocorrosion inhibition effect of Ti-5Cu alloy against marine bacterium *Pseudomonas aeruginosa*[J]. Applied Surface Science, 2022, 578: 151981.

⑤ Chen X W, Li M L, Zhang D F, et al. Corrosion resistance of MoS_2-modified titanium alloy micro-arc oxidation coating[J]. Surface & Coatings Technology, 2022, 433: 128127.

⑥ 林俊辉, 淡振华, 陆嘉飞, 等. 深海腐蚀环境下钛合金海洋腐蚀的发展现状及展望[J]. 稀有金属材料与工程, 2020, 49(3): 1090-1099.

⑦ 范林, 丁康康, 郭为民, 等. 静水压力和预应力对新型 Ni-Cr-Mo-V 高强钢腐蚀行为的影响[J]. 金属学报, 2016, 52(6): 679-688.

⑧ Beccaria A M, Poggi G, Castello G. Influence of passive film composition and sea water pressure on resistance to localised corrosion of some stainless steels in sea water[J]. British Corrosion Journal, 1995, 30(4): 283-287.

合金。钛合金的应力腐蚀会导致构件突然失效断裂，引发严重事故。仝宏韬等[①]、续文龙等[②]的研究也说明了海水及压力会促进钛合金应力腐蚀开裂，随着静水压力的增大，点蚀坑深度也随之增加，并且在坑底存在微裂纹，这些微裂纹则会造成应力腐蚀开裂。

为承受高静水压力，应用在深海的钛材需要更加优异的强度，但随着金属材料强度的提高，塑性和断裂韧性则会下降[③]。Bai 等[④]就对深海载人潜水器的载人舱用钛进行了疲劳强度测试和评估，通过裂纹扩展判断钛合金的疲劳可靠性。王雷等[⑤]通过研究不同应变幅值下 TC4 ELI 钛合金板材的低周疲劳性能从而对钛合金耐压结构进行安全性评估，试验得出 TC4 ELI 会有循环软化的特性，并且随着应变幅值的增大，裂纹源逐渐从材料表面转变为材料内部，表现出更为明显的塑性断裂特征。一旦发生压缩蠕变变形，装备结构便会产生失稳甚至损坏，从而影响深海装备的安全性及使用寿命。因此需要平衡钛材的强度和韧性，或根据应用环境加强某一方面性能。

在深海中，设备下潜所受的静水压力并不固定，钛材在交变压力及化学性能综合交互作用下的影响是需要进行深入研究的，这对保障深海设备安全、延长设备寿命至关重要；钛合金等材料在深海环境下的腐蚀行为及腐蚀机理同样需要关注，只有在了解腐蚀机理的基础上才能研制出符合深海开发需求的钛材料。Yang等[⑥]研究了 Ti-6Al-4V 焊接接头的焊接强度对深海潜水器服役安全的影响。深海环境复杂，涉及高压、低温、水流等多方面因素，还要考虑钛材与其他金属发生的电偶腐蚀等自身变化。创建深海模拟环境下钛材料等合金的腐蚀参数数据库是深

① 仝宏韬, 张慧霞, 胡鹏飞, 等. 深海环境下典型钛合金材料的应力腐蚀研究[C]//2018 年全国腐蚀电化学及测试方法学术交流会, 2018.

② 续文龙, 郑百林, 席强. 钛合金在深海和浅海环境中应力腐蚀行为的机理分析[C]//2017 第四届海洋材料与腐蚀防护大会论文集. 中国腐蚀与防护学会, 2017.

③ Wan Z Q, Wang Y J, Bian R G, et al. Fatigue life prediction of structural details of submarine pressure hull[J]. Journal of Ship Mechanics, 2004, 8(6): 63-70.

④ Bai X, Tu B. Ellipsoid non-probabilistic reliability analysis of the crack growth fatigue of a new titanium alloy used in deep-sea manned cabin[J]. Theoretical and Applied Fracture Mechanics, 2021, 115: 103041.

⑤ 王雷, 王琨, 李艳青, 等. TC4ELI 钛合金低周疲劳性能研究[J]. 钛工业进展, 2018, 35(2): 17-21.

⑥ Yang T, Liu J, Zhuang Y, et al. Micro-crystallographically unraveling strength-enhanced behaviors of the heavy-thick Ti-6Al-4V welded joint[J]. Materials Characterization, 2022, 188: 111893.

海设备研究和开发的重要基础。Gurrappa[1]对 Ti-6Al-4V 在化学、海洋和工业三种不同环境中的腐蚀特性进行过研究。Liu 等[2]则开展了 Ti6321 焊接件在低温、低溶解氧深海环境中的腐蚀行为研究。

1.4.3 复合材料技术

复合材料广泛用于渡轮、海军舰艇、渔船、作业船以及近海石油和天然气工业，甚至用在深海探测设备中，这是因为与钢、铝等其他材料相比，复合材料具有许多优点，如耐腐蚀和耐腐烂、易于形成复杂的无缝形状以及高特定材料性能，能够显著改善结构性能、降低维护和开发的成本，最重要的改进是减轻了重量，提高了机械零件和结构元件成型的灵活性。复合材料在造船工业中的应用正逐步增加，新世纪以来甚至成为小规模船（<50 m）的主要材料（玻璃钢船中占比 70%），层压纤维强化复合材料甚至广泛应用于整个海洋工业[3]。

随着现代化工业的发展，聚合物材料的种类呈现多样化，可应用于海洋工业的复合材料也逐渐增多，但复合材料的适用性是一个关键问题。Davies 等[4]对用于表面结构的丙烯酸复合材料、玄武岩和亚麻纤维复合材料，以及用于深海压力容器的碳纤维增强聚酰胺复合材料等 4 种材料进行了评估。研究表明，通过提高水温、加速老化，丙烯酸复合材料在海水中较为稳定；玄武岩纤维复合材料性能保持较好，可以加强海洋结构；天然纤维增强生物复合材料的应用问题在于材料被水浸后，质量会增加，性能会损失；碳纤维增强热塑性复合材料已经有很多研究基础，其主要问题在于经济性（制造成本）和功能性的平衡。

复合材料非常容易受到冲击破坏，加上缺乏对复合材料应用环境的认识，如

① Gurrappa I. Characterization of titanium alloy Ti-6Al-4V for chemical, marine and industrial applications[J]. Materials Characterization, 2003, 51(2-3): 131-139.

② Liu H, Bai X, Li Z, et al. Electrochemical evaluation of stress corrosion cracking susceptibility of Ti-6Al-3Nb-2Zr-1Mo alloy welded joint in simulated deep-sea environment[J]. Materials, 2022, 15(9): 3201.

③ Baley C, Grohens Y, Busnel F, et al. Application of interlaminar tests to marine composites. Relation between glass fibre/polymer interfaces and interlaminar properties of marine composites[J]. Applied Composite Materials, 2004, 11(2): 77-98.

④ Davies P, Gac P Y L, Gall M L, et al. Marine ageing behaviour of new environmentally friendly composites[M]//Davies P, Rajapakse Y D S. Durability of Composites in a Marine Environment 2. Cham: Springer International Publishing, , 2018: 225-237.

载荷条件下的耐久性能、机械损伤下的耐磨性能等，导致复合材料在海洋工业中的应用进展缓慢。对此，Sutherland 总结了船用复合材料的冲击试验成果，包括海洋环境对材料的影响[①]、冲击频率与材料参数[②]、损伤极限和耐久性[③]等。

Vizentin 和 Vukelic[④]总结归纳了复合材料在海洋环境中的降解与损伤，设计复合材料的一个重要考虑因素是环境问题，而对复合材料在海洋应用中可靠性的模拟验证，主要是材料经海水浸润后的力学特性和材料的结构特性，要满足海水风化、热损伤等要求。两人在 2022 年还对海洋环境引起的海上运输业用玻璃钢复合材料失效进行了研究[⑤]，结果表明生物污损是海洋环境中复合材料机械性能的环境退化的重要因素。

Neşer 等[⑥]综述了聚合物基纤维增强复合材料(FRP)在海洋领域的发展历史和趋势，认为 FRP 在海洋工业中的应用范围正在逐步扩大，但疲劳问题、认证问题等阻碍了 FRP 的发展，未来 FRP 会朝着可回收、耐水解、耐火等方面发展。

1.4.4 防腐材料技术

海洋环境下的腐蚀状况十分复杂，海洋工程结构均受到严重侵蚀，其主要失效形式包括：均匀腐蚀、点蚀、应力腐蚀、腐蚀疲劳、腐蚀/磨损、海洋生物污损、微生物腐蚀、H_2S 与 CO_2 腐蚀等，而控制船舶与海洋工程结构失效的主要措施包括涂装、采用耐腐蚀材料、表面处理与改性、电化学保护、使用缓蚀剂、结构设备监督与检测、安全评价与可靠性分析及寿命评估。以下介绍几种

---

① Sutherland L S. A review of impact testing on marine composite materials: Part I. Marine impacts on marine composites[J]. Composite Structures, 2018, 188: 197-208.

② Sutherland L S. A review of impact testing on marine composite materials: Part II. Impact event and material parameters[J]. Composite Structures, 2018, 188: 503-511.

③ Sutherland L S. A review of impact testing on marine composite materials: Part III. Damage tolerance and durability[J]. Composite Structures, 2018, 188: 512-518.

④ Vizentin G, Vukelic G. Degradation and damage of composite materials in marine environment[J]. Materials Science, 2020, 26(3): 337-342.

⑤ Vizentin G, Vukelic G. Marine environment induced failure of FRP composites used in maritime transport[J]. Engineering Failure Analysis, 2022, 137: 106258.

⑥ Neşer G. Polymer based composites in marine use: History and future trends[J]. Procedia Engineering, 2017, 194: 19-24.

主流或受到重视的腐蚀防护技术及发展趋势。

1. 涂层材料

涂料是船舶和海洋结构腐蚀控制的首要手段，涂层主要分为海洋防腐涂层和海洋防污涂层两大类。防腐涂料用量大，每万吨船舶需要使用 4 万～5 万升涂料，涂料及其施工成本在造船中占 10%～15%。如果不能有效防护，船舶的寿命将至少缩减一半。

海洋防腐领域应用的重防腐涂料主要有环氧系防腐涂料(环氧树脂、环氧焦油等)、聚氨酯系防腐涂料、橡胶类防腐涂料、含氟防腐涂料(聚三氟氯乙烯等)、有机硅树脂涂料、聚脲弹性体防腐涂料以及富锌涂料等[①]，其中环氧系防腐涂料占比最多，如美国的阿莫 370 管道涂层(AP370PLC)。

海洋环境多样，且具有生物性，应用于船舶等设备机构的重防腐涂料不仅需要满足严苛的技术要求，还要具备环保、节能、省资源、性能高和功能化等优势，因此海洋防腐涂料的研发主要朝着高固体化、无溶剂化(包括粉末涂料化)或弱溶剂化、水性化、无重金属化、高性能化、多功能化、低表面处理化、省资源化以及智能化等方向发展：①低表面处理涂料，该类涂料可以减轻表面处理压力，避免预处理对环境造成的污染，而且可节约大量维修费用；②绿色环保涂料，无铅无铬化是此类涂料的发展方向，水性无机富锌涂料也是零挥发性有机物(VOC)的环保型水性防腐涂料；③无溶剂涂料，可以节省资源、性能也更加优越，主要类别有无溶剂环氧涂料、无溶剂聚脲和聚氨酯涂料；④纳米层级涂料，纳米粒子的引入可以改善涂料流变性，提高涂层附着力、涂膜硬度、光洁度和抗老化性能；⑤超耐候性面漆——氟碳树脂及含氟聚氨酯等改性材料，是面漆基料的极佳选择，除用于船壳漆外，还可用于接触强腐蚀介质的内舱涂料等。

目前，石墨烯基防腐涂层、环氧树脂防腐涂层、聚苯胺基防腐涂层、聚吡咯防腐涂层、自修复防腐涂层等是研究和应用的热点，受到较多关注。石墨烯作为防腐涂层能够有效降低铜、镍、碳钢等金属的腐蚀速度，不仅提高材料的防腐蚀能力，还能增加材料的特殊性质。环氧树脂固化后摩擦系数高、易磨损，并在高温固化中易形成大量的微孔，是一种良好的防腐材料，而将石墨烯材料

---

① 张超智, 蒋威, 李世娟, 等. 海洋防腐涂料的最新研究进展[J]. 腐蚀科学与防护技术, 2016, 28(3): 269-275.

加入环氧树脂中还能够增强环氧树脂的防腐性能；研究人员通过对环氧树脂进行化学改性，显著改善了纯环氧树脂的防腐性能，包括有机硅化学改性环氧树脂、丙烯酸酯化学改性环氧树脂、其他分子化学改性环氧树脂。聚氨酯具有耐磨性、耐腐蚀性、柔韧性以及对基质的强黏附性等优良特性，被广泛用于制造业、日常生活、医疗保健以及国防工业中，但聚氨酯的热力学稳定性不稳定、硬度较低、抗拉强度较差等，限制了其进一步应用，而利用石墨烯对聚氨酯进行改性可以增强其性能，尤其是耐摩擦性能和耐腐蚀性能。防腐涂层的修复在服役期间同样是一项延长涂层使用寿命和提高功能作用的措施。现阶段，破损涂层主要通过人为修补或更换，工艺烦琐、造价昂贵，而自修复防腐涂层在遭到外力破坏或环境损伤后，可自行恢复或在一定条件下恢复其原有的防腐作用，是一种新兴的智能防护材料。

2. 表面处理与改性

表面处理或改性，是采用化学、物理的方法改变材料或工件表面的化学成分或组织结构以提高部件的耐腐蚀水平。化学热处理(渗氮、渗碳、渗金属等)、激光重熔复合、离子注入、喷丸、纳米化、轧制复合金属等是比较常用的方法。化学热处理、激光重熔复合、离子注入等方法是改变表层的材料成分，喷丸和纳米化是改变表面材料的组织结构，轧制复合金属则是在材料表面复合一层更加耐腐蚀的材料。

对于大面积的海上构筑物可以采用中重防腐涂料等防护技术，但对于许多形状复杂的关键重要部件，如阀门、带腔体等，在其内部刷涂层比较困难，传统的防腐涂料无法进行有效保护并很难达到使用要求。因此，一方面通过提高材料等级来防腐，如使用黄铜、哈氏合金等来制作复杂的零部件；另一方面发展先进的低成本表面处理等防腐技术。

随着超深、高温、高压、高硫、高氯和高二氧化碳油气田的相继开发，传统单一的材料及其防腐技术已不能满足油气田的深度开发需求，双金属复合管的应用正在迅速扩大，采用更耐腐蚀的材料作为管道的内层金属实现抗腐蚀；钛合金耐腐蚀性强，但耐磨性、耐高温氧化性及对异种金属的电偶腐蚀等制约了其实际应用，可以通过微弧氧化在钛合金表面原位生长氧化物陶瓷层，显著改善以上不足的性能；对于复杂结构部件，常通过镀镍进行防护，近些年发展出银/钯贵金属纳米膜化学镀进行防护，银/钯贵金属纳米膜不仅起到防护功能，还能够自愈。

海洋工程中使用的重要运动部件，如齿轮、稳定器等，常处于高温、高压、高湿、高磨损、高冲蚀等恶劣环境中，腐蚀、磨损速率比常规陆地严重数倍以上。如果这些关键重要部件发生故障，除了要负担新件的高额成本外，还要承担由此造成的重大停工、停产损失甚至人员伤亡损失。关键重要部件的安全运行与高可靠性往往标志着一个国家海洋工程装备技术的先进程度。这些部件通常都需要进行表面处理或改性。

以先进热喷涂技术、先进薄膜技术、先进激光表面处理技术、冷喷涂为代表的现代表面处理技术是提高海洋工程装备关键重要部件性能的重要技术手段，如表 1.3 所示。

表 1.3 各类喷涂技术

技术手段	介绍	应用	发展趋势
超音速火焰喷涂（HVOF）	20 世纪 80 年代出现的一种热喷涂方法，它克服了以往热喷涂涂层孔隙多、结合强度不高的弱点。	制备耐磨涂层替代电镀硬铬层，已应用在球阀、舰船的各类传动轴、起落架、泵类等部件中。	焰流温度低、热量消耗少、沉积效率高的低温超音速火焰喷涂（LT-HVOF）成为发展趋势。通过 LT-HOVF 可获得致密度更高、结合强度更好的金属陶瓷涂层、金属涂层。例如，在钢表面制备致密的钛涂层，提高钢的耐海水腐蚀性能；在舰船螺旋桨表面制备 Ni-Ti 涂层，提高螺旋桨的抗空蚀性能。
等离子喷涂	以高温等离子体为热源将涂层材料熔化制备涂层的热喷涂方法。	火焰温度高，非常适合制备陶瓷涂层，如 Al_2O_3、Cr_2O_3 涂层，从而提高基体材料的耐磨、绝缘、耐腐蚀等性能。	等离子喷涂制备的涂层存在孔隙率高、结合强度低的不足。近年来发展的超音速等离子喷涂技术克服了这些不足，成为制备高性能陶瓷涂层的极具潜力的方法。
气相沉积薄膜技术	包括物理气相沉积和化学气相沉积。	利用气相沉积薄膜技术可在材料表面制备各种功能薄膜，如起耐磨、耐冲刷作用的 TiN、TiC 薄膜，兼具耐磨与润滑功能的金刚石膜，耐海水腐蚀的铝膜等。	化学气相沉积是主要应用的一类技术。该类技术相对成熟，主要朝适应新的沉积材料发展，同时还有降低应用门槛、提高沉积效率的发展趋势。

续表

技术手段	介绍	应用	发展趋势
激光表面处理	激光的高辐射亮度、高方向性、高单色性特点作用于金属材料，特别是钢铁材料表面，可显著提高材料的硬度、强度、耐磨性、耐腐蚀性等一系列性能。	①延长产品的使用寿命和降低成本，如利用激光熔覆技术对扶正器进行表面强化来提高其表面耐磨、耐腐蚀性能。②对废旧关键部件进行再制造，即以明显低于制造新品的成本，获得质量和性能不低于新品的再制造产品，如对船用大型曲轴的再制造，对扶正器的再制造等。	相对成熟。
冷喷涂	俄罗斯发明的一种技术。	由于喷涂温度低，在海洋工程结构的腐蚀防护中具有潜在的应用价值。	冷喷涂有时需要使用氦气，使其成本提高，因此降低成本是该技术应用的主要挑战。

现代表面工程技术是提高海洋工程装备关键重要部件表面的耐磨、耐腐蚀、抗冲刷等性能，满足海洋工程材料在苛刻工况下的使役要求，延长关键重要部件使用寿命与可靠性、稳定性的有效技术，也是提升我国海洋工程装备整体水平的重要途径。

3. 电化学保护

金属-电解质溶解腐蚀体系受到阴极极化时，电位负移，金属阳极氧化反应过电位减少，反应速率减小，因而金属腐蚀速度减小，称为阴极保护。阴极腐蚀现象尽管在 1900 年左右由 Fritz Haber[1] 提出，但直到 21 世纪，该现象才引起人们关注。对于阴极腐蚀的保护方式有两种：外加电流阴极保护和牺牲阳极的阴极保护。

外加电流阴极保护是通过外加直流电源以及辅助阳极，迫使电流从介质中流向被保护金属，使被保护金属结构电位低于周围环境，该方式主要用于保护大型金属结构。我国南海东部海域的珠江口盆地的一处油气田平台导管架均为裸钢，仅靠牺牲阳极的阴极保护，之后采用美国 Deepwater 公司 RetroBuoy ICCP 系统进行平台导管架阴极保护改造，改造后牺牲阳极的寿命大大提高[2]。但从可靠性和管

---

① Haber F. Über Elektrolyse der Salzsäure nebst Mitteilungen über kathodische Formation von Blei. III. Mitteilung[J]. Zeitschrift für anorganische Chemie, 1898, 16(1): 438-449.

② 陈武, 陈超, 李阳松. 深水平台导管架外加电流阴极保护系统改造[J]. 腐蚀与防护, 2018, 39(4): 312-317.

理维护等方面来看，牺牲阳极的阴极保护比外加电流阴极保护更具优势。

世界各国对船舰的腐蚀问题给予了高度重视，美国海军制定的美国海军舰船通用规范等都提出采用阴极保护与涂层联合防腐蚀措施，并对实施流程进行了详细规定。

国外船舰阴极保护技术的发展主要体现在：一是阴极保护设计技术的提高，采用计算机辅助优化；二是外加电流阴极保护系统各部件材料的不断改进和性能的不断提升，如辅助阳极以及混合金属氧化物阳极等。高活化牺牲阳极往往需要添加部分有毒或稀有的合金元素，从环境保护和经济成本来说并不可取，另外高活化牺牲阳极并没有从根本上解决阴极保护中后期材料浪费的问题，复合牺牲阳极的研究仍是主要发展趋势之一。

我国 20 世纪 60 年代就开始外加电流阴极保护试验，并在 70 年代初成功在第一艘驱逐舰上安装了外加电流系统。1982 年制定了国家标准《船体外加电流阴极保护系统》，目前我国研制出的外加电流阴极保护装置也已在船舰上大量安装使用。外加电流阴极保护的关键首先是电流分布场的计算，国外发展了大型标准软件，而我国的相关软件都在进口；其次是施加电流的设备，我国仅能生产小电流设备，大电流设备几乎完全依赖进口，即使同等小电流设备，国外设备的可靠性也更高。

同样从 20 世纪 60 年代开始，我国开始研发一系列牺牲阳极材料，目前船舶和海洋工程机构的阴极保护大多采用国产阳极，实现国产化并大量出口。近年来也开发了深海牺牲阳极、低电位牺牲阳极(高强钢等氢脆敏感材料)和高活化牺牲阳极(干湿交替环境)，但此类关键部件的牺牲阳极更多还是进口，尽管国外的更昂贵。

1.5 本章小结

海洋资源有待进一步开发。海洋一直是地方、区域、国家乃至全球范围内经济活动的基础，是食物、能源和娱乐的来源，也是全球贸易的"高速公路"。随着人们对海洋的认识不断提高，对海洋食品、水、材料、能源等资源的需求不断增长，人们对海洋的探索也在持续并不断加强。虽然一些资源，特别是靠近海岸的资源已被大量开采，但其他资源未得到充分利用或未被发现。对海洋深层次的探索和开发是现今全球各个发展海洋经济的国家的重要战略任务。

海洋环境治理、深远海探索、海洋气候预测以及海洋数据化等领域是目前海洋战略的发展趋势。从 20 世纪 80 年代开始，各国重视海洋发展，制定多项海洋发展战略，战略发展方向与本国海洋环境、海洋范围、海洋技术发展水平紧密相关。美国国家海洋与大气管理局从制定海洋战略之初就将部分海洋基础研究放在一个优先的地位，形成了海洋研究优先战略，之后美国国家科学基金会依据该战略，联合其他部门部署了未来十年海洋研究计划，旨在建立海洋科学、技术和创新目标，推动海洋技术发展，保证海洋环境的可持续发展。美国的海洋十年战略主要探索了海洋生态、气候、地形地貌以及灾害等的成因、演变及预测，加强海洋监测、勘探、数据平台建设的能力。相比于美国，欧盟更注重海洋经济的发展，其战略方向包括发展可持续、清洁的海洋，通过海洋相关的大量数据预测海洋灾害、气候变化等影响海洋经济的因素。日本由于陆地面积狭小，大力发展海洋，其政策主要是保障海洋安全，包括军事护卫、海上运输、环境和经济发展保障以及科技发展。我国从新世纪开始重视发展海洋，发布多个海洋经济和科技发展战略，在发展过程中，我国还将海洋环境保护列入了海洋发展战略中。

在海洋经济方面，海上交通运输、海洋基础设施建设是海洋经济发展的两大核心内容。美国服务类产业中旅游休闲的 GDP 最高，从业人员占到了所有海洋产业从业人员的 72%。美国海洋产业位于第二位的是海洋矿产开发，但随着海洋环境问题的严峻，以及海洋资源开发向深向远推进，2018 年海洋矿产开采 GDP 相较于 2017 年有明显下降，海洋运输、海洋建筑、船舶制造等产业则有显著增长。不同于美国，欧盟海洋经济中，海洋生物资源与海洋可再生能源是两个增速较快的产业。日本比较重视海洋产业布局和发展，其渔业、运输业、旅游业和船舶制造等占比较大，且发展较为成熟，日本正在积极将传统产业转型升级，同时加大对新兴产业的培育与扶持力度，海洋信息产业和海洋新能源、海洋生物资源等开发及关联产业逐步成为海洋新兴产业发展的主要内容。

海洋资源的利用与开发离不开装备技术，但用于生产制造海洋工程相关装备和设施的材料却长期被忽视。许多海洋设施和设备都沿用陆上工程材料,但海洋环境不同于陆上环境,海洋环境更加恶劣,沿海或海洋中使用的设备和设施要面临风浪、高湿、高盐的环境,因此在海洋工程中,特殊的材料有助于设备和设施延长服役时间、保障应用安全性,从而提高成本效益。在现今海洋发展阶段,海洋工程应用较多的是钢铁材料以及一些高性能合金材料;在应对海洋腐蚀上,则常用涂层技术保护海洋工程装备和建筑,延长其服役寿命。对钢铁材料的研究集中在拓展钢铁的强度和耐腐蚀性上。美国、日本、英国等发展海洋经济的国家,都探索出符合自己国家沿海环境的钢铁材料,并根据不同材料的性能形成一套钢铁材料命名系统。一些有色金属和高性能合金也在海洋工程中广泛使用,如铝合金、铜合金、钛合金等。铝合金质的船舶等装备相较于钢制装备在装备规模、重量、耐冲击性和耐断裂强度上均有所提升,同时铝材的防腐性能、热交换性能也促进了铝材在海水淡化和热能工程中的使用。钛合金则是深海装备关键的制造材料之一。复合材料因优异的防腐性能、易成型,能提高设备和零件的灵活性而应用于海洋工程的多个方面,如渡轮、舰艇、油气探测设备等。防腐技术主要分为改性和涂层两大模式,其中涂层技术因便利性和低成本而成为主流的防腐技术。金属的防腐防污工作对于延长设施和装备的寿命非常重要,特别是在海洋这种具有重腐蚀环境中。涂层技术的关键在于涂层的研究,目前石墨烯涂层、有机涂层和自修复涂层等是研究热点。

我国关键海洋工程用材料(钢材、钛材)的制造水平与国际先进水平还存在一定差距,如海洋基础设施及军用设施用到的焊接,大线能量焊接是一种应用广泛、大幅提高焊接效率、降低钢结构构建成本的技术,但其用钢一直是全球各国主力研发的技术之一,我国在该方面尚处于起步阶段,制约了海洋钢结构基础设施的建设效率。而我国海洋工程材料长期以来并未被纳入新材料体系范畴,发展速度远远落后于航空、航天材料,党的十八大后,建设海洋强国成为重要国策,海洋工程及海洋工程材料作为拓展海洋空间、开发海洋资源的物质前提,是实施海洋科技创新、建设海洋生态文明的物质基础,是提升海洋国防实力、维护海洋权益的物质保障。发展我国的海洋工程材料,对实现海洋强国将产生重要的积极作用。

第2章 海洋结构材料及科技创新发展

2.1 海洋结构材料发展状况

海洋结构材料是指以力学性能为基础(主要是强度和塑性),制造适用于海洋环境的受力构件而获得广泛应用的材料。这类材料具有承载强负载、抗腐蚀、抗氧化等性质,能够适应室温静载、高温蠕变、交变载荷(疲劳)、高速(冲击)变形、强腐蚀介质等环境。

2.1.1 海洋结构材料分类和用途

海洋结构材料包括钢铁、钢筋混凝土、各种有色金属(如铝、钛、铜、镁、锆合金)和复合材料。这些材料按组成可分为三类:金属、非金属和高分子复合材料(表2.1)。金属材料进一步分为高性能金属结构材料(耐高温、防腐蚀、高延展性,如钛/镁/锆及其合金)和具有特殊光、电、磁性能的金属功能材料(如磁性材料)。非金属材料通过微观结构设计和先进制备技术,去除有害元素,实现特定性能。高分子复合材料作为新材料领域的一部分,因其出色的物理、化学性能和加工特性,在橡胶、胶黏剂等众多领域中得到应用。

表 2.1 海洋结构材料类型

类型	材质		示例
金属	含铁		低碳钢、不锈钢、焊接钢等
	不含铁		铜、铝、钛、镁及其合金等
非金属	木材材质	自然类	橡木、松木、红木
		人工类	胶合板、木屑压合板、中密度纤维板
	无机非金属材料	硅酸盐材料	玻璃、水泥、绝缘材料、耐火材料、陶瓷
		氧化物类陶瓷材料	二元氧化物、玻璃陶瓷、钛酸盐陶瓷及羟基磷灰石陶瓷材料
高分子复合材料	有机合成材料(高分子材料)		塑料、橡胶、合成纤维、胶黏剂、涂料

在飓风、台风、地震、海浪、洋流、热梯度和冰川等复杂的海洋环境条件下，要求在选择海洋结构材料时，须考虑所选材料的物理和化学特性、耐疲劳性、应力性、耐腐蚀性、污染性等因素。早期海洋结构材料主要应用在水面舰艇上，而新开发的海洋结构，如海上钻井和生产平台、水面浮标、仪器平台、潜水艇等，均需要使用适应海洋环境的特殊材料。

由于海洋环境具有高度的复杂性，影响着材料在特定环境条件下的性能，因此，选择合适的材料以适应各种海洋环境下不同的海洋结构已成为一项重要工作。随着新的海洋结构的不断发展以及海洋自身环境的不断变化，在海洋结构材料的选择过程中，一方面需要不断了解海洋结构材料自身的物理和化学特性，其中，物理特性主要包括屈服强度、弹性模量、泊松比、延展性、抗疲劳性和抗断裂性等；另一方面，需要了解影响海洋结构材料选择的因素，如制造设施、制造成本、运输条件、材料的形状、尺寸以及维护运营等因素。此外，还需考虑材料的可回收性、可持续性、可再生性以及有毒和无毒性质有关的环境问题。

2.1.2 海洋结构材料的发展

1. 高性能钢铁材料

高性能钢铁材料是指那些通过先进的制造技术和合金设计，具有优越性能的钢铁产品。这些材料通常具有高强度和高韧性、优异的耐磨性和耐腐蚀性、良好的耐热性、优化的加工性能、环境适应性等特性(表 2.2)。这些高性能钢铁材料在航空航天、汽车制造、建筑、能源、医疗器械、军事和工业设备等领域有着广泛的应用。

表 2.2　高性能钢铁材料的主要特征

主要特征	具体表述
高质量	高纯净度、高均匀度、组织控制、高尺寸精度、高表面质量
高性能	力学性能(高强度、韧性、耐高温、抗低温),服役性能(耐疲劳、延迟断裂、耐腐蚀、蠕变),工艺性能(冷热加工)
环境友好	生产、加工和应用过程中稳定和经济地回收利用
低成本	生产、加工和应用过程中具有较低的成本

钢是海洋建筑的一种常见材料,也是海洋结构中广泛使用的材料之一。钢材根据成分、制造方法、精加工方法、微观结构、强度、热处理、产品形式和钢的含碳量进行分类,以适用于不同的海洋环境。其中,根据成分,可分为碳钢、低合金钢或不锈钢;根据制造方法,可分为电炉钢和平炉钢;根据精加工方法,可分为热轧钢和冷轧钢;根据微观结构,可分为铁素体、珠光体、马氏体、贝氏体、针状铁素体;根据强度要求,不同的规范有不同的分类方式;根据热处理工艺,可分为退火、淬火、回火和热机械控制工艺;根据产品形式,可分为棒材、板材、片材、带材、管材和其他以横截面形状命名的所需形状,如 L 型、T 型等;根据钢的含碳量,可分为低碳钢、中碳钢、高碳钢和超高碳钢。低碳钢也被称为低强度钢,其屈服强度低于 415 MPa,含碳量≤0.25%,不含铬、钴和镍等其他元素,这类钢被广泛推荐用于平台的船体结构、配件、油箱、仪器附属设备和浮标。中碳钢的屈服强度约为 1035 MPa,含碳量为 0.25%~0.6%,主要用于制造北极地区的破冰船和浮标。高碳钢的屈服强度>1035 MPa,含碳量为 0.6%~1%,这类钢具有延展性,通过热处理改善其延展性,主要用于固定式的浮式海洋结构物的系绳以及半潜式模块海上钻井装置中的系泊缆,如表 2.3 所示。超高碳钢的含碳量为 1.0%~2.1%。

表 2.3　海洋结构材料中高碳钢材料屈服强度、工艺路线以及应用范围

屈服强度/MPa	工艺路线	应用范围
350（X52）	标准化 TMCP	结构和管道等
450（X65）	Q&T TMCP	结构和管道等
550（X80）	Q&T TMCP	结构和系泊管道等
650	Q&T	自升式平台和系泊装置等
750	Q&T	自升式平台和系泊装置等
850	Q&T	自升式平台和系泊装置等

注：Q&T 表示淬火和回火。

高性能钢铁材料的生产技术主要包括：低成本高效化洁净钢生产技术、大板坯高速连铸技术、炉渣干法粒化技术、粉矿低温快速还原技术、高品质板带材关键生产技术、高品质特殊钢生产技术、基于氢冶金的熔融还原炼钢技术、微合金化钢技术、超细晶粒钢技术、氮合金化不锈钢技术、高质量特殊钢技术和钢材组织性能预报和材料信息化技术等。在生产技术中，高性能钢铁材料的生产主要依赖加工技术。用于高性能钢铁材料的加工技术有：①热机械控制工艺；②超快速冷却技术；③在线快速冷却技术；④超级在线快速冷却（Super-OLAC）；⑤在线回火热处理；⑥感应加热技术。

1）热机械控制工艺

热机械控制工艺（thermo-mechanical control process，TMCP）是钢铁业的关键和共性技术。TMCP 的核心是晶粒细化和细晶强化。TMCP 是通过控轧技术和控冷技术的结合在线精确控制显微组织，获得优越机械性能的钢材制造技术体系[1]。其原理是控制加热温度、轧制温度和压下量的控制轧制（control rolling），再实施空冷或控制冷却及加速冷却（accelerated cooling）。应用 TMCP 技术旨在改善钢板组织状态，细化奥氏体晶粒，使碳化物在冷却过程中于铁素体中弥散析出，提高钢板强度和综合机械性能。新一代 TMCP 技术是根据 TMCP 技术特点以超快冷技术为核心创新而来[2]。

---

① 鹿内伸夫，李英兰. TMCP 厚板组织控制技术的最新进展和厚板产品的高性能化[J]. 鞍钢技术, 2008, (4): 54-59.

② 王国栋. 以超快速冷却为核心的新一代 TMCP 技术[C]. 2008 年全国轧钢生产技术会议文集, 2008: 76-84.

(1)NG-TMCP 的研发目标：一是在奥氏体区间，趁热打铁，在适于变形的温度区间完成连续大变形和应变积累，得到硬化的奥氏体；二是轧后立即进行超快冷，使轧件迅速通过奥氏体相区，保持轧件奥氏体硬化状态；三是在奥氏体向铁素体相变的动态相变点终止冷却；四是后续依照材料组织和性能的需要进行冷却路径的控制。这类材料主要用于生产高强度造船钢板和长距离输送石油、天然气用管线钢板，以及其他用途的高强度焊接结构钢板。近年来，还开发了应用于液体天然气(LNG)储罐和运输船用钢板、高层建筑用厚壁钢板、海洋构造物等重要用途的钢板。以造船板、管线用钢板、焊接结构钢板等产品为主的厚钢板，在钢铁发达国家采用新一代 TMCP 技术生产的占一定比例。

(2)NG-TMCP 技术特征：一是低成本、减量化的成分设计。对于新一代钢铁材料的开发，尽量少添加合金元素或微合金化元素，也能达到生产高性能钢材的目的。二是高速连轧的温度制度。NG-TMCP 采用适宜的正常轧制温度进行连续大变形，与"低温大压下"过程相比，可降低轧制负荷(包括轧制力和电机电流)，放宽设备限制条件。三是精细控制、均匀化的超快速冷却。轧后钢材由终轧温度急速快冷，经过一系列精细控制、均匀化的超快速冷却，迅速穿过奥氏体区，达到快速冷却条件下的动态相变点。四是超快速冷却后的冷却路径控制。根据不同用户对钢板性能的不同要求，利用控制冷却路径来控制硬化奥氏体的相变，得到多相或双相同比例的不同组织，实现对钢的相变强化，缩短相变时间。五是产品组织和性能特点。由于 NG-TMCP 技术仍然坚持传统 TMCP 的两条原则，即奥氏体硬化的控制和硬化奥氏体相变过程的控制，所以 NG-TMCP 可以实现材料晶粒细化，发挥细晶强化的作用。同时在超快速冷却后材料的相变过程可以依据需要进行冷却路径控制，相变组织可以得到控制，从而实现相变强化。因此，材料的强度、塑性、韧性、卷边成型性等综合性能可以大为改善(如兼有高强度、高延伸、良好的卷边性能、低屈强比等)。

(3)新一代 TMCP 技术的实践和工业应用：通过东北大学、鞍钢、首钢、华菱涟钢、马钢等钢铁研究院所及钢铁企业的共同推进，我国在中厚板、热连轧、H 型钢等热轧钢铁材料新一代 TMCP 开发技术领域取得了一系列创新性的科研成果。围绕新一代 TMCP 技术，我国已在如下关键技术领域获得成功突破，并应用于工业化生产线大批量规模化生产：①满足热轧钢铁材料实现超快速冷却的高性能射流喷嘴，解决热轧钢板高强度冷却过程中板材高冷却速率、高冷却均匀性等难题；②研制出热轧板带、中厚板、热轧 H 型钢等多种钢铁产品热轧生产线的超快速冷却成套技术装备，解决了超快速冷却技术的工程应用技术难题，满足了多种热轧钢铁材料热轧生产线新一代 TMCP 技术的开发需要；③开发出基于超快速冷却的新一代控制冷却技术的工艺自动化控制系统，实现中厚板、热轧板带以及热轧 H 型钢等生产线超快速冷却工艺的自动化连续稳定生产；④开展热轧钢铁材料超快速冷却条件下的材料强化机制、工艺技术以及产品全生命周期评价技术。

热轧钢铁材料新一代 TMCP 技术已经应用在碳锰钢、高强钢、管线钢、容器、船板、桥梁板、厚板及特厚板、水电、球罐用钢、高建钢、低合金板、石油储罐、耐磨钢等热轧钢铁材料产品开发领域，集工艺技术、设备研制和钢铁材料开发为一体，涉及材料、机械、电气、自动控制等多个学科专业领域。

2）超快速冷却技术

20 世纪 90 年代初期，比利时冶金研究所（CRM）开发出超快速冷却（ultra fast cooling, UFC）装置，在 CRM 中厚板厂应用成功[1]。该技术在水流密度 60～70 L/(m²·s) 时，6.3 mm 厚带钢冷却速度可达 250～500 ℃/s。此后在世界范围内掀起超快速冷却技术的研发热潮。该技术原理在热轧带钢生产线中广泛使用的层流冷却装置，冷却水在高位水箱产生的压力作用下自然流出，使低压力的水从集水管中通过鹅颈管的作用形成一种无旋和无脉动的流股，这种层流态的水在一定压力下冲击到带钢表面上，在冲击区钢板表面不形成汽膜，扩大了冷却水同板材的有效接触，提高了冷却效率。该技术具有提高产量、降低成本、实现柔性化的轧制生产、产品具有良好的机械性能和焊接性能等优点[2]。

该技术配合其他一些先进钢铁材料的轧制新技术，如铁素体区轧制双相钢、相变诱导塑性钢的轧制以及薄板坯连铸连轧（CSP）等，在轧制生产过程中实现快速、准确的温度控制以获得相应的相变组织。

3）在线快速冷却技术

在线快速冷却（online accelerated cooling，OLAC）技术是指在控制轧制后，在

① Houyoux C, Herman J C, Simon P, et al. Metallurgical aspects of ultra fast cooling on a hot strip mill[J]. Revue de Met-allurgie, 1997, 97: 58-59

② 贾占友, 付微, 宋清玉, 等. 热轧带钢控制冷却新技术——UFC[J]. 一重技术, 2013, (5): 12-15.

奥氏体向铁素体相变的温度区间进行某种程度的快速冷却，使相变组织比单纯控制轧制更加微细化，以获得更高的强度。加速冷却是在"控制奥氏体状态"的基础上，再对被控制的奥氏体相变进行控制[1]。加速冷却设备依据产品形状进行设计，通常板带材采用棒状层流或者水幕层流冷却装置，冷却水压力为 0.06～0.07 MPa，冷却水压力不高，但是动量较大，可以击破钢板表面残水膜，获得较强的冷却效果。冷却系统的设计应保证在钢板的纵向、横向和厚度方向冷却均匀。加速冷却技术与控制轧制技术一起构成了 TMCP 技术的核心。

4）超级在线快速冷却

1998 年，JFE 钢铁公司西日本制铁所福山地区厚板厂对原有的冷却系统进行改造，建设了超级在线快速冷却（super online accelerated cooling，Super-OLAC）系统。该系统的最大特点是具有可达极限冷却的冷却速率和极高的冷却均匀性[2]，既可以实现加速冷却，又可以实现在线直接淬火，兼有直接淬火和加速冷却两种功能，是新一代控制冷却系统的重要特征，例如 3 mm 厚带钢冷却速度可达 700 ℃/s。

我国东北大学针对不同的钢材种类，开发了相应的控制冷却系统——ADCOS（Advanced Cooling System）系统[3]。针对中厚板，东北大学研发一种倾斜喷射的超快冷+层流冷却的新设计概念，命名为 ADCOS-PM（Plate Mill），该技术采用斜喷缝隙式喷嘴+高密管式喷嘴的混合布置，将两者优点结合起来，极其均匀地将板面残存水与钢板之间形成的气膜清除，从而达到钢板和冷却水之间的完全接触，实现钢板和冷却水均匀接触的全面核沸腾，不仅提高了钢板和冷却水之间的热交换，达到较高的冷却速率，而且钢板冷却均匀，大大抑制了钢板由于冷却不均引起的翘曲。对于棒材，东北大学开发了 ADCOS-BM（Bar Mill）系统，其核心是超快冷-水冷器[4]。对于 H 型钢，东北大学开发了 ADCOS-HBM（Hbeam Mill）系统，对 H 型钢翼缘和腹板等不同部位的冷却装置进行精细化设计，对翼缘和腹板进行均匀化的快速冷却。

① 小指军夫. 制御压延·制御冷却-压延にぽる材质制の流れ[M]. 东京: 地人书馆, 1997.

② 王国栋. TMCP 技术的新进展——柔性化在线热处理技术与装备[J]. 轧钢, 2010, 27(2): 1-6.

③ 王国栋. 新一代控制轧制和控制冷却技术与创新的热轧过程[J]. 东北大学学报(自然科学版), 2009, 30(7): 913-922.

④ Kagechika H. Recent progress and future trends in the research and development of steel[J]. NKK Technical Review, 2003, 88: 6-9.

5)在线回火热处理

在线回火热处理(heat-treatment online process，HOP)利用巨大感应线圈实现高速率加热，通过几台高频电源并联同步传动，精确控制通过线圈的电流，实现高效感应加热。这种感应加热技术的热通量远高于传统煤气加热，能实现极高的能量密度加热。HOP能够对经Super-OLAC淬火后的钢板进行快速回火，有效控制碳化物的分布和尺寸，从而生产出具有高强度和高韧性的调质钢。

HOP与Super-OLAC组合在一起，可以灵活改变轧制线上冷却、加热的模式，所以与传统的离线热处理相比，过去不可能进行的在线淬火-回火热处理，可以依照需要自由地设计和实现，钢板组织性能控制的自由度大幅增加。

6)感应加热技术

感应加热技术是将50 Hz三相工频电能转换成单相4 kHz中频电能的一种转换装置，由金属自身的自由电子在有电阻的金属体中流动产生热量，可与淬火变压器或其他感应器配套使用对上述金属的工件进行加热、焊接、烧结和各种热处理，也可与中频无芯感应熔炼炉配套使用可以用来熔炼普通碳素钢、合金钢、铸铁及有色金属等。感应加热技术的优点：对环境无污染，安全，氧化皮少，成本低。保证工件在加热处理过程中加热均匀，此后无需校直机校直，减少了成本。工件迅速均匀完全淬透，感应加热线圈使用寿命长。

感应加热技术的应用范围：一是热处理：各种金属的局部或整体淬火、退火、回火、透热；二是热成型：整件锻打、局部锻打、热敏、热轧；三是焊接：各种金属制品钎焊、各种刀具刀片焊接、锯片锯齿焊接、钢管和铜管焊接、同种异种金属焊接；四是金属熔炼：金、银、铜、铁、铝等金属的(真空)熔炼、铸造成型及蒸发镀膜；五是高频加热机其他应用：半导体单晶生长、热配合、瓶口热封、牙膏皮热封、粉末涂装、金属植入塑料等；六是保温：感应加热技术应用于大宗特种气体保温，利用电磁涡流在罐体产生电阻热，使得罐体一年四季保持恒温状态；七是管道预热后热：感应加热技术已经成熟应用于管道的焊接前预热和焊后热处理，如石油管道天然气管道的焊接铺设都需要用到这种技术。

综上所述，高性能钢铁材料在海洋结构领域的发展方向如下[①]：

---

① 周廉，等. 中国海洋工程材料发展战略咨询报告[M]. 北京: 化学工业出版社, 2014.

一是高强韧、易焊接舰船用纳米相强化钢制造技术及其科学基础。船体结构钢体系是否完整、合理，综合性能优劣直接影响舰船的作战性能和水平。大型水面水下舰船的抗爆、抗冲击能力是决定舰船生命力的关键因素。为了提高舰船的抗爆、抗冲击能力，一个有效的途径是增加舰船用结构钢的强度和韧性。同时，增加舰船用结构钢的强度和韧性也是舰船减重的最有效途径。

二是深海钻井平台。充分开发和利用我国丰富的海洋能源和资源是我国经济可持续发展的命脉之一。深海石油天然气钻井平台是完成海洋深度探测和开采的关键装备，其工作环境恶劣、建设周期长且成本高、维护保养困难，服役时间要求比船舶长 50%，因此深海海洋平台用钢既要具备高强度和高韧性，又具有良好的抗疲劳性能、抗层状撕裂性能、焊接性能及耐腐蚀性能。目前，我国海洋平台用钢级别较低，关键部位所用高强度、大厚度材料依赖进口，是受制于外国的"卡脖子"关键材料。为了满足我国深海资源开发的需要，迫切需要研究超高强度海洋平台用钢的冶金学原理并开发关键生产技术。本课题针对高等级海洋平台用钢，将着重研究海洋平台用钢厚规格产品的组织与性能控制理论、"大热输入"氧化物冶金原理及高耐腐蚀合金与显微组织结构的设计机理等方面工作，为我国深海资源开发利用积累相关理论并提供关键工艺技术。

三是厚规格、高耐腐蚀、易焊接深海管线钢关键技术。21 世纪是海洋的世纪，海洋资源开发和利用已经成为世界各国发展的重要战略方向，海底油气资源是世界各国争夺的重要资源。随着海洋油气开采走向深海，迫切需要厚规格、易焊接、耐腐蚀和止裂性能良好的深海管线用钢。

四是耐海水腐蚀特厚板关键制造技术及其科学基础。海洋工程用钢是我国海洋开发的重要钢种。国内外在海洋工程用钢领域对于 60～150 mm 厚板有很大的市场需求，尤其是高钢级，具有重要的现实需要和良好的市场前景。海洋工程用钢厚板与特厚板生产的主要技术难点主要体现在：传统连铸坯存在的宏观和微观偏析所导致的厚板组织和力学性能的不均匀性，以及由此造成的产品性能不稳定性，尤其是低温冲击韧性、Z 向性能和板厚递减效应，低压缩比轧制特厚板造成的中心疏松、缩孔等，导致特厚板质量不能满足要求，对钢企新品种的开发形成严重制约。

2. 轻合金材料

轻金属是指密度小于 3.5 g/cm³（钡的密度）的金属，其中包括铝、镁、铍和碱金属及碱土金属，有时也将密度为 4.52 g/cm³ 的钛及通常称为半金属的硼和硅归为轻金属。在轻金属中最轻的元素是锂，最重要和最有代表性的是铝、镁、钛。铝、镁、钛等金属的密度小，分别为 2.78 g/cm³、1.74 g/cm³ 和 4.52 g/cm³，通常被称为轻金属，其相应的铝合金、镁合金、钛合金则称为轻合金。轻合金材料一般是指铝、镁、钛金属及其合金，也是目前使用量最大的三种轻金属结构材料[1]。

1) 铝及铝合金

铝是另一种被广泛应用于海洋结构的材料，它被广泛用于商业船舶的船体、甲板和舱口盖。由于其具有免维护的特性，通常用于制造梯子、栏杆、光栅、窗户和门。客船上部结构和设备中使用大量铝，特别是高速船，采用 5000 系列铝合金制造。铝合金的强度可与低碳钢相媲美，这使得设计的构件具有与钢同等的强度，同时重量可减少约 60%。钢的密度大约是铝的 2.5 倍，大大节省了自重。5000 系列铝合金的屈服强度为 100～200MPa，广泛应用于海洋。铝通常用于 LNG 运输船的压力容器中，以防止温度损失或转移。此外，铝也被用作深海采矿领域建筑的替代材料之一。深海采矿在长期作业的高气压和低温条件下有其局限性。铝具有耐腐蚀性，常常被用于制造深海应用机械设备中的子组件，特别是用于深海采矿中的轻型履带结构中，在此类设备中使用合适的铝合金和填充丝，以提高热影响区的焊后强度[2]。

根据制造工艺定制铝的结构特性，以适应海洋环境，铝合金主要是铝与不同的合金元素混合形成的一系列材料。每种合金的设计都是为了最大限度地发挥其特定的特性，如强度、延展性、成型性、可加工性或导电性。铝合金含有主要的合金成分，如锰、镁、铬、镁和硅。该命名系统由四位数字组成，第一个数字是指主要的合金成分；第二个数字表示初始合金的变化；第三和第四个数字表示个别合金的变化。具体如下：1000 系列表示纯铝系列，其纯度为 99% 及以上；2000 系列表示铝铜合金；3000 系列表示铝锰合金；4000 系列表示铝硅合金；5000 系

---

① 潘复生, 张津, 张喜燕, 等. 轻合金材料新技术[M]. 北京: 化学工业出版社, 2008.

② 潘复生, 张丁非, 等. 铝合金及应用[M]. 北京: 化学工业出版社, 2006.

列表示铝镁合金；6000 系列表示铝镁硅合金；7000 系列表示铝锌合金；8000 系列表示铝与其他元素的合金；9000 系列表示未使用的系列。

在所有的铝合金中，5000 系列铝合金代表有 5052、5005、5083、5A05 系列。5000 系列铝棒属于较常用的合金铝板系列，主要元素为镁，含镁量为 3%～5%。5000 系列铝合金又可以称为铝镁合金，其主要特点为密度低，抗拉强度高，延伸率高，疲劳强度高，但不可做热处理强化。镁合金是目前工程实际应用中最轻质的结构材料，具有较高的比强度和比刚度，此外其电磁屏蔽能力、阻尼减振性、散热导热性以及压铸加工性都较优，兼具可再生、绿色环保的特点，被广泛应用于海洋领域。

2) 铝合金技术进展

铝型材的生产流程主要包括铸造(熔铸)、变形(或挤压)和上色三个过程。

(1)铸造铝合金工艺。应用于铸造铝合金的铸造工艺除了砂型铸造、重力金属型铸造和压铸工艺之外，近年主要发展了差压铸造、低压铸造、挤压铸造、磁流铸造、半固态成型等工艺技术。

(2)变形铝合金及其加工技术。高强度铝合金因其轻质、高强度、良好的加工和焊接性能而在海洋工业中得到广泛应用，成为该领域的关键结构材料之一。近年来，国内外研究人员对这类铝合金的热处理工艺和性能进行了深入研究，并取得显著成果。目前，北美的 7 系列铝合金强度达 855 MPa，欧洲铝合金强度为 840 MPa，日本铝合金强度则达到 900 MPa，中国超高强铝合金强度为 740 MPa。

(3)快速凝固技术。快速凝固技术是指使金属液或合金液急剧冷却成微晶或非晶的过程，通常是指在比常规工艺快得多的冷却速度或大得多的过冷度(几十到几百开)条件下，合金以极快的凝固速率(大于 10 cm/s，甚至 100 cm/s)由液态转变为固态的过程[①]。在快速凝固过程中，由液相到固相的相变过程进行得非常迅速，从而能够获得普通铸件无法获得的成分、相结构和显微组织。快速凝固技术使合金具有很多不同于一般凝固合金的特征，主要表现在会造成极其丰富多彩的显微结构特征和改善合金的化学成分均匀性，如显著扩展合金元素在铝中的固溶度极限，形成过饱和的固溶体。

---

① 李灼华. 快速凝固技术在铝合金材料中的应用[J]. 山东工业技术, 2014, (14): 70.

(4)快速凝固粉末冶金技术(RS/PM)。该技术由苏联学者 Salli 和美国学者 Pol Duwez 提出。该技术是快速凝固和粉末冶金技术相结合的产物,近年来它作为开发新材料的手段得到了快速发展,如开发具有优异的高温强度和耐疲劳等特性的新型铝合金[1][2]。目前,主要采用快速凝固制粉,然后采用粉末冶金技术制备所需产品。快速凝固粉末冶金技术的工艺路线包括:合金配制与熔炼、快速凝固制取粉末、粉末预处理、真空除气、粉末固结成型、加工成型、后续处理、制成所需规格的成品。其中关键工序是粉末的制备和粉末固结成型。用快速凝固粉末冶金技术制备高性能铝合金的研究主要集中在耐热铝合金和高硅耐磨铝合金方面。

(5)喷射沉积技术(SF)。该技术原理是在惰性气体的保护下,将熔融金属或合金液破碎成细小金属熔滴(熔体的破碎方式可以是高压气体雾化,也可以是机械破碎,如机械离心雾化),雾化的合金液滴在高压气体或离心力作用下,连续喷射到具有不同运动方式的衬底材料(金属基底、收集器)上,在基底沉积形成半凝固沉积层,依靠金属基底的热传导使沉积层不断地凝固形成较致密的预制坯料,预制坯料经热挤压或热锻等致密化工艺,则形成高致密度的金属实体[3]。在高强铝合金研究中,应用喷射成型技术可以显著地提高 2024 合金的力学性能,原因是在快速凝固条件下,合金中的杂质元素以细小均匀的 Al-Fe、AlMn、AlCr 和 AlSiFe 等金属间化合物相的形式弥散分布于 α-Al 基体中,这些弥散分布的细小析出相本身具有较高的强度,在材料变形过程中通过阻碍位错的运动而增加材料的变形抗力,从而提高材料强度。

(6)薄带铸轧技术。该技术是指液态金属直接在两旋转轮间结晶,并同时加工成型板带坯料的一种生产方法,又称双轮铸轧或双轮连铸。薄带铸轧技术分三类:下注式、倾斜式和水平式[4]。

(7)型材加工技术。在船舶、铁路、航空、航天等工业领域以及建筑等民用领

---

① 李沛勇. 快速凝固/粉末冶金技术制备高性能高温铝合金及其复合材料的进展[J]. 航空制造技术, 2020, 63(7): 64-78, 85.

② 陈振华, 陈鼎. 快速凝固粉末铝合金[M]. 北京: 冶金工业出版社, 2009.

③ 马力, 陈伟, 翟景, 等. 喷射沉积铝合金材料研究现状与发展趋势[J]. 兵器材料科学与工程, 2009, 32(2): 120-124.

④ 潘秀兰, 王艳红, 梁慧智, 等. 薄带铸轧技术现状与展望[J]. 冶金信息导刊, 2009, 46(2): 5-8.

域越来越显示出其重要地位[①②]。目前，国际上铝合金型材挤压技术发展迅速，各发达国家已制成了各种型式、各种结构、不同吨位的铝型材挤压机，铝型材挤压正在向大型化、复杂化、精密化、多品种、多规格、多用途方向发展，挤压生产也日趋连续化、自动化和专业化。

3) 钛及钛合金

钛的性能与所含碳、氮、氢、氧等杂质含量有关，最纯的碘化钛杂质含量不超过 0.1%。钛合金是以金属钛为基，通过添加一些合金元素形成的。其常用的合金元素主要有铝、锡、锆、钒、钼、锰、铁、铬、铜、硅等。钛合金一般按其退火组织分为三类：α 型钛合金、β 型钛合金、α+β 型钛合金。钛合金被人们称为金属中的"全能"金属，因其"三高一容"（即高强度、高耐热、高耐腐蚀、相容性），而被应用于海洋、陆地、天空、太空及人体的各种环境。同时，钛合金还是一种非常关键的低温结构金属材料，它在低温以及超低温的状态下，仍能较好地保持其力学性能。然而，钛合金的切削加工性能较差。钛合金的优点：密度小、强度高、热强度高、耐酸碱腐蚀、耐海水腐蚀、耐污水腐蚀、抗疲劳、耐高温和焊接、蠕变性能好；钛合金的缺点：导热性差、高温加工性能差、弹性模量小、切削难度大[③]。常用钛合金及其分类如下[④]：

（1）工业纯钛（TA1、TA2、TA3）：具有优秀的冲压性能、良好的机械加工性能、优良的耐腐蚀性，适用于低温零件和冲压成型零件，能够焊接成复杂形状的零件，适合于 350 ℃以下的应用。由于具有多种优异性能，尤其是其优良的耐腐蚀性和焊接性，工业纯钛常用于制造耐腐蚀的化工设备如换热器、反应器和蒸馏塔。在海洋工程中，常被广泛应用于海水腐蚀的管道系统、阀门、泵和海水淡化系统等。

（2）α 相（TA）：单相合金，具有高温性能好、组织稳定、焊接性能佳、抗腐蚀性高等特点，但存在常温强度较低、塑性不足、变形抗力大、热加工性差等不足。这类合金适用于需要高温性能和抗腐蚀性的领域，如航空发动机部件和航天器的

① 黄笃景. 铝合金型材加工技术[J]. 有色金属材料与工程, 1986, (4): 46-52.
② 康占宾, 闫德俊, 何开平, 等. 船用型材加工智能化升级技术研究[J]. 广东造船, 2020, 39(4): 70-74.
③ 章吉林, 靳海明. 铝及铝合金的应用开发[M]. 长沙: 中南大学出版社, 2020.
④ 李勇. 钛合金发展现状及展望[J]. 建材与装饰, 2018, (2): 216-217.

结构部件、造船和化工行业。

(3) β 相(TB)：含 β 稳定元素较多(>17%)的单相合金，包括热力学稳定 β 型合金、亚稳定 β 型合金和近 β 型合金。特点是塑性加工性能好、合金浓度适当时可通过强化热处理获得高的常温力学性能，是发展高强度钛合金的基础，但组织性能不够稳定、冶炼工艺复杂。

(4) α+β 相(TC)：双相合金，包括 TA4、TA7、TA8、TC1、TC3、TC4、TC6、TB2 等，优点是可以热处理强化、常温强度高，缺点是组织不稳定、焊接性能差。这类合金广泛应用于航空航天工业中的结构部件，如飞机机翼和机身(因其高强度和良好的热稳定性)。同时，它们也用于高性能的汽车零件和生物医学领域，如人工关节。

海洋工程材料需满足高强度、耐海水热液及硫化腐蚀、抗微生物附着以及高韧性等要求。钛在这方面表现优异，其轻质、高比强度、抗冲击性、卓越的海水腐蚀抵抗力、良好的断裂韧性、高疲劳强度、优异的焊接性、非磁性、良好的透声性、极佳的耐温性、抗辐射性、高震动噪声减缓能力和中子辐照衰减性能等特点使其成为"海洋金属"。钛不仅对盐水和海洋大气环境具有极佳的抵抗力，而且是轻型海洋工程装备的理想材料。钛金属在海洋工程中具有广泛的用途，钛在海洋工程装备领域应用非常广泛，如船体结构件、潜艇和深潜器的耐压壳体、管件、阀及附件等，动力驱动装置中的推进器和推进器轴，冷凝器、冷却器、换热器等，舰船声呐导流罩、螺旋桨等[①]。钛合金在海洋领域的应用有石油钻井设备、海下输油管、造船业、潜水艇、海上钻井平台、海水淡化装置、舰艇零部件。

一是舰船、潜艇和深潜器。钛及其合金的需求在舰船、潜艇和深潜器领域日益增长，特别是在大型水面舰船(如航空母舰)的建造中。这些应用涵盖舰船的壳体、动力系统、管道系统、球鼻艏和声呐导流罩，以及各种舰载武器和设备，这些部分对钛材的品种、规格和数量要求极高。全球范围内，包括俄罗斯、美国、日本和欧盟等国家和经济体的军用和民用舰船均广泛采用钛合金。这些舰船类型包括航空母舰、巡洋舰、驱逐舰、两栖攻击舰和两栖登陆舰等。此外，常规动力和核动力潜艇，以及原子能破冰船、游艇、捕鱼船和救生艇等民用舰艇也使用钛材。钛的主要应用部位包括动力系统(如蒸汽发生器和螺旋桨推进器)、通海管路

---

① 李永华, 张文旭, 陈小龙, 等. 海洋工程用钛合金研究与应用现状[J]. 钛工业进展, 2022, 39, (1): 43-48.

系统、热交换器、耐压壳体、声呐系统、排烟管道和消防设备，以及泵阀系统和特殊舰载设备，如鞭状天线等。

(1)舰船用钛可分为动力装置用钛和辅助装置用钛两大部分。动力系统中的关键部件(如热交换器和冷凝器)使用钛可显著延长系统寿命。由于其出色的抗海水腐蚀性能，钛合金在制造舰船螺旋桨和轴等部件上优于传统的铜合金和铸钢。钛的辅助应用包括管道、泵、阀门等，尤其在推进系统、电力和电子信息系统以及声呐导流罩和深潜器耐压壳体中，钛合金构件和管道等部件非常关键。

(2)潜艇用钛。俄罗斯在潜艇用钛合金领域的研究水平居世界前列，已形成不同强度级别的船用钛合金[①]。其"阿尔法"级、"麦克"级、"塞拉"级核潜艇壳体均使用钛合金制造，仅"阿尔法"级核潜艇钛合金用量达到 3000 t[②]。

(3)深海运载武器系统用钛需求。深海武器系统也对钛有大量需求，包括载人与无人运载器、有缆与无缆运载器等多种形式。深海空间站、探测器、救生船、常压潜水装置等都需采用钛合金。这些应用对钛的焊接性能提出了高要求。深海空间站的设计考虑到 3000 m 的极端深度，需要使用轻质、高强、耐腐蚀的钛金属，直径可达 6 m。

美国以其成熟的航空用钛合金体系为基础，针对海洋工程装备的服役环境，形成了完整的海洋工程装备用钛合金体系，并成功地将钛合金应用于潜艇、海底管道和深潜器耐压壳体等海洋工程装备，其研制的"阿尔文"号深潜器耐压壳体采用了钛合金，下潜深度达到 6500 m[③]，所用钛材由耐压壳体扩大到骨架、绞盘罩和紧固件等[④]。

目前，我国自主研发的高性能钛合金——Ti62A，已成功应用在"奋斗者"号深海载人潜水器上，并完成了万米深海测试，标志着我国舰船用钛材制造水平发展到一个新的高度[⑤]。

① 杨英丽，罗媛媛，赵恒章，等. 我国舰船用钛合金研究应用现状[J]. 稀有金属材料与工程, 2011, 40(S2): 538-544.

② 田非，杨雄辉. 舰艇用钛合金技术应用分析[J]. 中国舰船研究, 2009, 4(3): 77-80.

③ 钱江，王怡，李瑶. 钛及钛合金在国外舰船上的应用[J]. 舰船科学技术, 2016, 38(11): 1-6, 19.

④ 蒋鹏，王启，张斌斌，等. 深海装备耐压结构用钛合金材料应用研究[J]. 中国工程科学, 2019, 21(6): 95-101.

⑤ 王芳，王莹莹，崔维成. 高强度钛合金深潜器载人舱在三种不同类型载荷下的裂纹扩展预报[J]. 船舶力学, 2016, 20(6): 699-709.

二是海上天然气勘探与开发。在海上石油钻采方面，所涉及的用钛装置主要有隔水管、锥形应力接头、井下作业流送管、增压管道、钻具提升装置、海水管路系统、冷却系统、灭火系统等，所使用的材料有工业纯钛（Gr1、Gr2）、Ti-6Al-4V合金（Gr5、Gr23、Gr28）、Ti-0.15Nb 合金（Gr7）、Ti-3Al-2.5V 合金（Gr9、Gr18）及 Ti-38644 合金等，许多钛部件是用大规格或超大规格管材制备的。海上石油天然气开采用钛主要有四大部件：隔水管（drilling riser）、钻管（drill pipe）、锥形应力接头（tapered stress joints）和井下作业流送管（盘管）。

三是海洋油气和海水淡化领域。海底油气田的勘探和开采工作主要依靠海上钻井平台，平台上的结构件、紧固件和管件等长期受到海洋环境腐蚀以及疲劳载荷的影响，因此兼具优异耐腐蚀性和高强度的钛合金成为海洋油气设备的首选材料[1]。在海水淡化领域，钛材因其优异的耐腐蚀性能，特别是对氯离子的抗腐蚀性，成为换热器等设备的首选材料。沿海城市如天津的海水淡化产业迅速发展，需求量持续增长。

四是滨海建筑与设施。利用纯钛或钛-钢复合板保护滨海建筑、滨海电站[2]或跨海大桥桥基免受海水或海洋大气的侵蚀，使其服役年限达百年之久[3]。

海洋工程用钛合金种类及应用：①低强度钛合金，屈服强度低于 490 MPa，如 TA1、TA10、Ti31 等，主要应用于海洋油气开采和海水淡化领域的换热器、管道和阀门等。这些合金具有良好的塑性、焊接性和耐腐蚀性，适用于耐腐蚀性要求高的结构件。②中强度钛合金，屈服强度为 490～790 MPa，如 Ti70、Ti75 和TA17 等，用于制造潜艇壳体、导流罩等。TA17 钛合金因其优异的焊接性能和抗海水腐蚀性能，被广泛用于舰船壳体的制造。③高强度钛合金，屈服强度超过 790 MPa，如 TC4、TC10 等，用于钻杆、潜水器壳体和紧固件等耐压部件的制造。TC4 合金是一种 α+β 型钛合金，广泛用于高强度要求的海洋工程装备。

海洋环境对材料的选择提出了高要求，不仅需要考虑强度，还需考虑低周疲劳、蠕变性能、焊接性和断裂韧性等综合性能。钛合金中的杂质元素如 Fe、C 和 Si 会影响其焊接性能。在深海环境下，耐压结构不仅对材料的强度有要求，

① 夏申琳, 王刚, 杨晓, 等. 钛及钛合金在船舶中的应用[J]. 金属加工(冷加工), 2016, (19): 40-41.
② 李中, 雷让岐. 钛材在滨海电站的应用[J]. 钛工业进展, 2003, (Z1): 101-104.
③ 李明利, 舒滢, 冯毅江, 等. 我国钛及钛合金板带材应用现状分析[J]. 钛工业进展, 2011, 28(6): 18-21.

而且对韧性也有较高的要求。因此，我国在海洋工程装备用钛的发展中面临以下几个关键技术挑战：钛合金设计技术、验证和评估技术、高性能钛合金的低成本加工和制造技术、钛合金的稳定化生产技术，以及大型钛合金部件的高效可靠焊接技术。

4）钛合金研究新进展

（1）高温钛合金技术。高温钛合金是指以镍、钴、钛等为基，能在 600 ℃以上的高温及一定应力作用下长期工作的一类金属材料[1]。随着冶金技术的不断发展，高温钛合金的综合性能得以进一步提高，具有更高的强度、硬度、抗氧化、抗腐蚀能力[2]。

（2）高强度高韧性 β 型钛合金（亚稳定 β 钛合金和近 β 钛合金[3]）技术。这类合金的缺点是：含有大量的合金化贵重元素，不能热处理强化，密度偏大。但它有独特的性能，Ti-32Mo 具有很高的抗腐蚀性能，这是其他合金不能比拟的。

（3）阻燃钛合金技术。阻燃钛合金是指在一定温度、压力和空气流速下能够抗自燃的钛合金。WSTi3515S 阻燃钛合金（名义成分是 Ti-35V-15Cr-xSi-yC）是西部超导材料科技股份有限公司（WST）联合西北有色金属研究院（陕西省材料科学工程院）、中国航发北京航空材料研究院、西北工业大学等单位于 2010 年在 Alloy C（Ti-35V-15Cr）、Alloy C Modified（Ti-35V-15Cr-0.6Si-0.05C）和 Ti40（Ti-25V-15Cr-0.2Si）合金的基础上，通过调整 Si、C 元素的含量而研制成功的一种新型高合金化 β 型阻燃钛合金[4]。WSTi3515S 阻燃钛合金具有良好的室温、高温拉伸、蠕变和断裂韧性等综合性能[5]。

国外达到工程化阶段的阻燃钛合金主要有：Alloy C（Alloy C+）、BTT-1 和 BTT-3、Ti-25V-15Cr-2Al-0.2C 等。

5）钛合金加工技术新进展

（1）表面化学处理技术。为了提高钛及钛合金的耐磨性，利用化学热处理、高

① 王恺婷. 高温钛合金的发展与应用[J]. 世界有色金属, 2021, (14): 21-22.

② 曹京霞, 弭光宝, 蔡建明, 等. 高温钛合金制造技术研究进展[J]. 钛工业进展, 2018, 35(1): 1-8.

③ 程军, 牛金龙, 于振涛, 等. 亚稳定 β 型钛合金的研究进展与应用现状[J]. 热加工工艺, 2015, 44(18): 14-17.

④ 赖运金, 雷强, 马凡蚊, 等. 一种 WSTi2815SC 阻燃钛合金及其制备方法: 中国, CN104498770A[P]. 2014.

⑤ 赖运金, 张平祥, 辛社伟, 等. 国内阻燃钛合金工程化技术研究进展[J]. 稀有金属材料与工程, 2015, 44(8): 2067-2073.

能束热处理等表面改性技术，在钛及钛合金表面形成氮化物、碳化物和硼化物等硬质相，从而提高其表面硬度和耐磨性。目前对金属的表面处理方法几乎全部应用于钛合金的表面处理，包括金属电镀、化学镀、热扩散、阳极氧化、热喷涂、低压离子工艺、电子和激光的表面合金化、非平衡磁控溅射镀膜、离子氮化、物理气相沉积(PVD)法制膜、离子镀膜、纳米技术等[①]。

a. 单组元表面处理技术。单组元表面处理是在钛合金表面形成 TiN、TiO、TiC 等单一组元的渗镀层。对于纯钛，高温才能渗氮，温度范围是 780~950 ℃。改变渗氮气氛可以生成两种化合物层：单相 TiN 和双相 TiN。经离子渗氮后，耐磨性和耐腐蚀性大大提高。

b. 多组元和多层复合表面处理技术。通过其他化合物进行合金化，或者用其他金属部分或全部取代化合物中的钛来改善表面性能，这种方法形成了多组元涂层。该涂层极大地增强了钛及钛合金的表面特性，可提升硬度、改善韧性、增强耐腐蚀性、提高抗开裂性和细化晶粒等。多组元涂层、多层涂层以及两者的结合正在成为钛合金表面处理研究的新方向。

(2)表面加工处理技术。为了提高钛及钛合金表面的硬度和耐磨性等，钛及钛合金表面加工处理技术从以热渗扩、电镀、真空镀膜等为代表的传统表面强化、耐磨处理技术，发展到以等离子渗、离子束、电子束、激光束的应用为标志的现代表面处理技术，如等离子氮化、表面渗元素、合金化、激光熔覆等[②]。目前钛及钛合金表面强化技术正朝着多种表面技术的综合应用以及多层复合膜层的制备方向发展。

(3)激光熔覆技术是利用高能量密度的激光束将不同成分、性能的熔覆材料与基材表面薄层快速熔化，并快速凝固，在基材表面形成具有硬度高、抗氧化、耐磨损等性能的添料熔覆层的方法。激光熔覆耐磨合金涂层因其耐磨性不受基体的限制，并且可以获得较厚的涂层，在钛合金表面强化技术领域得到广泛的研究和应用[③]。

① 朱永明, 屠振密, 李宁, 等. 钛及钛合金表面绿色化学处理新进展[J]. 电镀与涂饰, 2010, 29(2): 37-39.
② 张一鸣. 典型钛合金加工表面完整性研究[D]. 大连: 大连理工大学, 2019.
③ 林基辉, 温亚辉, 范文博, 等. 钛合金表面激光改性技术研究进展[J]. 金属热处理, 2022, 47(3): 215-221.

2.2　基于 SCI 科技文献的海洋结构材料技术研发进展

2.2.1　方法和数据采集

以 Web of Science 数据检索平台核心合集为数据来源和研究对象，检索式：TS=（（"high performance steel iron"）OR（Al alloy）OR（Ti Alloy））AND TS=（（ocean OR marine OR sea）OR（（anti pressure）OR（anti creep）OR（anti fatigue）OR（anti high temperature））OR（ship* OR warship* OR submarine*）OR（（deep（sea or ocean or marine））submersible*）OR（oil and gas exploration）OR（drilling platform*）OR（drilling rig）OR（seawater desalination））and DT=（Article）。检索式由三部分组成：①主要材料（高性能钢铁、铝合金和钛合金）；②海洋结构材料性能（抗高压、蠕变性、抗疲劳、耐腐蚀）；③主要材料主要应用领域（船舶、战舰、潜艇、钻井平台、油气勘探、海水淡化）。文献类型为 Article，语种限定为 English，检索时间截止日期：2022 年 5 月，经人工筛选后，共获得 798 篇相关文献。相关具体分析如下文。

2.2.2　核心论文技术分析

考虑发文期刊所在分区级别、期刊影响因子、他引次数等多种因素，遴选出被引用次数最多的前 10 篇核心论文成果并对其进行技术分析，这 10 篇论文主要涉及以下三个方面。

（1）轻合金的耐腐蚀性和抗冰性能，如钛合金 Ti-6Al-4V 在化学和海洋以及工业三种不同环境中的腐蚀特性[1]、制备结构化的超疏水表面来研究 7075 铝合金的抗冰性能[2]、AA5083-H116 铝镁合金的原生和敏化样品的性能[3]、纯锌和锌

---

[1] Gurrappa I. Characterization of titanium alloy Ti-6Al-4V for chemical, marine and industrial applications[J]. Materials Characterization, 2003, 51(2-3): 131-139.

[2] Liu Y, Li X, Jin J, et al. Anti-icing property of bio-inspired micro-structure superhydrophobic surfaces and heat transfer model[J]. Applied Surface Science, 2017, 400: 498-505.

[3] Oguocha I N A, Adigun O J, Yannacopoulos S. Effect of sensitization heat treatment on properties of Al-Mg alloy AA5083-H116[J]. Journal of Materials Science, 2008, 43(12): 4208-4214.

镁铝合金(ZMA)在海洋环境中暴露 6 个月的腐蚀行为[①]、CoCrfemni 和 Al0.1CoCrFeNi 高熵合金在海洋环境中的往复滑动磨损行为[②]、用于制造具有改进防腐性能的自润滑超疏水分级阳极氧化铝(AAO)表面[③]。

(2)新型高性能钢铁材料的研制,如用于海军舰艇船体的低碳的铁铜基钢[④]、裸铜板和三种铜基合金在富氯环境中的腐蚀产物剥落机理[⑤]。

(3)防腐涂层材料,如对热喷碳化物涂层、热喷铝以及用陶瓷片加固的环氧树脂有机涂层三种潜在涂层的腐蚀和摩擦腐蚀行为[⑥]、铝/碳纤维增强塑料(Al/CFRP)和镁/碳纤维增强塑料(Mg/CFRP-FSBR)接头在海洋环境中暴露六个月后的腐蚀行为[⑦]。具体如表2.4所示。

表 2.4　被引次数最高的前 10 篇 SCI 核心论文

序号	论文题目	期刊	JCR 分区	期刊影响因子	他引次数
1	Characterization of titanium alloy Ti-6Al-4V for chemical, marine and industrial applications	Materials Characterization	Q1	4.3	262
2	Effect of sensitization heat treatment on properties of Al-Mg alloy AA5083-H116	Journal of Materials Science	Q2	4.22	106
3	High-strength low-carbon ferritic steel containing Cu-Fe-Ni-Al-Mn precipitates	Metallurgical and Materials Transactions A-Physical Metallurgy and Materials Science	Q1	2.556	92

① Diler E, Rouvellou B, Rioual S, et al. Characterization of corrosion products of Zn and Zn-Mg-Al coated steel in a marine atmosphere[J]. Corrosion Science, 2014, 87: 111-117.

② Ayyagari A, Barthelemy C, Gwalani B, et al. Reciprocating sliding wear behavior of high entropy alloys in dry and marine environments[J]. Materials Chemistry and Physics, 2018, 210: 162-169.

③ Vengatesh P, Kulandainathan M A. Hierarchically ordered self-lubricating superhydrophobic anodized aluminum surfaces with enhanced corrosion resistance[J]. ACS Applied Materials & Interfaces, 2015, 7(3): 1516-1526.

④ Vaynman S, Isheim D, Prakash Kolli R, et al. High-strength low-carbon ferritic steel containing Cu-Fe-Ni-Al-Mn precipitates[J]. Metallurgical and Materials Transactions A, 2008, 39(2): 363-373.

⑤ Zhang X, Wallinder I O, Leygraf C. Mechanistic studies of corrosion product flaking on copper and copper-based alloys in marine environments[J]. Corrosion Science, 2014, 85: 15-25.

⑥ López-Ortega A, Bayón R, Arana J L. Evaluation of protective coatings for offshore applications. Corrosion and tribocorrosion behavior in synthetic seawater[J]. Surface & Coatings Technology, 2018, 349: 1083-1097.

⑦ Li S, Khan H A, Hihara L H, et al. Corrosion behavior of friction stir blind riveted Al/CFRP and Mg/CFRP joints exposed to a marine environment[J]. Corrosion Science, 2018, 132: 300-309.

续表

序号	论文题目	期刊	JCR 分区	期刊影响因子	他引次数
4	Anti-icing property of bio-inspired micro-structure superhydrophobic surfaces and heat transfer model	Applied Surface Science	Q1	6.707	91
5	Hierarchically ordered self-lubricating superhydrophobic anodized aluminum surfaces with enhanced corrosion resistance	ACS Applied Materials & Interfaces	Q1	9.229	85
6	Mechanistic studies of corrosion product flaking on copper and copper-based alloys in marine environments	Corrosion Science	Q1	7.205	77
7	Characterization of corrosion products of Zn and Zn-Mg-Al coated steel in a marine atmosphere	Corrosion Science	Q1	7.205	65
8	Evaluation of protective coatings for offshore applications. Corrosion and tribocorrosion behavior in synthetic seawater	Surface & Coatings Technology	Q1	4.158	54
9	Reciprocating sliding wear behavior of high entropy alloys in dry and marine environments	Materials Chemistry and Physics	Q2	4.094	54
10	Corrosion behavior of friction stir blind riveted Al/CFRP and Mg/CFRP joints exposed to a marine environment	Corrosion Science	Q1	7.205	43

2.2.3　主要研发机构及其关键研究领域分析

从全球、中国和中国科学院三个视角对主要研发机构及其关键研究领域进行分析。具体分析如下。

1. 全球主要发文机构及其关键技术领域分析

对发文机构进行量化分析，以了解研究机构的学术影响力和科研实力，同时在一定程度上反映出该机构的国际影响力和话语权，如图 2.1 所示。由图 2.1 可知，海洋结构材料领域发文量前 10 的研究机构分别是中国科学院(经所属机构进行合并剔除重复文献得到 60 篇)、北京科技大学(29 篇)、韩国国立木浦海事大学(经所属机构进行合并剔除重复文献得到 25 篇)、印度理工学院系统(25 篇)、东北大学(23 篇)、西北有色金属研究所(11 篇)、中南大学(11 篇)、德国亥姆霍兹联合会(10 篇)、美国弗吉尼亚大学(9 篇)和洛阳船舶材料研究所(即中国船舶重工集团公司第七二五研究所，8篇）。

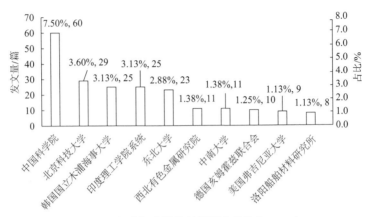

图 2.1 全球海洋结构材料研究机构（TOP10）

以上前 10 位主要研究机构各自关键技术领域如下：

(1)中国科学院关键研究领域主要集中在以下方面：一是海洋结构材料的涂层方面，如铝合金涂层、高性能钢铁涂层；二是海洋结构材料的耐腐蚀性方面，如钛合金的抵御微生物的耐腐蚀性、电化学防腐、阳极保护；三是海洋结构材料的承压方面，如铝合金、钛合金等深海承压和耐疲劳性能。

(2)北京科技大学关键研究领域主要集中在以下方面：一是海洋结构材料的耐腐蚀性，如纯铝的腐蚀、铝合金耐腐蚀性、钛合金腐蚀、高级耐候钢和高强度钢的应力腐蚀、低密度钢力学性能耐腐蚀性；二是轻合金铸造技术，如高强度铝合金铸造技术。

(3)韩国国立木浦海事大学关键研究领域主要集中在以下方面：一是轻合金海洋结构材料中的腐蚀与保护，如铝合金的应力腐蚀、防腐保护和电化学特性、高强度铝镁合金的应力腐蚀等；二是轻合金材料的焊接，如铝合金在惰性气体焊接中的力学性能。

(4)印度理工学院系统关键研究领域主要集中在以下方面：一是海洋结构材料的耐腐蚀性，如铝合金力学性能和耐腐蚀、沉淀硬化不锈钢高耐腐蚀性；二是轻合金海洋结构材料的耐疲劳性，如钛合金耐疲劳和摩擦性能。

(5)东北大学关键研究领域主要集中在以下方面：一是轻合金海洋结构材料的

防腐方面，如钛及钛合金的耐微生物腐蚀、铝合金的电化学防腐、铝钛合金的防腐性能、高钛耐候钢的防腐性能等；二是海洋结构材料高性能钢铁方面，如造船钢铁的铸造和焊接、高强度低合金钢。

(6)西北有色金属研究所关键研究领域主要集中在以下方面：一是轻合金海洋结构材料的综合性能，如 TC4-DT 钛合金耐疲劳及抗裂性能、TC4 合金的 MAO 涂层的耐磨性和抗微生物腐蚀性；二是高性能钢铁材料的束流选区熔化技术。

(7)中南大学关键研究领域主要集中在以下方面：一是新型高强度海洋结构材料的研制，如新型超高强度 Cu-6.0Ni-1.0Si-0.5Al-0.15Mg-0.1Cr 合金等；二是轻合金的防腐技术方面，如铝锰合金电化学性能和阳极保护、铝合金应力腐蚀和耐疲劳性、铝镁合金耐腐蚀性。

(8)德国亥姆霍兹联合会关键研究领域主要集中在以下方面：一是轻合金海洋结构材料的腐蚀保护方面，如铝基和锌基原电池作为腐蚀保护、铝合金的剥落腐蚀、涂层单晶高温合金的耐热腐蚀性能、铝锂合金的应力腐蚀开裂等；二是焊板技术方面，如船用铝镁合金拼焊板。

(9)美国弗吉尼亚大学关键研究领域主要集中在轻合金海洋结构材料的耐腐蚀性能，如钛合金的抗裂性能、舰载燃气轮机叶片的热腐蚀、铝镁合金应力腐蚀开裂和晶间腐蚀、AA5XXX 铝合金的防腐性能。

(10)洛阳船舶材料研究所关键研究领域主要集中在以下方面：一是轻合金海洋结构材料的深海承压、抗疲劳等方面，如深海潜水器用钛合金 Ti-6Al-4V ELI 保压疲劳性能；二是轻合金海洋结构材料的防腐与涂层保护，如铝合金力学和腐蚀性能、钛合金防污性能及其涂层、钛铝合金在深海环境中的电化学性能、铝合金涂层的防腐性能。

此外，从排名前 10 的研究机构所属国别来看，有 6 个研究机构来自中国，韩国、印度、德国和美国各 1 所，这反映了我国是海洋结构材料领域的重要创新力量。

2. 国内发文量最多前 10 机构及其技术领域分析

国内发文量前 10 机构如图 2.2 所示。由图 2.2 可知，国内海洋结构材料领域发文量前 10 的研究机构分别是中国科学院(经所属机构进行合并剔除重复文献得到 60 篇)、北京科技大学(29 篇)、东北大学(23 篇)、西北有色金属研究所(11 篇)、中南大学(11 篇)、洛阳船舶材料研究所(8 篇)、哈尔滨工业大学(7 篇)、河海大学(7 篇)、南京航空航天大学(7 篇)和中国船舶科学研究中心(7 篇)。前 6 所机构的关键技术领域如上文,此处不再赘述,其他机构各自关键技术领域如下:

(1)哈尔滨工业大学关键研究领域主要集中在以下方面:一是轻合金海洋结构材料防腐和防污方面,如铝合金表面防污、钛铝合金防腐性能;二是轻合金的复合材料,如钛合金表面化学性质、钛基纤维增强塑料复合材料以及由钛合金和碳纤维增强聚合物构成的钛合金和碳纤维增强聚合物(CFRP)制纤维增强金属基复合材料(FML)。

(2)河海大学关键研究领域主要集中在以下方面:一是海洋结构材料的防腐涂层方面,如防腐和抗气蚀性能的镍铝青铜、优异耐腐蚀性的超疏水铝涂层、钢基材上制备超疏水铝涂层、铁基非晶涂层;二是船用高性能钢铁材料的热处理。

(3)南京航空航天大学关键研究领域主要集中在钛合金方面,如钛合金腐蚀磨损性能、钛合金韧性和强化、钛合金部件的磨损和腐蚀保护及其涂层、钛合金激光填丝焊接工艺。

(4)中国船舶科学研究中心关键研究领域主要集中在以下方面:一是轻合金海洋结构材料的抗疲劳性能方面,如深海潜水器用钛合金保压疲劳性、高强度钛合金高周和超高周疲劳寿命、载人潜水器中钛铝合金耐疲劳性;二是轻合金涂层及焊接工艺方面,如钛铝合金复合涂层的耐磨性、钛合金薄板焊接工艺。

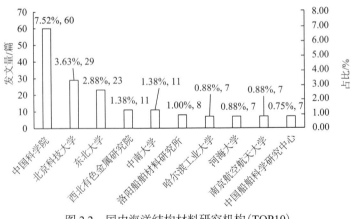

图 2.2 国内海洋结构材料研究机构(TOP10)

3. 中国科学院发文量≥5 篇的机构及其技术领域分析

中国科学院发文量≥5 篇的主要研究机构如图 2.3 所示。由图 2.3 可知,相关研究机构分别是金属研究所(21 篇)、宁波材料技术与工程研究所(16 篇)、海洋研究所(7 篇)、兰州化学物理研究所(7 篇)、力学研究所(5 篇)、中国科学技术大学(5 篇)。以上主要研究机构各自关键技术领域如下：

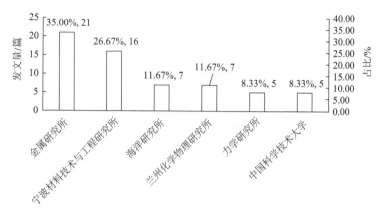

图 2.3 中国科学院海洋结构材料研究机构

(1)中国科学院金属研究所关键研究领域主要集中在以下方面：一是轻合金海洋结构材料的防腐与涂层保护方面，如纯钛对海洋微生物的防腐蚀性能、铝合金的电化学腐蚀、耐腐蚀钢、锌铝复合涂层、钛铝合金涂层对船用钢铁设备的防腐性能、静水压力下的超纯铝和超纯铁腐蚀、纯铝 1060 在海洋中的腐蚀性能、Ti-6Al-4V 合金应力腐蚀开裂敏感性；二是轻合金海洋结构材料的韧性研究，如钛铝合金的强韧化、船用高强韧性粉末钛合金。

(2)中国科学院宁波材料技术与工程研究所关键研究领域主要集中在海洋结构层材料的防腐涂层与保护方面，如新型耐腐蚀超疏水纳米涂层、船舶 Al/Al_2O_3 复合涂层、铝基船舶涂层、铝合金防腐涂层以及腐蚀防护、纳米金刚石增强铝金属基复合涂层、钛合金抗污性能。

(3)中国科学院海洋研究所关键研究领域主要集中在轻合金海洋结构材料的防腐性能方面，如铝合金基体聚电解质多层膜防腐性能、铝合金对硫酸盐还原菌的防腐性能、低合金钢与钛合金耦合的腐蚀行为、铝阳极电化学性能。

(4)中国科学院兰州化学物理研究所关键研究领域主要集中在轻合金海洋结构材料的耐腐蚀性和防污性能方面，如船用钛铝合金的电化学腐蚀和摩擦学，铝合金表面涂层防腐性能，钛铝合金耐腐蚀性，铝合金的防腐蚀、防污、防冰。

(5)中国科学院力学研究所关键研究领域主要集中在轻合金海洋结构材料的耐疲劳性能方面,如高强度钛合金疲劳寿命、潜水器用钛铝合金的驻留疲劳性能。

(6)中国科学技术大学关键研究领域主要集中在轻合金海洋结构材料的涂层与防腐性能方面,如铝复合涂层、钛铝合金对海洋微生物腐蚀的抑制性能。

2.2.4 不同国别技术分布状况

对发文国别进行量化分析,可以了解相关国家的学术影响力和科研实力,这些数据在一定程度上也能反映出该国家的国际影响力和话语权,如图 2.4 所示。由图 2.4 可知,海洋结构材料领域发文量前 10 的研究机构分别是中国(259 篇)、印度(124 篇)、美国(89 篇)、韩国(63 篇)、日本(36 篇)、英国(28 篇)、法国(20 篇)、德国(20 篇)、意大利(20 篇)和南非(18 篇)。以上前 10 位主要研究机构各自技术分布状况如下:

(1)中国。中国在海洋结构材料领域的技术分布主要集中在以下方面:一是新型高性能钢铁的研制方面,如新型超高强度 Cu-6.0Ni-1.0Si-0.5Al-0.15Mg-0.1Cr 合金、造船钢中晶内针状铁素体、含锡钢和无锡钢的耐腐蚀性能、马氏体不锈钢;二是轻合金的防腐、防污与涂层保护方面,如铝合金在海上石油平台和船舶中的抗结冰性能、耐腐蚀超疏水纳米 Al_2O_3-Al 涂层、钛基纤维增强塑料复合材料、钛在海洋微生物中的防腐性能、钛铝合金的防污性能、铝合金薄壁结构、船用 TiAl 合金的电化学腐蚀和摩擦学、Al-Fe-Si 金属玻璃涂层。

(2)印度。印度在海洋结构材料领域的技术分布主要集中在以下方面:一是轻合金的防腐性能,如钛合金 Ti-6Al-4V 的防腐性能、高强度铝合金 AA7075(Al-Zn-Mg-Cu)的防腐性能、合金复合材料的防腐性能、铝涂层在海水中的耐腐蚀性能;二是轻合金复合材料的研制方面,如钛铝合金的焊接工艺、钛合金加工、铝合金复合材料、铝金属基复合材料等。

(3)美国。美国在海洋结构材料领域的技术分布主要集中在以下方面:一是新型高性能钢铁研发,如高强度低碳铁素体钢;二是轻合金的研制与防腐性能,如船用铝合金防腐、钛基金属基复合材料、钛合金的焊缝、铝锌合金涂层板、5XXX 系列铝合金、AA6061 合金、铝锰合金的防腐性能、铝锌合金的防腐性能。

(4)韩国。韩国在海洋结构材料领域的技术分布主要集中在轻合金材料防腐与耐腐蚀性能，如焊接钛铝合金接头的力学性能和腐蚀性能、铝涂层的耐腐蚀性能、电弧热金属喷涂法钢结构电化学防腐性能、铝合金在金属惰性气体焊接中的腐蚀和力学性能、合金试样的应力腐蚀开裂和氢脆的最佳腐蚀保护电位范围、船用高强度铝镁合金防腐性能。

(5)日本。日本在海洋结构材料领域的技术分布主要集中在以下方面：一是轻合金防腐性能方面，如镁合金在海洋大气中的防腐性能、钛锌合金涂层钢板的耐腐蚀性能；二是轻合金材料的加工、焊接技术，如微型球头立铣刀对钛合金进行微球端铣削、钛合金的喷气辅助加工、A5083 系列铝合金及其焊接、钛合金 Ti-6A1-4V 的抗气蚀性能。

(6)英国。英国在海洋结构材料领域的技术分布主要集中在：一是高性能钢铁和轻合金的涂层与防腐材料方面，如奥氏体不锈钢涂层材料、铝基船舶涂料、Al-Cu 合金腐蚀保护系统；二是复合材料的开发，如海上石油平台和船舶防结冰、多孔钛结构、熔融 CaF_2-TiO_2 焊剂的开发和应用、钛复合材料层压板。

(7)法国。法国在海洋结构材料领域的技术分布主要集中在轻合金材料的防腐与涂层保护方面，如纯锌和锌镁铝合金的防腐性能、铝和镁用于钢铁保护的锌涂层的防腐性能、冷喷涂表面处理技术、钛合金耐高温和防腐性能。

(8)德国。德国在海洋结构材料领域的技术分布主要集中在以下方面：一是焊接技术方面，如船用铝镁合金焊接拼焊板、搅拌摩擦焊、慢应变率测试技术；二是轻合金的防腐保护方面，如铝基和锌基原电池作为腐蚀保护、铝锂合金应力腐蚀性能、铝基合金对低碳钢进行阴极保护。

(9)意大利。意大利在海洋结构材料领域的技术分布主要集中在以下方面：一是轻合金的涂层材料和耐疲劳性，如超疏水涂层的铝镁合金、Al-Si 合金金属基复合材料、Zn-Ti 涂层、钛铝合金的超高周疲劳性能；二是焊接技术，如造船用 Al/Fe 爆炸焊接接头、钢/铝结构过渡接头。

(10)南非。南非在海洋结构材料领域的技术分布主要集中在以下方面：一是高性能钢铁的阴极保护，如低碳钢阴极保护；二是轻合金焊接技术，如激光金属沉积技术、熔融 CaF_2-TiO_2 焊剂、球头立铣刀几何形状在 Ti-6Al-4V 高速加工中的应用；三是轻合金的复合材料，如 Ti-6Al-4V+B4C 复合材料。

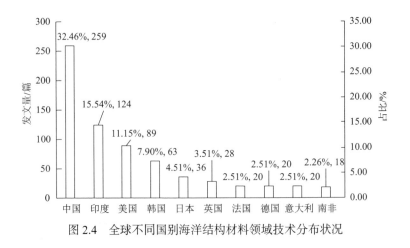

图 2.4 全球不同国别海洋结构材料领域技术分布状况

2.2.5 最新研发技术状况

综合考虑发文时间、期刊分区级别、期刊影响因子等多种因素,遴选出影响因子最高的前 10 篇最新研发技术的论文(表 2.5)并对其内容进行分析,这 10 篇论文主要涉及三个方面:

(1)新型轻合金的研制以及轻合金的焊接技术。新型多主体 Al-Co-Ni-Cu 合金[①]、Ti-6Al-4V 焊接接头的厚钛合金板高强度焊接结构强度的改善在深海潜水器的服役安全[②]、Ti6321 焊接件在低温低溶解氧深海环境中的腐蚀行为[③]、使用搅拌摩擦焊接技术将一种高强度造船级钢连接起来[④]、采用电弧熔炼法和熔体纺丝技术合成了组分为 $(Al_{1/4}Ni_{1/4}Zr_{1/4}Y_{1/4})_{100-x}Co_x$ $(x=0,5,8,12)$ 的条带[⑤]。

(2)高性能钢的氢脆敏感性。如海洋立管用低合金高强度钢的氢扩散和氢脆

---

① Niu T, Li H, Wei Y, et al. Novel Al-Co-Ni-Cu as-cast alloy with high damping and good corrosion resistance[J]. Journal of Alloys and Compounds, 2022, 910: 164942.

② Yang T, Liu J, Zhuang Y, et al. Micro-crystallographically unraveling strength-enhanced behaviors of the heavy-thick Ti-6Al-4V welded joint[J]. Materials Characterization, 2022, 188: 111893.

③ Liu H, Bai X, Li Z, et al. Electrochemical evaluation of stress corrosion cracking susceptibility of Ti-6Al-3Nb-2Zr-1Mo alloy welded joint in simulated deep-sea environment[J]. Materials, 2022, 15(9): 3201.

④ Pankaj P, Tiwari A, Biswas P. Impact of varying tool position on the intermetallic compound formation, metallographic/mechanical characteristics of dissimilar DH36 steel, and aluminum alloy friction stir welds[J]. Welding in the World, 2022, 66(2): 239-271.

⑤ Zhang S, Zhang Z, He P, et al. Effect of Co addition on the microstructure, thermal stability and anti-corrosion properties of AlNiZrYCoₓ high-entropy metallic glass ribbons[J]. Journal of Non-Crystalline Solids, 2022, 585: 121555.

敏感性[①]。

（3）防腐涂层。如 Ti-6Al-4V-5Cu 合金对铜绿假单胞菌的微生物影响腐蚀的抑制作用[②]、高速氧燃料喷涂技术在 8090 铝锂合金表面制备铁基非晶态涂层[③]、采用 WAAM 工艺对 Monel FM60 的单层壁进行沉积[④]、Nb 和 V-Ti 微合金化海洋平台钢的微观结构特征和冲击断裂机理[⑤]等。

表 2.5　论文影响因子前 10 篇研发分析

序号	发表年份	论文题目	期刊	JCR分区	期刊影响因子
1	2022	Novel Al-Co-Ni-Cu as-cast alloy with high damping and good corrosion resistance	Journal of Alloys and Compounds	Q1	5.316
2	2022	Effect of cold deformation before heat treatment on the hydrogen embrittlement sensitivity of high-strength steel for marine risers	Materials Science and Engineering A-Structural Materials Properties Microstructure and Processing	Q1	5.234
3	2022	Micro-crystallographically unraveling strength-enhanced behaviors of the heavy-thick Ti-6Al-4V welded joint	Materials Characterization	Q1	4.342
4	2022	Effect of Co addition on the microstructure, thermal stability and anti-corrosion properties of AlNiZrYCo$_x$ high-entropy metallic glass ribbons	Journal of Non-Crystalline Solids	Q1	3.531
5	2022	Inhibition effect on microbiologically influenced corrosion of Ti-6Al-4V-5Cu alloy against marine bacterium *Pseudomonas aeruginosa*	Journal of Materials Science & Technology	Q1	8.067
6	2022	Electrochemical evaluation of stress corrosion cracking susceptibility of Ti-6Al-3Nb-2Zr-1Mo alloy welded joint in simulated deep-sea environment	Materials	Q1	3.623

① Zhang D, Li W, Gao X, et al. Effect of cold deformation before heat treatment on the hydrogen embrittlement sensitivity of high-strength steel for marine risers[J]. Materials Science and Engineering A, 2022, 845: 143220.

② Arroussi M, Jia Q, Bai C, et al. Inhibition effect on microbiologically influenced corrosion of Ti-6Al-4V-5Cu alloy against marine bacterium *Pseudomonas aeruginosa*[J]. Journal of Materials Science & Technology, 2022, 109: 282-296.

③ Sun Y J, Yang R, Xie L, et al. Interfacial bonding and corrosion behaviors of HVOF-sprayed Fe-based amorphous coating on 8090 Al-Li alloy[J]. Surface & Coatings Technology, 2022, 436: 128316.

④ Kannan A R, Kumar S M, Pramod R, et al. Microstructure and corrosion resistance of Ni-Cu alloy fabricated through wire arc additive manufacturing[J]. Materials Letters, 2022, 308: 131262.

⑤ Xiong W, Song R, Huo W, et al. Microstructure characteristics and impact fracture mechanisms of Nb and V-Ti micro-alloyed offshore platform steels[J]. Vacuum, 2022, 195: 110709.

续表

序号	发表年份	论文题目	期刊	JCR分区	期刊影响因子
7	2022	Interfacial bonding and corrosion behaviors of HVOF-sprayed Fe-based amorphous coating on 8090 Al-Li alloy	Surface & Coatings Technology	Q1	4.158
8	2022	Microstructure and corrosion resistance of Ni-Cu alloy fabricated through wire arc additive manufacturing	Materials Letters	Q2	3.423
9	2022	Microstructure characteristics and impact fracture mechanisms of Nb and V-Ti micro-alloyed offshore platform steels	Vacuum	Q2	3.627
10	2022	Impact of varying tool position on the intermetallic compound formation, metallographic/mechanical characteristics of dissimilar DH36 steel, and aluminum alloy friction stir welds	Welding in the World	Q2	2.103

2.2.6 主要结论

综合以上分析，全球海洋结构材料领域，就发文量而言，中国主要研发机构具有明显优势，通过核心论文、最新研发技术分析，再次验证了我国是目前海洋结构材料领域的主要创新力量。就关键领域而论，与世界其他主要研发机构的关键领域相比，我国主要研发机构的关键领域主要集中在新型高性能钢铁和轻合金防腐与涂层保护两方面，而在高性能钢铁和轻合金的焊接、加工和铸造等方面则存在较大提升空间。

2.3 基于专利的海洋结构材料技术创新趋势

专利是体现技术创新的重要指标。专利文献作为创新的文献载体，展示了许多真实、准确而详尽的信息。本节以德温特专利数据检索平台核心合集为数据来源，检索式：TS=（（"high performance steel iron"）OR（Al alloy）OR（Ti Alloy））AND TS=（（ocean OR marine OR sea）OR（（anti pressure）OR（anti creep）OR（anti fatigue）OR（anti high temperature））OR（ship* OR warship* OR submarine*）OR（（deep（sea or ocean or marine)) submersible*) OR (oil and gas exploration) OR (drilling platform*) OR (drilling rig) OR (seawater desalination))。检索式由三部分组成：①主要材料(高性能钢铁、铝合金和钛合金)；②海洋结构材料性能(抗高压、蠕变性、抗疲劳、耐腐蚀)；③主要材料主要应用领域(船舶、战舰、潜艇、钻井平台、油气勘探、海水淡化)。检索截止日期：2022 年 5 月。经人工筛选后，共获得 1348 件相关专利，并通过分析软件对相关内容进行分析。

2.3.1　专利申请趋势分析

海洋结构材料相关专利申请量随时间变化情况如图 2.5 所示。总体来看，相关专利数量呈现上升趋势，可将其发展过程分为 4 个阶段：1958～1978 年为第一阶段，该阶段申请量呈明显上升趋势，其中，受战后恢复重工业需求的影响，该阶段日本是申请的主力，美国和苏联紧随其后，全球处于规模化建设阶段；1979～1991 年为第二阶段，该阶段申请量呈平稳发展期，其中日本、美国和苏联仍然位居前三；1992～2011 年为第三阶段，该阶段申请量明显下降，2000 年后，中国的相关申请量明显超过了日本和美国，位居申请量首位；2011 年至今，整体申请量逐渐回暖，呈现上升趋势，在该阶段中国明显已成为该领域的技术创新和专利申请

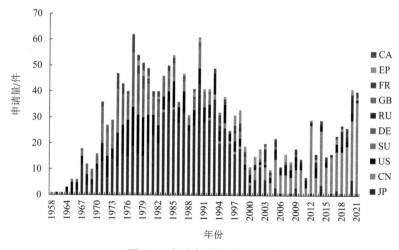

图 2.5　全球专利申请趋势图

注：图中 JP、CN、US、SU、DE、RU、GB、FR、EP、CA 依次为日本、中国、美国、苏联、德国、俄罗斯、英国、法国、欧洲专利局和加拿大。

大国，呈现出显著的增长趋势。从总体来看，日本在海洋结构材料技术的专利申请总量上占据全球领先位置。

由于专利从申请到公开再到被数据库收录存在时间延迟（一般发明专利在申请后 3～18 个月公开，实用新型专利和外观设计专利在申请后 6 个月左右公开），因此图 2.5 中 2021 年的专利数量仅供参考。

2.3.2 专利技术分布

专利数量位于全球前 15 位专利技术领域分布如图 2.6 所示。全球海洋结构材料领域的专利技术主要分布在 C22C（合金或有色金属的处理）、C23F（非机械方法去除表面上的金属材料）和 C21D（通过伴随有变形的热处理或变形后再进行热处理来改变物理性能）。其中，C22C 包括 C22C-038/00（铁基合金，如合金钢）、C22C-021/00（铝基合金）、C22C-014/00（钛基合金）、C22C-021/06（镁作次主要成分的铝基合金）、C22C-038/58［含锰大于 1.5（重量）的铁基合金］、C22C-019/05（含铬的镍基合金）、C22C-038/14（含钛或锆的铁基合金）；C23F 包括 C23F-013/00（用阳极或阴极保护法的金属防腐蚀）；C21D 包括 C21D-008/02（在生产钢板或带钢时的热处理工艺）。

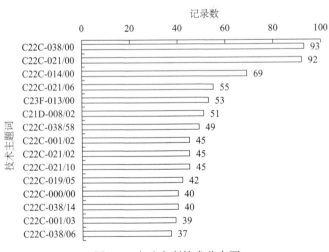

图 2.6　全球专利技术分布图

2.3.3　国别技术分布

全国 TOP10 国家前 5 项技术分布状况如表 2.6 所示。其中，日本的相关技术主要涉及铁基合金（C22C-038/00）、铝基合金（C22C-021/00）、钛基合金（C22C-014/00）、镁作次主要成分的铝基合金（C22C-021/06）和用阳极或阴极保护法的金属防腐蚀（C23F-013/00）等多个领域，并且相关专利数量也是名列前茅；中国的相关技术主要涉及钛基合金（C22C-014/00）和铝基合金（C22C-021/00）；美国的相关技术主要涉及铁基合金（C22C-038/00）、铝基合金（C22C-021/00）和用阳极或阴极保护法的金属防腐蚀（C23F-013/00）；德国相关技术主要涉及铝基合金（C22C-021/00）和用阳极或阴极保护法的金属防腐蚀（C23F-013/00）。

表 2.6　前 10 个国家前 5 项技术分布状况

次序	申请量/件	国别	C22C-038/00	C22C-021/00	C22C-014/00	C22C-021/06	C23F-013/00
1	676	日本	78	53	29	35	28
2	256	中国	4	10	30	6	1
3	168	美国	11	16	6	4	16
4	61	德国	3	5	2	2	6
5	35	俄罗斯	0	1	3	5	0
6	32	英国	0	3	0	1	4
7	31	法国	3	3	1	3	4
8	21	加拿大	1	1	2	1	2
9	19	韩国	3	0	1	1	1
10	7	巴西	3	1	2	0	0

2.3.4　排名前 15 的专利权人及重点技术

全球海洋结构材料专利申请量排名前 15 的专利权人及其重点技术如表 2.7 所示。由表可知，表中前 15 位专利权人有 14 位来自日本，均来自钢铁、轻金属企业。仅有 1 位来自中国，即江苏麟龙新材料股份有限公司①。国内前 10 位专利权人及其重要技术分布，如表 2.8 所示，由该表可知，7 位国内专利权人来自高校，这与日本专利权人来自企业且具有全球排名形成了鲜明对比。

表 2.7　全球前 15 位专利权人及其重点技术

排序	授权总量	专利权人	IPC 分类号	技术领域	专利数量/件
1	99	日本制铁株式会社 (Nippon Steel Corp.)	C22C-038/00	铁基合金，如合金钢	35
			C21D-008/02	在生产钢板或带钢时的热处理工艺	16
			C22C-038/58	含锰大于 1.5(重量)的铁基合金	16
2	59	日本神户制钢公司 (Kobe Steel Ltd.)	C22C-021/06	镁作次主要成分的铝基合金	9
			C22F-001/047	镁作次主要成分的铝或铝基合金的热处理工艺	7
			B32B-015/08	含合成树脂由金属组成的层状产品	6
3	55	住友金属工业株式会社 (Sumitomo Metal Ind Ltd.)	C22C-038/00	铁基合金，如合金钢	24
			C21D-008/02	在生产钢板或带钢时的热处理工艺	10
			C22C-038/58	含锰大于 1.5(重量)的铁基合金	12
4	52	三菱重工业株式会社 (Mitsubishi Heavy Ind Co. Ltd.)	B63H-001/14	船舶螺旋桨	24
			B23K-035/30	主要成分在 1550 ℃以下熔化的焊条、电极、材料或介质	13
			C22C-038/00	铁基合金，如合金钢	7
5	48	川崎钢铁公司 (Kawasaki Steel Corp.)	C22C-038/46	含钒的铁基合金	20
			C22C-038/00	铁基合金，如合金钢	12
			C22C-038/18	含铬的铁基合金	9

---

① 江苏麟龙新材料股份有限公司新研发的新型环保型防腐合金丝材和合金涂料可广泛应用于船舶制造、海洋石油钻井平台、风力发电、输变电塔、近海桥梁、水利建设等方面，重点解决了海洋性气候对钢(铁)基的腐蚀，可替代目前的镀锌、油漆等传统的防腐处理方法，是一种环保节能降耗的新型高端合金材料(http://www.js-linlong.com/about.aspx)。

续表

排序	授权总量	专利权人	IPC 分类号	技术领域	专利数量/件
6	46	古河电气工业株式会社（Furukawa Electric Co. Ltd.）	C22C-021/06	镁作次主要成分的铝基合金	23
			C22C-009/06	镍或钴作主要成分的铜基金属	11
			B23K-009/23	电弧焊接或电弧切割	8
7	46	三菱综合材料公司（Mitsubishi Materials Corp.）	B23B-027/14	带刀头的车削或镗削	10
			B23B-051/00	用于钻床的刀具	10
			B23C-005/16	以铣刀物理而非形状的铣刀	10
8	42	大同金属工业株式会社（Daido Metal Co. Ltd.）	C22C-021/00	铝基合金	12
			F16C-033/12	防锈轴承	10
			F16C-033/06	滑动面枢轴连接	9
9	40	希捷电缆有限公司（Hitachi Cable Ltd.）	C22C-018/04	铝作次主要成分的锌基合金	12
			B21C-023/28	间歇加工的金属挤压或冲挤	10
			B21C-023/24	用金属包覆层覆盖长度不定的金属或非金属材料的挤压或冲挤	5
10	40	古河铝业公司（Furukawa Aluminium Kk）	C22C-021/00	铝基合金	15
			C22C-021/06	镁作次主要成分的铝基合金	9
			B32B-015/01	金属薄层组成的层状产品	6
11	40	日立公司（Hitachi Ltd.）	C22C-019/05	含铬的镍基合金	14
			C22C-009/01	铝作次主要成分的铜基合金	10
			C30B-029/52	合金多晶材料	5
12	39	日本轻金属株式会社（Nippon Light Metal Co.）	C22C-021/00	铝基合金	13
			C22C-021/06	镁作次主要成分的铝基合金	10
			C22F-001/00	用热处理法或用热加工或冷加工法改变有色金属或合金的物理结构	4

续表

排序	授权总量	专利权人	IPC 分类号	技术领域	专利数量/件
13	38	丰田汽车工业株式会社（Toyota Jidosha Kabushiki Kaisha）	C22C-021/00	铝基合金	13
			C22C-032/00	含有至少 5 重量但小于 50 重量的，无论是本身加入的还是原位形成的氧化物、碳化物、硼化物、氮化物、硅化物或其他金属化合物（如氮氧化合物、硫化物）的有色金属合金	10
			F02F-001/00	燃烧发动机的汽缸、活塞或曲轴箱	7
14	38	江苏麟龙新材料股份有限公司（Jiangsu Linlong New Material Co. Ltd.）	C09D-005/10	含金属粉末的抗腐蚀涂料组合物	12
			C09D-001/00	基于无机物质的涂料组合物，如色漆、清漆或天然漆	10
			C09D-007/12	添加剂，包括有机颜料、光还原剂、增稠剂；防止氧气、光或热降解的稳定剂，包括有机的、无机的、非高分子的、高分子的、改性的	8
15	38	三菱金属株式会社（Mitsubishi Metal Corp.）	C22C-009/04	锌作次主要成分的铜基合金	15
			C04B-035/58	以硼化物、氮化物或硅化物为基料的陶瓷制品	10

表 2.8 国内前 10 位专利权人及其重要技术分布

排序	授权总量	专利权人	IPC 分类号	技术领域	专利数量/件
1	38	江苏麟龙新材料股份有限公司	C09D-005/10	含金属粉末的抗腐蚀涂料组合物	12
			C09D-001/00	基于无机物质的涂料组合物，如色漆、清漆或天然漆	10
			C09D-007/12	添加剂，包括有机颜料、光还原剂、增稠剂；防止氧气、光或热降解的稳定剂，包括有机的、无机的、非高分子的、高分子的、改性的	8
2	30	中国科学院金属研究所	C22C-001/02	用熔炼法制造有色金属合金的方法	10
			C22F-001/18	高熔点或难熔金属或以它们为基的合金的热处理工艺	9
			C22C-030/00	铜、锡、铅或锌含量均小于 50 的合金	6

续表

排序	授权总量	专利权人	IPC 分类号	技术领域	专利数量/件
3	25	北京科技大学	C21D-008/02	在生产钢板或带钢时的热处理工艺	9
			C22C-001/03	使用母（中间）合金熔炼制造有色金属合金的方法	4
			C22C-038/50	含钛或锆的铁基合金	4
4	24	北京航空航天大学	C22C-014/00	钛基合金	9
			C22C-021/10	锌作次主要成分的铝基合金	8
			C22C-001/02	用熔炼法制造有色金属合金的方法	3
5	24	上海交通大学	C22C-001/02	用熔炼法制造有色金属合金的方法	8
			C22F-001/18	高熔点或难熔金属或以它们为基的合金的热处理工艺	7
			B22D-021/00	有色金属或金属化合物的铸造	5
6	23	宝山钢铁股份有限公司	C22C-038/58	含锰大于 1.5（重量）的铁基合金	7
			C22C-038/50	含钛或锆的铁基合金	7
			C22C-038/16	含铜的铁基合金	6
7	20	哈尔滨工业大学	B23K-031/02	局部加热切割，如火焰切割	6
			B23P-015/00	制造特定金属物品的机床	5
			B22D-017/00	压力铸造或喷射模铸的金属铸造	2
8	20	东北轻合金有限责任公司	C21D-008/02	在生产钢板或带钢时的热处理工艺	5
			C22C-001/03	使用母（中间）合金熔炼制造有色金属合金的方法合金	5
			C22F-001/047	镁作次主要成分的铝或铝基合金的热处理工艺	3
9	19	西北有色金属研究院	C22C-019/05	含铬的镍基合金	4
			C22F-001/18	高熔点或难熔金属或以它们为基的合金的热处理工艺	3
			B22F-009/08	用雾化或喷雾方法铸造金属粉末的装置	3

续表

排序	授权总量	专利权人	IPC 分类号	技术领域	专利数量/件
10	17	江苏大学	C22C-001/03	使用母(中间)合金熔炼制造有色金属合金的方法	3
			C22C-038/50	含钛或锆的铁基合金	3
			C22C-038/40	含镍的铁基合金	2

2.3.5　近几年新研发的材料技术

近年新研发的材料技术如表 2.9 所示，表中记录数量和记录比率分别表示该技术在近年出现的次数和占比。近年来，新研发的材料技术集中在 C22C-001/02（用熔炼法制造有色金属合金的方法）、C21D-008/02（在生产钢板或带钢时的热处理工艺）和 C22C-014/00（钛基合金）三方面。

表 2.9　2019～2021 年新研发的材料技术（TOP10）

技术主题词	记录数量	2019～2021 年记录占比/%	排名最前的技术主题词*
C22C-038/00	93	4	C22C-038/58 [33]：含锰大于 1.5（重量）的铁基合金
			C21D-008/02 [31]：在生产钢板或带钢时的热处理工艺
			C22C-038/14 [23]：含钛或锆的铁基合金
C22C-021/00	92	4	C22C-021/02 [14]：硅作次主要成分的铝基合金
			C22F-001/04 [12]：铝或铝基合金的热处理工艺
			C22C-021/06 [12]：镁作次主要成分的铝基合金
C22C-014/00	69	25	C22F-001/18 [22]：高熔点或难熔金属或以它们为基的合金的热处理工艺
			C22C-001/02 [12]：用熔炼法制造有色金属合金的方法
			C22C-001/04 [7]：用粉末冶金法制造有色金属合金
C22C-021/06	55	7	C22F-001/047 [23]：镁作次主要成分的铝或铝基合金热处理工艺
			C22C-021/00 [12]：铝基合金
			C22C-021/08 [9]：含硅且以镁作为次主要成分的铝基合金

续表

技术主题词	记录数量	2019~2021 年记录占比/%	排名最前的技术主题词*
C23F-013/00	53	0	C22C-021/00 [8]：铝基合金 C23F-001/00 [5]：金属材料的化学法蚀刻 C22C-021/10 [4]：锌作次主要成分的铝基合金 C22C-018/04 [4]：铝作次主要成分的锌基合金
C21D-008/02	51	27	C22C-038/00 [31]：铁基合金，如合金钢 C22C-038/58 [22]：含锰大于 1.5(重量)的铁基合金 C22C-038/14 [18]：含钛或锆的铁基合金 C22C-038/06 [18]：含铝的铁基合金
C22C-038/58	49	12	C22C-038/00 [33]：铁基合金，如合金钢 C21D-008/02 [22]：在生产钢板或带钢时的热处理工艺 C22C-038/14 [15]：含钛或锆的铁基合金
C22C-001/02	45	49	C22C-014/00 [12]：钛基合金 C22F-001/18 [9]：高熔点或难熔金属或以它们为基的合金的热处理工艺
C22C-021/02	45	9	C22C-021/00 [14]：铝基合金 C22F-001/043 [7]：硅作次主要成分的铝基合金的热处理工艺 C22C-021/08 [7]：含硅且镁作次主要成分的铝基合金
C22C-021/10	45	11	C22F-001/053 [13]：锌作次主要成分的铝或铝基合金的热处理工艺 C22C-021/00 [11]：铝基合金 C22C-021/06 [7]：镁作次主要成分的铝基合金

*中括号内数据表示专利数量。

2.3.6　主要结论

　　全球海洋结构材料领域，就专利申请趋势而言，相关专利申请量虽然在 1992~2011 年有明显下降，但整体上呈上升趋势，日本在全球海洋结构材料的专利申请上占据主要地位。2000 年至今，中国每年相关专利申请量超过日本和美国，位居全球首位。从专利技术分布状况来看，全球海洋结构材料主要集中在 C22C(合金或有色金属的处理)、C23F(非机械方法去除表面上的金属材料)和 C21D(通过伴随有变形的热处理或变形后再进行热处理来改变物理性能)三方面;从国别技术分布上,相比于日本、美国和德国,我国主要分布在钛基合金、铝基合金(C22C-021/00)和金属防腐等方面;在前 15 位专利权人中,我国仅占 1 席,反映出我国技术创新有待提升;近些年,新研发的材料技术集中在 C22C-001/02(用熔炼法制造有色金属合金的方法)、C21D-008/02(在生产钢板或带钢时的热处理工艺)和 C22C-014/00(钛基合金)三方面。

2.4 海洋结构材料标准化发展

2.4.1 国内外海洋结构材料标准化状况

目前,国际上海洋用钢生产所遵循的通用标准主要为国际标准化组织(ISO)、国际电工委员会(IEC)、欧洲标准化委员会(CEN)、美国材料与试验协会(ASTM)、英国标准协会(BSI)以及挪威石油工业自愿性技术标准体系挪威标准(NORSOK)。下面将介绍 ISO、IEC、ASTM、欧盟、BSI、挪威等国际组织或国家与海洋结构材料的相关标准。

1. 国际标准化组织

目前,国际标准化组织(International Organization for Standardization,ISO)包括 255 个技术委员会,发布与海洋结构材料相关标准的技术委员会及其工作组主要如表 2.10 所示。其中,ISO/TC 8(船舶与海洋技术委员会)、ISO/TC 17(钢技术委员会)、ISO/TC 67(石油石化设备材料与海上结构标准化技术委员会)发布了各自领域内的相关标准,体现出这些标准涉及的行业和领域相当广泛。

表 2.10 ISO 中与海洋结构材料相关的技术委员会及其工作组

序号	技术委员会	分技术委员会	相关工作组
1	ISO/TC 8(船舶与海洋技术委员会)	SC 3 管道和机械 SC 4 舾装设备和甲板机械 SC 8 船舶设计 SC 12 大型游艇 SC 13 海洋技术	WG 4 海上安全 WG 6 船舶回收 WG 8 液体和气体燃料容器

续表

序号	技术委员会	分技术委员会	相关工作组
2	ISO/TC 17（钢技术委员会）	SC 3 结构用钢 SC 4 热处理钢和合金钢 SC 7 测试方法（除机械测试和化学分析外） SC 10 压力用钢 SC 11 钢铸件 SC 12 连续轧制的平轧产品 SC 17 钢丝杆和线材产品 SC 19 压力用钢管的技术交货条件 SC 20 一般技术交付条件、取样和机械测试方法	SG 1 微合金、低合金和高合金的定义
3	ISO/TC 67（石油石化设备材料与海上结构标准化技术委员会）	SC 4 钻井和生产设备 SC 5 套管、油管和钻杆 SC 6 加工设备和系统 SC 7 海上结构 SC 9 液化天然气装置和设备	WG 5 铝合金管材 WG 7 耐腐蚀材料 WG 8 材料、腐蚀控制、焊接和连接以及无损检测（NDE） WG 11 结构和设备的涂层和衬里 WG 13 海上项目散装材料
4	ISO/TC 188（小型船舶技术委员会）		

1）ISO/TC 67

该技术委员会成立于 1916 年，由荷兰皇家标准化协会（Royal Netherlands Standardization Institute，NEN）担任秘书处，截至 2022 年 6 月，该技术委员会包括 35 个成员、27 个观察成员，下设 9 个分技术委员会、10 个工作小组。其职责范围为：石油、石化和天然气行业中用于钻井、生产、管道运输以及液态和气态碳氢化合物加工的材料、设备和海上结构的标准化。其发布的标准如表 2.11 所示。

ISO/TC 67/SC 4（钻井和生产设备分技术委员会）成立于 1918 年，由美国国家标准学会（American National Standards Institute，ANSI）担任秘书处，截至 2022 年 6 月，该技术委员会包括 20 个成员、9 个观察成员，下设 6 个工作小组，发布与海洋结构材料相关的标准共计 22 项。

ISO/TC 67/SC 7（海上结构分技术委员会）成立于 1901 年，由英国标准协会

（British Standards Institution，BSI）担任秘书处，截至 2022 年 6 月，该技术委员会包括 24 个成员、10 个观察成员，下设 11 个工作小组，发布与海洋结构材料相关的标准共计 25 项。其职责范围为：石油、石化和天然气行业中用于钻井、生产、管道运输以及液态和气态碳氢化合物加工的材料、设备和海上结构的标准化。

表 2.11　ISO/TC 67 相关标准

序号	标准名称（中文）	标准名称（英文）	发布年份	技术委员会
1	ISO 15546:2011 石油天然气行业 铝合金钻杆	ISO 15546:2011 Petroleum and natural gas industries-Aluminium alloy drill pipe	2011	
2	ISO 17349:2016 石油和天然气行业 在高压下处理高含量 CO_2 的海上平台	ISO 17349:2016 Petroleum and natural gas industries-Offshore platforms handling streams with high content of CO_2 at high pressures	2016	
3	ISO 15156-1:2020 石油和天然气工业 石油和天然气生产中用于含 H_2S 环境的材料 第 1 部分：选择抗裂材料的一般原则	ISO 15156-1:2020 Petroleum and natural gas industries-Materials for use in H_2S-containing environments in oil and gas production-Part 1: General principles for selection of cracking-resistant materials	2020	
4	ISO 15156-2:2020 石油和天然气工业 石油和天然气生产中用于含 H_2S 环境的材料 第 2 部分：抗裂碳钢和低合金钢，以及铸铁的使用	ISO 15156-2:2020 Petroleum and natural gas industries-Materials for use in H_2S-containing environments in oil and gas production-Part 2: Cracking-resistant carbon and low-alloy steels, and the use of cast irons	2020	TC 67
5	ISO 15156-3:2020 石油和天然气工业 石油和天然气生产中用于含 H_2S 环境的材料 第 3 部分：抗裂 CRAs（耐腐蚀合金）和其他合金	ISO 15156-3:2020 Petroleum and natural gas industries-Materials for use in H_2S-containing environments in oil and gas production-Part 3: Cracking-resistant CRAs（corrosion-resistant alloys）and other alloys	2020	
6	ISO 24200:2022 石油、石化和天然气行业 海上项目的散装材料 管道支架	ISO 24200:2022 Petroleum, petrochemical and natural gas industries-Bulk material for offshore projects-Pipe support	2022	
7	ISO/CD 24201 石油、石化和天然气行业 海上项目的散装材料 三级舾装结构	ISO/CD 24201 Petroleum, petrochemical and natural gas industries-Bulk material for offshore projects-Tertiary outfitting structures	2022	
8	ISO/CD 24202 石油、石化和天然气行业 海上项目的散装材料 单轨梁和吊环	ISO/CD 24202 Petroleum, petrochemical and natural gas industries-Bulk material for offshore projects-Monorail beam and padeye	2022	
9	ISO 13628-3:2000 石油和天然气工业 海底生产系统的设计和操作 第 3 部分：通过流线（TFL）系统	ISO 13628-3:2000 Petroleum and natural gas industries-Design and operation of subsea production systems-Part 3: Through flowline （TFL） systems	2000	SC 4 钻井和生产设备

续表

序号	标准名称(中文)	标准名称(英文)	发布年份	技术委员会
10	ISO 13628-9:2000 石油和天然气工业 海底生产系统的设计和操作 第 9 部分：远程操作工具(ROT)干预系统	ISO 13628-9:2000 Petroleum and natural gas industries-Design and operation of subsea production systems-Part 9: Remotely Operated Tool (ROT) intervention systems	2000	
11	ISO 13625:2002 石油和天然气工业 钻井和生产设备 海洋钻井隔水管接头	ISO 13625:2002 Petroleum and natural gas industries-Drilling and production equipment-Marine drilling riser couplings	2002	
12	ISO 13628-8:2002/COR 1:2005 石油和天然气工业 海底生产系统的设计和操作 第 8 部分：海底生产系统上的远程操作车辆(ROV)接口 技术勘误 1	ISO 13628-8:2002/COR 1:2005 Petroleum and natural gas industries-Design and operation of subsea production systems-Part 8: Remotely Operated Vehicle (ROV) interfaces on subsea production systems-Technical Corrigendum 1	2002	
13	ISO 13626:2003 石油和天然气工业 钻井和生产设备 钻井和修井结构	ISO 13626:2003 Petroleum and natural gas industries-Drilling and production equipment-Drilling and well-servicing structures	2003	
14	ISO 13628-1:2005 石油和天然气工业 海底生产系统的设计和操作 第 1 部分：一般要求和建议	ISO 13628-1:2005 Petroleum and natural gas industries-Design and operation of subsea production systems-Part 1: General requirements and recommendations	2005	SC 4 钻井和生产设备
15	ISO 13628-1:2005/AMD 1:2010 石油和天然气工业 海底生产系统的设计和操作 第 1 部分：一般要求和建议 修订 1：修订的第 6 条	ISO 13628-1:2005/AMD 1:2010 Petroleum and natural gas industries-Design and operation of subsea production systems-Part 1: General requirements and recommendations-Amendment 1: Revised Clause 6	2005	
16	ISO 13628-7:2005 石油和天然气工业 海底生产系统的设计和操作 第 7 部分：完井/修井立管系统	ISO 13628-7:2005 Petroleum and natural gas industries-Design and operation of subsea production systems-Part 7: Completion/workover riser systems	2005	
17	ISO 13628-10:2005 石油和天然气工业 海底生产系统的设计和操作 第 10 部分：黏合柔性管规范	ISO 13628-10:2005 Petroleum and natural gas industries-Design and operation of subsea production systems-Part 10: Specification for bonded flexible pipe	2005	
18	ISO 13628-2:2006/COR 1:2009 石油和天然气工业 海底生产系统的设计和操作 第 2 部分：用于海底和海洋应用的非黏合柔性管道系统 技术勘误 1	ISO 13628-2:2006/COR 1:2009 Petroleum and natural gas industries-Design and operation of subsea production systems-Part 2: Unbonded flexible pipe systems for subsea and marine applications-Technical Corrigendum 1	2006	

续表

序号	标准名称(中文)	标准名称(英文)	发布年份	技术委员会
19	ISO 13628-2:2006 石油和天然气工业 海底生产系统的设计和操作 第2部分:用于海底和海洋应用的非黏合柔性管道系统	ISO 13628-2:2006 Petroleum and natural gas industries-Design and operation of subsea production systems-Part 2: Unbonded flexible pipe systems for subsea and marine applications	2006	
20	ISO 13628-2:2006/COR 1:2009 石油和天然气工业 海底生产系统的设计和操作 第2部分:用于海底和海洋应用的非黏合柔性管道系统 技术勘误1	ISO 13628-2:2006/COR 1:2009 Petroleum and natural gas industries-Design and operation of subsea production systems-Part 2: Unbonded flexible pipe systems for subsea and marine applications-Technical Corrigendum 1	2006	
21	ISO 13628-6:2006 石油和天然气工业 海底生产系统的设计和操作 第6部分:海底生产控制系统	ISO 13628-6:2006 Petroleum and natural gas industries-Design and operation of subsea production systems-Part 6: Subsea production control systems	2006	
22	ISO 13628-11:2007 石油和天然气工业 海底生产系统的设计和操作 第11部分:海底和海洋应用的柔性管道系统	ISO 13628-11:2007 Petroleum and natural gas industries-Design and operation of subsea production systems-Part 11: Flexible pipe systems for subsea and marine applications	2007	
23	ISO 13628-11:2007/COR 1:2008 石油和天然气工业 海底生产系统的设计和操作 第11部分:海底和海洋应用的柔性管道系统 技术勘误1	ISO 13628-11:2007/COR 1:2008 Petroleum and natural gas industries-Design and operation of subsea production systems-Part 11: Flexible pipe systems for subsea and marine applications-Technical Corrigendum 1	2007	SC 4 钻井和生产设备
24	ISO 13624-1:2009 石油和天然气工业 钻井和生产设备 第1部分:海洋钻井隔水管设备的设计和操作	ISO 13624-1:2009 Petroleum and natural gas industries-Drilling and production equipment-Part 1: Design and operation of marine drilling riser equipment	2009	
25	ISO/TR 13624-2:2009 石油和天然气工业 钻井和生产设备 第2部分:深水钻井隔水管方法、操作和完整性技术报告	ISO/TR 13624-2:2009 Petroleum and natural gas industries-Drilling and production equipment-Part 2: Deepwater drilling riser methodologies, operations, and integrity technical report	2009	
26	ISO 13628-5:2009 石油和天然气工业 海底生产系统的设计和操作 第5部分:海底脐带缆	ISO 13628-5:2009 Petroleum and natural gas industries-Design and operation of subsea production systems-Part 5: Subsea umbilicals	2009	
27	ISO 13628-4:2010 石油和天然气工业 海底生产系统的设计和操作 第4部分:海底井口和采油树设备	ISO 13628-4:2010 Petroleum and natural gas industries-Design and operation of subsea production systems-Part 4: Subsea wellhead and tree equipment	2010	
28	ISO 13628-4:2010/COR 1:2011 石油和天然气工业 海底生产系统的设计和操作 第4部分:海底井口和采油树设备 技术勘误1	ISO 13628-4:2010/COR 1:2011 Petroleum and natural gas industries-Design and operation of subsea production systems-Part 4: Subsea wellhead and tree equipment-Technical Corrigendum 1	2010	

续表

序号	标准名称(中文)	标准名称(英文)	发布年份	技术委员会
29	ISO 13628-15:2011 石油和天然气工业 海底生产系统的设计和操作 第15部分：海底结构和歧管	ISO 13628-15:2011 Petroleum and natural gas industries–Design and operation of subsea production systems–Part 15: Subsea structures and manifolds	2011	SC 4 钻井和生产设备
30	ISO 18647:2017 石油和天然气行业 海上固定平台的模块化钻机	ISO 18647:2017 Petroleum and natural gas industries–Modular drilling rigs for offshore fixed platforms	2017	
31	ISO 11961:2018 石油和天然气工业 钢钻杆	ISO 11961:2018 Petroleum and natural gas industries–Steel drill pipe	2018	SC 5 套管、油管和钻杆
32	ISO 11960:2020 石油和天然气工业 用作井套管或油管的钢管	ISO 11960:2020 Petroleum and natural gas industries–Steel pipes for use as casing or tubing for wells	2020	
33	ISO/DIS 13703-2 石油、石化和天然气工业 海上平台和陆上工厂的管道系统 第2部分：材料	ISO/DIS 13703-2 Petroleum, petrochemical and natural gas industries–Piping systems on offshore platforms and onshore plants–Part 2: Materials	2000	
34	ISO/DIS 13703-3 石油和天然气工业 海上生产平台和陆上工厂的管道系统 第3部分：制造	ISO/DIS 13703-3 Petroleum and natural gas industries–Piping systems on offshore production platforms and onshore plants–Part 3: Fabrication	2000	
35	ISO 13703:2000 石油和天然气工业 海上生产平台管道系统的设计和安装	ISO 13703:2000 Petroleum and natural gas industries–Design and installation of piping systems on offshore production platforms	2000	SC 6 加工设备和系统
36	ISO 13703:2000/COR 1:2002 石油和天然气工业 海上生产平台管道系统的设计和安装 技术勘误1	ISO 13703:2000/COR 1:2002 Petroleum and natural gas industries–Design and installation of piping systems on offshore production platforms–Technical Corrigendum 1	2000	
37	ISO 15544:2000 石油和天然气工业 海上生产装置 应急响应的要求和指南	ISO 15544:2000 Petroleum and natural gas industries–Offshore production installations–Requirements and guidelines for emergency response	2000	
38	ISO 19901-6:2009 石油和天然气工业 海上结构的特殊要求 第6部分：海上作业	ISO 19901-6:2009 Petroleum and natural gas industries–Specific requirements for offshore structures–Part 6: Marine operations	2009	
39	ISO 19901-6:2009/COR 1:2011 石油和天然气工业 海上结构的特殊要求 第6部分：海上作业 技术勘误1	ISO 19901-6:2009/COR 1:2011 Petroleum and natural gas industries–Specific requirements for offshore structures–Part 6: Marine operations–Technical Corrigendum 1	2009	SC 7 海上结构
40	ISO/TR 19905-2:2012 石油和天然气工业 海上移动装置的现场特定评估 第2部分：自升式平台评论和详细样本计算	ISO/TR 19905-2:2012 Petroleum and natural gas industries–Site-specific assessment of mobile offshore units–Part 2: Jack-ups commentary and detailed sample calculation	2012	

序号	标准名称(中文)	标准名称(英文)	发布年份	技术委员会
41	ISO 19901-7:2013 石油和天然气工业 海上结构的特殊要求 第7部分：浮动海上结构和移动海上装置的定位系统	ISO 19901-7:2013 Petroleum and natural gas industries–Specific requirements for offshore structures–Part 7: Stationkeeping systems for floating offshore structures and mobile offshore units	2013	
42	ISO 19901-3:2014 石油和天然气工业 海上结构的特殊要求 第3部分：上部结构	ISO 19901-3:2014 Petroleum and natural gas industries–Specific requirements for offshore structures–Part 3: Topsides structure	2014	
43	ISO 19901-8:2014 石油和天然气工业 海上结构的特殊要求 第8部分：海洋土壤调查	ISO 19901-8:2014 Petroleum and natural gas industries–Specific requirements for offshore structures–Part 8: Marine soil investigations	2014	
44	ISO 19901-1:2015 石油和天然气工业 海上结构的特殊要求 第1部分：海洋气象设计和操作注意事项	ISO 19901-1:2015 Petroleum and natural gas industries–Specific requirements for offshore structures–Part 1: Metocean design and operating considerations	2015	
45	ISO 19901-4:2016 石油和天然气工业 海上结构的特殊要求 第4部分：岩土工程和基础设计考虑	ISO 19901-4:2016 Petroleum and natural gas industries–Specific requirements for offshore structures–Part 4: Geotechnical and foundation design considerations	2016	
46	ISO 19905-1:2016 石油和天然气工业 海上移动装置的现场特定评估 第1部分：自升式	ISO 19905-1:2016 Petroleum and natural gas industries–Site-specific assessment of mobile offshore units–Part 1: Jack-ups	2016	SC 7 海上结构
47	ISO 19901-2:2017 石油和天然气工业 海上结构的特殊要求 第2部分：抗震设计程序和标准	ISO 19901-2:2017 Petroleum and natural gas industries–Specific requirements for offshore structures–Part 2: Seismic design procedures and criteria	2017	
48	ISO 19900:2019 石油和天然气工业 海上结构的一般要求	ISO 19900:2019 Petroleum and natural gas industries–General requirements for offshore structures	2019	
49	ISO 19901-9:2019 石油和天然气工业 海上结构的特殊要求 第9部分：结构完整性管理	ISO 19901-9:2019 Petroleum and natural gas industries–Specific requirements for offshore structures–Part 9: Structural integrity management	2019	
50	ISO 19903:2019 石油和天然气行业 混凝土海上结构	ISO 19903:2019 Petroleum and natural gas industries–Concrete offshore structures	2019	
51	ISO 19904-1:2019 石油和天然气工业 海上漂浮结构 第1部分：船形、半潜式、晶石和浅吃水圆柱结构	ISO 19904-1:2019 Petroleum and natural gas industries–Floating offshore structures–Part 1: Ship-shaped, semi-submersible, spar and shallow-draught cylindrical structures	2019	
52	ISO 19906:2019 石油和天然气工业 北极海上结构	ISO 19906:2019 Petroleum and natural gas industries–Arctic offshore structures	2019	

续表

序号	标准名称(中文)	标准名称(英文)	发布年份	技术委员会
53	ISO 19902:2020 石油和天然气行业 海上固定钢结构	ISO 19902:2020 Petroleum and natural gas industries-Fixed steel offshore structures	2020	
54	ISO 19901-5:2021 石油和天然气工业 海上结构的特殊要求 第5部分:重量管理	ISO 19901-5:2021 Petroleum and natural gas industries-Specific requirements for offshore structures-Part 5: Weight management	2021	
55	ISO 19901-10:2021 石油和天然气工业 海上结构的特殊要求 第 10 部分:海洋地球物理调查	ISO 19901-10:2021 Petroleum and natural gas industries-Specific requirements for offshore structures-Part 10: Marine geophysical investigations	2021	SC 7 海上结构
56	ISO 19905-3:2021 石油和天然气工业 海上移动装置的现场特定评估 第 3 部分:浮动装置	ISO 19905-3:2021 Petroleum and natural gas industries-Site-specific assessment of mobile offshore units-Part 3: Floating units	2021	
57	ISO 19901-2:2022 石油和天然气工业 海上结构的特殊要求 第2部分:抗震设计程序和标准	ISO 19901-2:2022 Petroleum and natural gas industries-Specific requirements for offshore structures-Part 2: Seismic design procedures and criteria	2022	
58	ISO 20257-1:2020 液化天然气的装置和设备 浮式液化天然气装置的设计 第 1 部分:一般要求	ISO 20257-1:2020 Installation and equipment for liquefied natural gas-Design of floating LNG installations-Part 1: General requirements	2020	SC 9 液化天然气装置和设备
59	ISO 20257-2:2021 液化天然气的安装和设备 浮式 LNG 装置的设计 第 2 部分:特定 FSRU 问题	ISO 20257-2:2021 Installation and equipment for liquefied natural gas-Design of floating LNG installations-Part 2: Specific FSRU issues	2021	

2)ISO/TC 8

该技术委员会成立于 1947 年,由中国国家标准化管理委员会(SAC)担任秘书处,截至 2022 年 6 月,包括 27 个成员、22 个观察员,下设 10 个机构、9 个工作组。其职责范围:制订造船设计、建造、培训、结构元件、舾装零件、设备、方法和技术以及海洋环境事项的标准,具体包括远洋船舶、内河航行船舶、海上结构、船岸接口、船舶的运营、符合国际海事组织(IMO)要求的海洋结构以及海洋的观察和探索。其发布的标准如表 2.12 所示。

ISO/TC 8/SC 8 船舶设计分技术委员会成立于 1984 年,由韩国技术和标准局(KATS)担任秘书处,截至 2022 年 6 月,包括 18 个成员、11 个观察员、10 个工作组。

表 2.12 ISO/TC 8 相关标准

序号	标准名称(中文)	标准名称(英文)	发布年份	技术委员会
1	ISO 5625:1978 造船 带法兰盘的钢制管道焊接隔板件 PN6、PN10 和 PN16	ISO 5625:1978 Shipbuilding-Welded bulkhead pieces with flanges for steel pipework-PN 6, PN 10 and PN 16	1978	SC 3 管道和机械
2	ISO 13795:2020 船舶与海洋技术 船舶系泊和拖曳配件 远洋船舶用焊接钢系柱	ISO 13795:2020 Ships and marine technology-Ship's mooring and towing fittings-Welded steel bollards for sea-going vessels	2020	SC 4 舾装设备和甲板机械
3	ISO 3797:1976 造船 垂直钢梯	ISO 3797:1976 Shipbuilding-Vertical steel ladders	1976	
4	ISO 6042:2015 船舶与海洋技术 不受天气影响的单叶钢门	ISO 6042:2015 Ships and marine technology-Weathertight single-leaf steel doors	2015	
5	ISO 16145-1:2012 船舶与海洋技术 保护涂层和检验方法 第 1 部分:专用海水压载舱	ISO 16145-1:2012 Ships and marine technology-Protective coatings and inspection method-Part 1: Dedicated sea water ballast tanks	2012	
6	ISO 16145-3:2012 船舶与海洋技术 保护涂层和检验方法 第 3 部分:原油油轮的货油舱	ISO 16145-3:2012 Ships and marine technology-Protective coatings and inspection method-Part 3: Cargo oil tanks of crude oil tankers	2012	
7	ISO 5480:2020 船舶与海洋技术 货船护栏	ISO 5480:2020 Ships and marine technology-Guardrails for cargo ships	2020	SC 8 船舶设计
8	ISO/AWI 9557 船舶与海洋技术 检查用钢丝绳升降平台	ISO/AWI 9557 Ships and marine technology-Wire rope lifting platform for inspection	2021	
9	ISO 17941:2015 船舶与海洋技术 液压铰链防水防火门	ISO 17941:2015 Ships and marine technology-Hydraulic hinged watertight fireproof doors	2015	
10	ISO 17939:2015 船舶与海洋技术 油箱舱口	ISO 17939:2015 Ships and marine technology-Oil tank hatches	2015	
11	ISO 20313:2018 船舶与海洋技术 船舶的阴极保护	ISO 20313:2018 Ships and marine technology-Cathodic protection of ships	2018	
12	ISO 21635:2018 船舶与海洋技术 船用 LNG 储罐用高锰奥氏体钢规范	ISO 21635:2018 Ships and marine technology-Specification of high manganese austenitic steel used for LNG tanks on board ships	2018	

续表

序号	标准名称(中文)	标准名称(英文)	发布年份	技术委员会
13	ISO 23430:2019 船舶与海洋技术 船用 LNG 储罐用高锰奥氏体钢薄带规范	ISO 23430:2019 Ships and marine technology-Specification of high manganese austenitic steel thin strips used for LNG tanks on board ships	2019	SC 8 船舶设计
14	ISO 14886:2014 船舶与海洋技术 大型游艇 FRP 游艇的结构防火保护	ISO 14886:2014 Ships and marine technology -Large yachts-Structural fire protection for FRP yachts	2014	SC 12 大型游艇
15	ISO 21173:2019 潜水器 水压力试验 耐压船体和浮力材料	ISO21173:2019 Submersibles-Hydrostatic pressure test-Ressure hull and buoyancy materials	2019	SC 13 海洋技术

3)ISO/TC 17

该委员会成立于 1947 年，由日本工业标准委员会(JISC)担任秘书处，截至 2022 年 6 月，该技术委员会下设 13 个分技术委员会、12 个工作组。其中，该技术委员会的职责范围：铸钢、锻钢和冷成型钢领域的标准化，包括压力用钢管的技术交付条件。其发布的标准如表 2.13 所示。

表 2.13 ISO/TC 17 相关标准

序号	标准名称(中文)	标准名称(英文)	发布年份	技术委员会
1	ISO 657-18:1980 热轧型钢 第 18 部分：造船用 L 型钢(公制系列) 尺寸、截面性能和公差	ISO 657-18:1980 Hot-rolled steel sections-Part 18: L sections for shipbuilding (metric series)-Dimensions, sectional properties and tolerances	1980	SC 3 结构用钢
2	ISO 19203:2018 桥梁电缆用热浸镀锌和镀铝锌高强钢丝规格	ISO 19203:2018 Hot-dip galvanized and zinc-aluminium coated high tensile steel wire for bridge cables-Specifications	2018	SC 17 钢丝杆和线材产品

4)ISO/TC 188

该技术委员会成立于1984 年,由瑞典标准研究所(SIS)担任秘书处,截至 2022 年 6 月,包括 22 个成员、23 个观察员,下设 1 个机构、13 个工作组。其职责范围：休闲艇和其他使用类似设备的小艇的设备和结构细节的标准化,船体长度不超过 24 m。其发布的标准如表 2.14 所示。

表 2.14 ISO/TC 188 相关标准

序号	标准名称(中文)	标准名称(英文)	发布年份	技术委员会
1	ISO 12215-3:2002 小型船舶 船体结构和尺寸 第 3 部分:材料:钢、铝合金、木材、其他材料	ISO 12215-3:2002 Small craft-Hull construction and scantlings-Part3: Materials: Steel, aluminum alloys, wood, other materials	2002	TC 188
2	ISO 12215-10:2020 小型船舶 船体结构和构件 第 10 部分:帆船中的钻机载荷和钻机附件	ISO 12215-10:2020 Small craft-Hull construction and scantlings-Part 10: Rig loads and rig attachment in sailing craft	2020	

2. 国际电工委员会

目前,国际电工委员会(International Electro technical Commission,IEC)的标准制修订任务覆盖电子、电磁、电工、电气、电信、能源生产和分配等所有电工技术领域。此外,在上述领域中的一些通用基础工作方面,IEC 也制定相应的国际标准,如术语和图形符号、测量和性能、可靠性,设计开发、安全和环境等。目前,IEC 共有现行标准近 5100 个,已被世界各国普遍采用。

IEC TC 88 风能发电系统技术委员会,其职责范围包括风力涡轮机、陆上和海上风力发电站以及与供应能源的电力系统的互动。这些标准涉及场地适用性和资源评估、设计要求、工程完整性、建模要求、测量技术、测试程序、运行和维护。它们的目的是为设计、质量保证和技术方面的认证提供一个基础。这些标准涉及特定场地条件、风力涡轮机和风力发电厂的所有系统和子系统,如机械和电气系统、支撑结构、控制和保护以及用于监测、集中和分布式控制和评估的通信系统,风力发电厂并网要求的实施,以及风力发电发展的环境方面。其发布的标准如表 2.15 所示。

IEC TC 114 海洋能源——波浪、潮汐和其他水流转换器分技术委员会,其职责范围包括制定海洋能源转换系统的国际标准。主要关注点是将波浪、潮汐和其他水流能量转换为电能,但也包括其他转换方法、系统和产品。具体包括:术语;技术和项目开发的管理计划;船用能量转换器的性能测量;资源评估;设计和安全性,包括可靠性和生存能力;部署、调试、操作、维护、回收和退役电气接口,包括阵列集成和/或电网集成；测试实验室、制造和工厂验收；额外的测量方法和过程。其发布的标准如表 2.15 所示。

表 2.15　IEC 相关标准

序号	标准名称（中文）	标准名称（英文）	发布年份	技术委员会
1	IEC 61400-4:2012 风力涡轮机 第 4 部分：风力涡轮机齿轮箱的设计要求	IEC 61400-4:2012 Wind turbines–Part 4: Design requirements for wind turbine gearboxes	2012	
2	IEC 61400-2:2013 风力涡轮机 第 2 部分：小型风力涡轮机	IEC 61400-2:2013 Wind turbines–Part 2: Small wind turbines	2013	
3	IEC 61400-23:2014 风力涡轮机 第 23 部分：转子叶片结构的全面测试	IEC 61400-23:2014 Wind turbines–Part 23: Full-scale structural testing of rotor blades	2014	
4	IEC 61400-3-1:2019 风能发电系统 第 3-1 部分：固定式海上风力涡轮机的设计要求	IEC 61400-3-1:2019 Wind energy generation systems–Part 3-1: Design requirements for fixed offshore wind turbines	2019	TC 88
5	IEC TS 61400-3-2:2019 风能发电系统 第 3-2 部分：浮式海上风力涡轮机的设计要求	IEC TS 61400-3-2:2019 Wind energy generation systems–Part 3-2: Design requirements for floating offshore wind turbines	2019	
6	IEC 61400-1:2019 RLV 风能发电系统 第 1 部分：设计要求	IEC 61400-1:2019 RLV Redline version Wind energy generation systems–Part 1: Design requirements	2019	
7	IEC 61400-5:2020 风能发电系统 第 5 部分：风力涡轮机叶片	IEC 61400-5:2020 Wind energy generation systems–Part 5: Wind turbine blades	2020	
8	IEC 61400-6:2020 风能发电系统 第 6 部分：塔和基础设计要求	IEC 61400-6:2020 Wind energy generation systems–Part 6: Tower and foundation design requirements	2020	
9	IEC TS 62600-20:2019 海洋能 波浪、潮汐和其他水流转换器 第 20 部分：海洋热能转换（OTEC）工厂的设计和分析 一般指南	IEC TS 62600-20:2019 Marine energy–Wave, tidal, and other water current converters–Part 20: Design and analysis of an Ocean Thermal Energy Conversion（OTEC）plant–General guidance	2019	TC 114
10	IEC TS 62600-2:2019 海洋能源 波浪、潮汐和其他水流转换器 第 2 部分：海洋能源系统 设计要求	IEC TS 62600-2:2019 Marine energy–Wave, tidal and other water current converters–Part 2: Marine energy systems–Design requirements	2019	

3. 欧盟标准

欧盟标准制定机构主要是欧洲电工标准化委员会（CENELEC）和欧洲标准化委员会（CEN）以及它们的联合机构 CEN/CENELEC。欧盟标准大部分会和国际标准化组织制定的标准等效，具体如表 2.16 所示。

表 2.16 欧盟相关标准

序号	标准名称(中文)	标准名称(英文)	发布年份
1	EN ISO 11306: 1998 金属和合金的腐蚀 暴露和评估地表海水中金属和合金的指南	EN ISO 11306:1998 Corrosion of metals and alloys–Guidelines for exposing and evaluating metals and alloys in surface sea water	1998
2	EN ISO 13703:2000 石油和天然气工业海上生产平台管道系统的设计和安装	EN ISO 13703:2000 Petroleum and natural gas industries–Design and installation of piping systems on offshore production platforms	2000
3	EN 12495:2000 海上固定钢结构的阴极保护	EN 12495:2000 Cathodic protection for fixed steel offshore structures	2000
4	EN 12474:2001 海底管道的阴极保护	EN 12474:2001 Cathodic protection for submarine pipelines	2001
5	EN 13173:2001 钢制海上浮式结构的阴极保护	EN 13173:2001 Cathodic protection for steel offshore floating structures	2001
6	EN 10225:2001 海上固定结构用可焊结构钢 技术交货条件	EN 10225:2001 Weldable structural steels for fixed offshore structures–Technical delivery conditions	2001
7	EN 10288:2002 陆上和海上管道用钢管和管件 外部两层挤出聚乙烯基涂层	EN 10288:2002 Steel tubes and fittings for onshore and offshore pipelines–External two layer extruded polyethylene based coatings	2002
8	EN 10289:2002 用于陆上和海上管道的钢管和管件 外部液体应用环氧树脂和环氧树脂改性涂料	EN 10289:2002 Steel tubes and fittings for onshore and offshore pipelines–External liquid applied epoxy and epoxy-modified coatings	2002
9	EN 10290:2002 陆上和海上管道用钢管和管件 外部液体应用聚氨酯和聚氨酯改性涂层	EN 10290:2002 Steel tubes and fittings for onshore and offshore pipelines–External liquid applied polyurethane and polyurethane-modified coatings	2002
10	EN 10301:2003 用于陆上和海上管道的钢管和管件 用于减少非腐蚀性气体输送的摩擦的内涂层	EN 10301:2003 Steel tubes and fittings for on and offshore pipelines–Internal coating for the reduction of friction for conveyance of non corrosive gas	2003
11	EN 10310:2003 陆上和海上管道用钢管和管件 内部和外部聚酰胺粉末基涂料	EN 10310:2003 Steel tubes and fittings for onshore and offshore pipelines–Internal and external polyamide powder based coatings	2003
12	EN 10298:2005 岸上和海上管道用钢管和管件 水泥砂浆内衬	EN 10298:2005 Steel tubes and fittings for onshore and offshore pipelines–Internal lining with cement mortar	2005
13	EN 10300:2005 陆上和海上管道用钢管和管件 外涂层用沥青热涂材料	EN 10300:2005 Steel tubes and fittings for onshore and offshore pipelines–Bituminous hot applied materials for external coating	2005
14	EN 10339:2007 用于陆上和海上输水管道的钢管 用于防腐蚀的内部液体应用环氧树脂衬里	EN 10339:2007 Steel tubes for onshore and offshore water pipelines–Internal liquid applied epoxy linings for corrosion protection	2007

续表

序号	标准名称(中文)	标准名称(英文)	发布年份
15	EN ISO 13703:2000/AC:2007 石油和天然气工业 海上生产平台管道系统的设计和安装	EN ISO 13703:2000/AC:2007 Petroleum and natural gas industries–Design and installation of piping systems on offshore production platforms	2007
16	EN ISO 13628-11:2008 石油和天然气工业 海底生产系统的设计和操作 第11部分：海底和海洋应用的柔性管道系统	EN ISO 13628-11:2008 Petroleum and natural gas industries–Design and operation of subsea production systems–Part 11: Flexible pipe systems for subsea and marine applications	2008
17	EN 10300:2008 陆上和海上管道用钢管和管件 外涂层用沥青热涂材料	EN 10300:2008 Steel tubes and fittings for onshore and offshore pipelines–Bituminous hot applied materials for external coating	2008
18	EN 61400-3:2009 风力涡轮机 第3部分：海上风力涡轮机的设计要求	EN 61400-3:2009 Wind turbines–Part 3: Design requirements for offshore wind turbines	2009
19	EN ISO 13624-1:2009 石油和天然气工业 钻井和生产设备 第1部分：海洋钻井隔水管设备的设计和操作	EN ISO 13624-1:2009 Petroleum and natural gas industries–Drilling and production equipment–Part 1: Design and operation of marine drilling riser equipment	2009
20	EN 16222:2012 船体阴极保护	EN 16222:2012 Cathodic protection of ship hulls	2012
21	EN ISO 13174:2012 港口设施的阴极保护	EN ISO 13174:2012 Cathodic protection of harbour installations	2012
22	EN 61400-4:2013 风力涡轮机 第4部分：风力涡轮机齿轮箱的设计要求	EN 61400-4:2013 Wind turbines–Part 4: Design requirements for wind turbine gearboxes	2013
23	EN 13195:2013 铝和铝合金 船舶应用(造船、船舶和海上)的锻造和铸造产品规范	EN 13195:2013 Aluminium and aluminium alloys–Specifications for wrought and cast products for marine applications (shipbuilding, marine and offshore)	2013
24	EN 12473:2014 海水阴极保护的一般原则	EN 12473:2014 General principles of cathodic protection in seawater	2014
25	EN ISO 15589-2:2014 石油、石化和天然气工业 管道运输系统的阴极保护 第2部分：海上管道	EN ISO 15589-2:2014 Petroleum, petrochemical and natural gas industries–Cathodic protection of pipeline transportation systems–Part 2: Offshore pipelines	2014
	EN ISO 12696:2016 混凝土中钢材的阴极保护	EN ISO 12696:2016 Cathodic protection of steel in concrete	2016
26	EN 711:2016 内河航行船舶 甲板和侧甲板的栏杆 要求、设计和类型	EN 711:2016 Inland navigation vessels-Railings for decks and side decks–Requirements, designs and types	2016
27	EN ISO 12944-9: 2018 油漆和清漆 防护漆系统对钢结构的腐蚀防护 第9部分：海上和相关结构的防护漆系统和实验室性能测试方法	EN ISO 12944-9: 2018 Paints and varnishes–Corrosion protection of steel structures by protective paint systems–Part 9: Protective paint systems and laboratory performance test methods for offshore and related structures	2018

续表

序号	标准名称(中文)	标准名称(英文)	发布年份
28	EN IEC 61400-3-1:2019 风能发电系统 第3-1部分:固定式海上风力涡轮机的设计要求	EN IEC 61400-3-1:2019 Wind energy generation systems–Part 3-1: Design requirements for fixed offshore wind turbines	2019
29	EN 10225-1:2019海上固定结构用可焊接结构钢 交货技术条件 第1部分:板	EN 10225-1:2019 Weldable structural steels for fixed offshore structures–Technical delivery conditions–Part 1: Plates	2019
30	EN 10225-2:2019海上固定结构用可焊接结构钢 交货技术条件 第2部分:型材	EN 10225-2:2019 Weldable structural steels for fixed offshore structures–Technical delivery conditions–Part 2: Sections	2019
31	EN 10225-3:2019海上固定结构用可焊接结构钢 交货技术条件 第3部分:热加工空心型材	EN 10225-3:2019 Weldable structural steels for fixed offshore structures–Technical delivery conditions–Part 3: Hot finished hollow sections	2019
32	EN 10225-4:2019海上固定结构用可焊接结构钢 交货技术条件 第4部分:冷弯焊接空心型材	EN 10225-4:2019 Weldable structural steels for fixed offshore structures–Technical delivery conditions–Part 4: Cold formed welded hollow sections	2019
33	EN ISO 18647:2019 石油和天然气行业海上固定平台的模块化钻机	EN ISO 18647:2019 Petroleum and natural gas industries–Modular drilling rigs for offshore fixed platforms	2019
34	EN IEC 61400-3-1:2019/A11:2020 风能发电系统 第3-1部分:固定式海上风力涡轮机的设计要求	EN IEC 61400-3-1:2019/A11:2020 Wind energy generation systems–Part 3-1: Design requirements for fixed offshore wind turbines	2020
35	EN 17243:2020 金属罐、结构、设备和含有海水的管道内表面的阴极保护	EN 17243:2020 Cathodic protection of internal surfaces of metallic tanks, structures, equipment, and piping containing seawater	2020
36	EN 16228-1:2014+A1:2021 钻井和基础设备 安全 第1部分:通用要求	EN 16228-1:2014+A1:2021 Drilling and foundation equipment–Safety–Part 1: Common requirements	2021
37	EN ISO 15741:2021 油漆和清漆 用于非腐蚀性气体的陆上和海上钢管内部的减摩涂层	EN ISO 15741:2021 Paints and varnishes–Friction-reduction coatings for the interior of on- and offshore steel pipelines for non-corrosive gases	2021
38	EN ISO 24656:2022 海上风电结构的阴极保护	EN ISO 24656:2022 Cathodic protection of offshore wind structures	2022

4. 美国材料与试验协会

美国材料与试验协会(American Society for Testing and Materials,ASTM)是当前世界上最大的标准发展机构之一,是一个独立的非营利性机构。ASTM 的会员已近34000个,其中约4000个来自美国以外的上百个国家。目前为止,ASTM 已制定 10000 多项标准。其发布的标准如表 2.17 所示。

表 2.17　ASTM 相关标准

序号	标准名称（中文）	标准名称（英文）	发布年份
1	ASTM B928/B928M-15 用于海运和类似环境的高镁铝合金产品的标准规范	ASTM B928/B928M-15 Standard specification for high magnesium aluminum-alloy products for marine service and similar environments	2016
2	ASTM F821/F821M-01（2018）船用钢制室内门和框架的标准规范	ASTM F821/F821M-01（2018）Standard specification for domestic use doors and frames, steel, interior, marine	2018
3	ASTM F2936-12（2018）e1 铸钢船坞的标准规范	ASTM F2936-12（2018）e1 Standard specification for chocks, ship mooring, cast steel	2018
4	ASTM D6255/D6255M-18 钢制或铝制开槽角形板条箱的标准规格	ASTM D6255/D6255M-18 Standard specification for steel or aluminum slotted angle crates	2018
5	ASTM A338-84（2018）用于温度高达 650℉（345 ℃）的铁路、海运和其他重载服务的可锻铸铁法兰、管件和阀件的标准规范	ASTM A338-84（2018）Standard specification for malleable iron flanges, pipe fittings, and valve parts for railroad, marine, and other heavy-duty service at temperatures up to 650 ℉（345 ℃）	2018
6	ASTM A131/A131M-19 船舶结构钢标准规范	ASTM A131/A131M-19 Standard specification for structural steel for ships	2019
7	ASTM C929-14（2019）与奥氏体不锈钢接触使用的隔热材料的搬运、运输、装运、储存、接收和应用的标准规程	ASTM C929-14（2019）Standard practice for handling, transporting, shipping, storage, receiving, and application of thermal insulation materials for use in contact with austenitic stainless steel	2019
8	ASTM A690/A690M-13a（2018）用于海洋环境的高强度低合金镍、铜、磷钢 H 型桩和钢板桩的抗大气腐蚀标准规范	ASTM A690/A690M-13a（2018）Standard specification for high-strength low-alloy nickel, copper, phosphorus steel H-piles and sheet piling with atmospheric corrosion resistance for use in marine environments	2018
9	ASTM G78-20 海水和其他含氯化物水环境中铁基和镍基不锈钢合金缝隙腐蚀试验的标准指南	ASTM G78-20 Standard guide for crevice corrosion testing of iron-base and nickel-base stainless alloys in seawater and other chloride-containing aqueous environments	2020
10	ASTM A945/A945M-16（2021）用于改善焊接性、成型性和韧性的低碳限硫高强度低合金结构钢板标准规范	ASTM A945/A945M-16（2021）Standard specification for high-strength low-alloy structural steel plate with low carbon and restricted sulfur for improved weldability, formability, and toughness	2021
11	ASTM F1455-92（2022）船舶建造的结构细节选择标准指南	ASTM F1455-92（2022）Standard guide for selection of structural details for ship construction	2022

5. 其他标准

英国标准协会(British Standards Institution，BSI)是世界上第一个国家标准机构，也是全球领先的标准制定者。BSI 标准列表包含 50000 多个标准和出版物。BSI 标准由自主开发（开头仅有 BS）、采自欧盟标准（BS EN 开头）、采自国际标准（BS ISO 或 BS IEC 开头）等组成。BSI 及挪威相关标准如表 2.18 所示。

表 2.18 BSI 及挪威相关标准

序号	标准名称(中文)	标准名称(英文)	发布年份	颁发机构
1	BS 4515-2:1999 陆地和海上钢质管道焊接规范 双相不锈钢管道	BS 4515-2:1999 Specification for welding of steel pipelines on land and offshore–Duplex stainless steel pipelines	1999	英国标准协会(BSI)
2	BS 4515-1:2009 陆地和海上钢管焊接规范 碳素和碳锰钢管	BS 4515-1:2009 Specification for welding of steel pipelines on land and offshore–Carbon and carbon manganese steel pipelines	2009	
3	BS ISO 21062 金属和合金的腐蚀 模拟海洋环境下混凝土中嵌入钢筋腐蚀速率的测定	BS ISO 21062 Corrosion of metals and alloys–Determination of corrosion rates of the embedded steel reinforcement in concrete exposed to the simulated marine environments	2018	
4	BS ISO 23226:2020 金属和合金的腐蚀 暴露在深海水中的金属和合金的腐蚀试验指南	BS ISO 23226:2020 Corrosion of metals and alloys–Guidelines for the corrosion testing of metals and alloys exposed in deep-sea water	2020	
5	N-001 海上结构的完整性	N-001 Integrity of offshore structures	2020	挪威
6	N-003 动作和动作效果	N-003 Actions and action effects	2017	
7	N-004 钢结构设计	N-004 Design of steel structures	2021	
8	N-005 结构和海事系统的在役完整性管理	N-005 In-service integrity management of structures and maritime systems	2017	
9	N-006 现有海上承重结构的结构完整性评估	N-006 Assessment of structural integrity for existing offshore load-bearing structures	2015	
10	M-102 结构铝制造	M-102 Structural aluminium fabrication	2015	
11	M-120 结构钢的材料数据表	M-120 Material data sheets for structural steel	2021	
12	M-121 铝结构材料	M-121 Aluminium structural material	2015	
13	M-122 铸钢结构	M-122 Cast structural steel	2012	
14	M-123 锻造结构钢	M-123 Forged structural steel	2012	
15	M-501 表面处理和保护涂层	M-501 Surface preparation and protective coating	2012	
16	M-503 阴极保护	M-503 Cathodic protection	2015	

6. 国内相关标准

(1)中华人民共和国国家标准,简称国标,是包括语编码系统的国家标准码,由在国际标准化组织(ISO)和国际电工委员会(IEC)代表中华人民共和国的会员机构——国家标准化管理委员会发布。强制性国家标准的代号为"GB",推荐性国家标准的代号为"GB/T"。

(2)行业标准是指在全国某个行业范围内统一的标准。行业标准由国务院有关行政主管部门制定,并报国务院标准化行政主管部门备案。当同一内容的国家标准公布后,则该内容的行业标准即行废止。行业标准由行业标准归口部门统一管理。行业标准的归口部门及其所管理的行业标准范围,由国务院有关行政主管部门提出申请报告,国务院标准化行政主管部门审查确定,并公布该行业的行业标准代号。

(3)地方标准是由地方(省、自治区、直辖市)标准化主管机构或专业主管部门批准、发布,在某一地区范围内统一的标准。

我国发布的海洋结构材料相关标准如表 2.19 所示。

表 2.19　我国海洋结构材料相关标准

序号	标准名称	标准号	发布年份	标准类型	归口单位
1	船舶及海洋工程阳极屏涂料通用技术条件	GB/T 7788—2007	2007	国标	全国涂料和颜料标准化技术委员会
2	船舶及海洋工程用金属材料在天然环境中的海水腐蚀试验方法	GB/T 6384—2008	2008	国标	全国海洋船标准化技术委员会
3	不锈钢复合钢板焊接技术要求	GB/T 13148—2008	2008	国标	
4	钛及钛合金复合钢板焊接技术要求	GB/T 13149—2009	2009	国标	
5	造船与海上结构物 受拉伸负荷的眼板和叉头组件 主要尺寸	GB/T 23427—2009	2009	国标	
6	船用金属材料电偶腐蚀试验方法	GB/T 15748—2013	2013	国标	
7	船舶与海上技术 大型游艇FRP 艇结构防火	GB/T 33486—2017	2017	国标	

序号	标准名称	标准号	发布年份	标准类型	归口单位
8	自升式钻井平台结构材料设计细则	GB/T 37331—2019	2019	国标	
9	船舶及海洋工程腐蚀与防护术语	GB/T 12466—2019	2019	国标	全国海洋船标准化技术委员会
10	船舶钢焊缝超声相控阵检测方法	GB/T 39211—2020	2020	国标	
11	石油和天然气工业 用于海底和海洋立管的挠性管系统	GB/T 20661—2006	2006	国标	
12	石油天然气工业 海洋结构的一般要求	GB/T 23511—2009	2009	国标	
13	石油天然气工业 油气井套管或油管用钢管	GB/T 19830—2017	2017	国标	
14	石油天然气工业 海上浮式结构 第1部分：单体船、半潜式平台和深吃水立柱式平台	GB/T 35989.1—2018	2018	国标	全国石油天然气标准化技术委员会
15	石油天然气工业 海洋结构的通用要求	GB/T 23511—2021	2021	国标	
16	绿色设计产品评价技术规范 船舶及海洋工程用钢板和钢带	YB/T 4949—2021	2021	行标	
17	船舶用碳钢和碳锰钢无缝钢管	GB/T 5312—2009	2009	国标	
18	船舶及海洋工程用结构钢	GB/T 712—2011	2011	国标	
19	海洋石油平台用热轧 H 型钢	YB/T 4274—2012	2012	行标	
20	海洋平台结构用钢板	YB/T 4283—2012	2012	行标	
21	船用锚链圆钢	GB/T 18669—2012	2012	国标	全国钢标准化技术委员会
22	海水淡化装置用不锈钢焊接钢管	GB/T 32569—2016	2016	国标	
23	模拟海洋环境钢筋耐蚀试验方法	GB/T 31933—2015	2015	国标	
24	原油船货油舱用耐腐蚀钢板	GB/T 31944—2015	2015	国标	
25	船舶用不锈钢无缝钢管	GB/T 31928—2015	2015	国标	

续表

序号	标准名称	标准号	发布年份	标准类型	归口单位
26	船舶用不锈钢焊接钢管	GB/T 31929—2015	2015	国标	
27	评估海洋环境中混凝土结构钢筋锈蚀速率的对比试验方法	YB/T 4454—2015	2015	行标	
28	钢铁行业海水淡化技术规范 第 1 部分：低温多效蒸馏法	GB/T33463.1—2017	2017	国标	
29	海洋工程结构用无缝钢管	GB/T 34105—2017	2017	国标	
30	海洋工程混凝土用高耐蚀性合金带肋钢筋	GB/T 34206—2017	2017	国标	全国钢标准化技术委员会
31	海洋工程结构用热轧 H 型钢	GB/T 34103—2017	2017	国标	
32	原油船货油舱用耐腐蚀热轧型钢	GB/T 33976—2017	2017	国标	
33	船舶及海洋工程用低温韧性钢	GB/T 37602—2019	2019	国标	
34	海洋工程桩用焊接钢管	GB/T 37636—2019	2019	国标	
35	船用高强度止裂钢板	GB/T 38277—2019	2019	国标	
36	海洋平台结构用中锰钢钢板	GB/T 38713—2020	2020	国标	
37	海洋钢铁构筑物复层矿脂包覆防腐蚀技术	GB/T 32119—2015	2015	国标	全国腐蚀控制标准化技术委员会
38	海洋用钢结构高速电弧喷涂耐蚀作业技术规范	GB/T 37309—2019	2019	国标	
39	海洋工程用硫铝酸盐水泥修补胶结料	GB/T 39711—2020	2020	国标	全国水泥标准化技术委员会
40	石油天然气钻采设备 海洋石油半潜式钻井平台 第 1 部分：功能配置和设计	GB/T41066.1—2021	2021	国标	全国石油钻采设备和工具标准化技术委员会
41	海水淡化装置用铜合金无缝管	GB/T 23609—2009	2009	国标	全国有色金属标准化技术委员会
42	船用铝合金挤压管、棒、型材	GB/T 26006—2010	2010	国标	
43	海水输送用合金钢无缝钢管	GB/T 30070—2013	2013	国标	

续表

序号	标准名称	标准号	发布年份	标准类型	归口单位
44	船用铝合金板材	GB/T 22641—2020	2020	国标	全国有色金属标准化技术委员会
	舰船用铜镍合金无缝管	GB/T 26291—2020	2020	国标	
45	船用超低温不锈钢承插焊接头	GB/T 27890—2011	2011	国标	全国船用机械标准化技术委员会
46	碳素结构钢	GB/T 700—2006	2006	国标	中国钢铁工业协会
47	低合金高强度结构钢	GB/T 1591—2018	2018	国标	
	海洋工程管道系统用铜镍合金焊接管	YS/T 1438—2021	2021	行标	工业和信息化部
48	船体结构钢质护舷材	CB/T 3277—2008	2008	行标	中国船舶工业综合技术经济研究院
49	海洋钢筋混凝土结构重防腐涂料评价方法	DB37/T 2318—2013	2013	地标	山东省化工标准化技术委员会
50	海洋钢结构浪花飞溅区复层矿脂包覆防腐技术规程	DB37/T 2319—2013	2013	地标	
51	海洋工程不锈钢钢筋应用技术规范	DB44/T 2294—2021	2021	地标	广东省市场监督管理局

2.4.2 国内外海洋结构材料标准化比较

从国外海洋结构材料标准来看，ISO 和 IEC 作为国际标准化组织，相关标准详细且全面，具体表现在设置了多个相关分技术委员会以及工作组，这为制定相关标准提供了平台支持；同时，标准内容涉及海洋结构材料设计、制造、安装、保护等多个阶段，涵盖了船舶、钻井平台、套管、油管、钻杆、液化天然气等多个领域方向，包含海洋结构材料的选择、焊接、检测、涂层、回收等多个环节流程。欧盟标准作为区域性标准，依据国际标准制定了本区域内的相关标准，非常重视与国际标准的采用和接轨。英国、美国和挪威作为海洋大国和海洋强国，以先进的海洋结构材料技术为支撑，同步制定了大量相关标准用于不同行业领域。

相比于国外海洋结构材料，国内相关标准有以下特点：首先，我国海洋结构材料相关标准具有显著的可获得性和公开性。除受知识产权保护不予公开的内容之外，我国与海洋结构材料相关标准可在官网公开获取全文，这是我国所具有的而其他国际组织和国家相关标准所不具备的特色优势，这对于我国海洋结构材料的发展具有重要推动作用。其次，我国海洋结构材料相关标准具有明显的行业属性和多部门协同性，标准内容涉及涂料和颜料、海洋船舶、石油天然气、钢铁工业、腐蚀控制、水泥、石油钻采设备和工具、有色金属、船用机械等多个领域和行业，这表明我国相关标准的制定主体来自多个行业和领域，具有鲜明的多部门协同性。最后，我国海洋结构材料相关标准体系较为完善。除了国家标准之外，还有行业标准、地方标准等多项配套标准，这些标准共同组成了我国标准化体系，为推动我国标准化体系建设和增强我国标准化国际话语权提供了有力支持。

与其他海洋强国相比，我国在海洋结构材料方面的相关标准可能存在以下不足：一是在相关标准数量方面，我国海洋结构材料相关标准数量还较少，可能与海洋产业发展状况有关，随着我国海洋产业的不断发展，需要制定相应的符合我国特色的标准；二是在相关标准内容方面，可能亟需拓展，目前我国相关标准主要集中在船舶、石油天然气、海洋石油平台、混凝土等海洋工程方面，而在其他领域，如高性能钢、铝合金和镁合金的铸造、焊接等方面与其他海洋强国存在较大差距。以上内容不仅是我国海洋结构材料亟待提升的地方，也是我国海洋结构材料相关标准重点发展方向。

2.4.3　主要结论

通过国内外海洋结构材料相关标准对比分析，国外相关标准涵盖了海洋结构材料多个领域，为推动世界海洋结构材料的发展起到了重要作用。作为海洋大国，我国的海洋结构材料取得了巨大进步，相关标准取得了长足进步，标准数量和标准内容不断丰富。积极采纳 ISO 等国际标准，不断与国际接轨，同时，主动参与ISO 以及相关标准的制定，极大地提升了我国在海洋结构材料领域的参与度和影响力。但与世界其他海洋强国相关标准相比，我国在海洋结构材料方面的相关标准不管在数量上还是在影响力上均存在较大差距，仍处在"跟跑状态"，反映出我国海洋结构材料存在极大的提升空间。

2.5 本章小结

本章从海洋结构材料的发展与前沿技术、科技文献计量、专利计量以及国内外标准发展状况等四个维度分析了全球范围内海洋结构材料的发展趋势、主要研发国家和机构及其关键研究领域和技术布局等方面。基于上述分析，得出以下结论：

(1)我国相关技术取得了重要进展。海洋结构材料的发展现状和前沿技术，重点聚焦于海洋结构材料领域的高性能钢铁材料、铝及铝合金、钛及钛合金这三方面，并阐述了三者前沿技术和应用领域，以及我国这三方面取得的成就，如ADCOS、ADCOS-PM、ADCOS-BM、ADCOS-HSM 等系统。

(2)我国创新实力不断增强。通过对科学文献的计量分析，揭示了世界海洋结构材料的主要研发机构及其关键技术、最新研发技术以及核心技术等内容，分析了我国在海洋结构材料领域的优势与劣势，验证了我国已成为海洋结构材料领域的主要创新力量。我国相关研究的重点领域：一是海洋结构材料的涂层方面，如铝合金涂层、高性能钢铁涂层；二是海洋结构材料的耐腐蚀性方面，如钛合金的抵御微生物的耐腐蚀性、电化学防腐、阳极保护、纯铝腐蚀、铝合金耐腐性、钛合金腐蚀、高级耐候钢和高强度钢的应力腐蚀、低密度钢的耐腐蚀性等；三是海洋结构材料的承压方面，如铝合金、钛合金等深海承压和耐疲劳性能；四是轻合金铸造技术，如高强度铝合金铸造技术。重要发文机构有中国科学院、北京科技大学、东北大学、西北有色金属研究所、中南大学、洛阳船舶材料研究所等高校或研究机构。

(3)我国相关技术有待提高。通过专利战略对全球海洋结构材料领域的技术创新进行评估，分析了该领域专利技术分布、主要国家及其技术布局、前 15 位专利权人以及重点技术分布、近几年的新型技术，发现相较于其他专利权人，我国相关技术专利虽然在申请量方面位居全球第二，但仅有 1 位专利权人位居前十五，与其他国家存在较大差距。此外，我国相关专利申请主要集中在铝合金、钛合金以及金属防腐方面，而在高性能钢铁铸造、铝合金和钛合金的焊接等方面存在较大提升空间。建议强化专利的海外保护意识，重视全球专利布局和专利合作条例（Patent Cooperation Treaty，PCT）。积极拓展海外市场，主动构建国外专利保护网，有效规避国外竞争对手的不正当竞争，为国内相关专利在国外的应用提供保障，进一步提升我国相关专利在海外的竞争力。

(4)我国相关标准缺乏影响力。我国相关标准尽管有多层标准体系，但多聚焦于技术规范、设计准则等方面，标准制定更偏向船舶、石油天然气、海洋石油平台、混凝土等海洋工程方面，而缺乏其他领域相关标准，如高性能钢、铝合金和镁合金的铸造、焊接等方面相关标准。与国外相关标准相比，我国相关标准在数量和内容上存在不足。

(5)加强国际合作，提升专利海外布局意识，提升现有相关标准国际影响力，并加快制定一批具有国际话语权的相关标准。综合分析，我国在海洋结构材料领域的创新实力并不弱，但要从实验室走向工厂，实现技术的产品化、产业化、商业化仍然有不小的距离。因此，需要与国外其他机构进行合作，一方面提升产品的市场化、产业化和商业化程度，另一方面加强高性能钢铁、焊接等领域技术创新；还需要进一步完善我国海洋结构材料标准体系，及时掌握相关前沿技术的竞争格局和市场发展的壁垒，提前做好海洋结构材料的前沿技术开发及市场化标准化应用。

第3章　海洋腐蚀防护材料及科技创新发展

3.1　海洋腐蚀防护材料发展现状与前沿技术

腐蚀是指材料在其周围环境的作用下引起的破坏或变质现象[①]。在众多腐蚀环境中，海水环境被认为最为恶劣也最复杂、变化最大，温度、湿度、海水中的盐度以及碳酸钙含量都是影响腐蚀速度的重要因素。海水的含盐度一般为 32‰～37‰，pH 为 8～8.2，是天然强电解质溶液，更是一个含有悬浮泥沙、溶解的气体、生物以及腐败的有机物的复杂体系。影响海水腐蚀的因素有化学因素、物理因素和生物因素三类，而且其影响常常是相互关联的，对不同的金属影响不一样，同一海域对同一金属的影响也因金属在海水环境中的部位不同而有异。

3.1.1　海洋腐蚀材料的发展

材料腐蚀将带来严重后果。材料腐蚀将引发材料损耗、资源耗竭、水土环境污染及威胁人类的生命健康，对经济发展和产业发展造成严重损失。据 2001 年美国联邦公路管理局资助的一项"美国的腐蚀成本和预防策略"研究显示，美国每年腐蚀的直接损失高达 2760 亿美元，占 GDP 的 3.1%[②]。全球其他国家或地区的

[①] 王洪奎. 世界腐蚀日及腐蚀防控的思考[J]. 电镀与精饰, 2013, 35(5): 19-22.

[②] Koch G H, Brongers M P H, Thompson N G, et al. Corrosion cost and preventive strategies in the United States[R]. 2002.

研究也显示出类似的结果，腐蚀所造成的直接损失估计超过 1.8 万亿美元[①]。在我国，每年因腐蚀造成的经济损失也达到 3%～5%（GDP）。以 2012 年为例，按照 GDP 的 5%估算，我国当年的腐蚀损失高达 2.6 万亿元，是所有自然灾害损失（0.42 万亿元）的 6 倍多。所有研究都表明，如果采用有效的防腐措施，如采用腐蚀管理、应用耐腐蚀材料、应用先进腐蚀防护技术等，能够降低 25%～30%的腐蚀损失。因此大力发展海洋工程用的防腐材料和技术，对于保障海洋工程和船舶的服役安全与可靠性，减少重大灾害性事故发生，延长海洋构筑物的使用寿命具有意义。

1. 海洋腐蚀

海洋腐蚀与环境密不可分。通常认为海洋腐蚀环境分为海洋大气区、浪花飞溅区、潮差区、海水全浸区和海泥区五个腐蚀区带。有三个腐蚀峰值：第一个峰值发生在平均高潮线以上的浪花飞溅区，在这一区域海水飞溅、干湿交替，氧的供应最充分，同时光照和浪花冲击破坏金属的保护膜，腐蚀最为强烈，年平均腐蚀率为 0.2～0.5 mm，是钢铁设施腐蚀最严重的区域；第二个峰值发生在平均低潮线下 0.5～1.0 m 处，其溶解氧充分、流速较大、水温较高、海生物繁殖快等，年平均腐蚀率为 0.1～0.3 mm；第三个峰值发生在与海泥/海水交界处下方，由于此处容易产生海泥/海水腐蚀电池，年腐蚀率为 0.03～0.07 mm[②]。

影响海水中金属化学腐蚀最重要的因素是海水溶解氧含量。氧作为金属电化学腐蚀过程中阴极反应的去极化剂，对于在海水中不发生钝化的金属，如碳钢、低合金钢等而言，海水中含氧量增加，会加速阴极去极化过程，使金属腐蚀速度加快。盐度是另外一个决定腐蚀速度的因素，其影响机理也与氧有关。水中含盐量直接影响水的电导率和含氧量，随着水中含盐量增加，水的电导率增加而含氧量降低。一般来说，海水的 pH 升高，有利于抑制海水对钢的腐蚀。海水的 pH 主要影响钙质水垢沉积，从而影响海水的腐蚀性。pH 升高，容易形成钙沉积层，海水腐蚀性减弱。在施加阴极保护时，这种沉积层对阴极保护是有利的。

① Schmitt G. Global Needs for Knowledge Dissemination, Research, and Development in Materials Deterioration and Corrosion Control[M]. New York: World Corrosion Organization, 2009.

② 侯保荣. 海洋环境腐蚀规律及控制技术[J]. 科学与管理, 2004, (5): 7-8.

流速和温度是影响金属在海水中腐蚀速度的物理重要因素。流速对腐蚀速度的影响主要在于供氧和破坏防护膜：当流速增加，氧扩散加快，腐蚀速度增大；流速进一步增加，供氧充分，阴极过程受氧的还原控制，腐蚀速度相对稳定；而当流速超过某一临界值时，金属表面的腐蚀产物膜被冲刷，腐蚀速度就会急剧增加。至于海水温度，当温度升高，氧的扩散速度加快，这将促进腐蚀过程的进行，同时，海水中氧的溶解度降低，促进保护性钙质水垢生成，这又会减缓金属在海水中的腐蚀。温度升高的另一效果是促进海洋生物的繁殖和覆盖导致缺氧，或减轻腐蚀(非钝化金属)，或引起点蚀、缝隙腐蚀和局部腐蚀(钝化金属)。

海洋生物的腐蚀影响较为复杂。海洋中与腐蚀关系较大的是附着型生物，最常见的附着生物有两种：硬壳生物(软体动物、藤壶、珊瑚虫等)和无硬壳动物(海藻、水螅等)。海洋生物会导致出现以下几种腐蚀情景：海生物的附着并非完整均匀，内外形成氧浓差电池，引起电化学腐蚀；局部改变了海水介质的成分，造成富氧或酸性环境等，从而引起腐蚀；附着生物穿透或剥落破坏金属表面的保护层和涂层。在海底缺氧的条件下，厌氧细菌(主要是硫酸盐还原菌)导致金属腐蚀。

2. 腐蚀防护

在海洋环境中，应用较多的腐蚀防护方式有表面改性、通过外加电流或牺牲阳极进行阴极保护、使用保护涂层(如油漆)等。

金属表面改性或称金属表面处理，是采用化学物理的方法使材料表面获得与基体材料的不同组织结构、性能的一种技术。对金属表面进行改性及强化可以提高金属材料的强度、硬度、刚性、耐磨性、耐腐蚀等性能。目前对金属材料表面改性及强化方法研究已较为成熟，根据不同金属或合金的特点选择适当的强化方法，如金属表面合金化、制备复相合金、制备表面涂层。

在金属表层覆以非金属材料涂层如喷漆、搪瓷、玻璃、聚酯等，达到隔离金属与媒介，提高耐腐蚀性能的目的。目前，有机涂层防腐是迄今最有效、最经济实用和应用最普遍的方法之一，对在温度较低和腐蚀性一般的介质中使用的化工及石油化工设备有很好的保护作用。因此，近年来有机防腐涂料的发展状况是对传统的有机防腐涂料进行改性，或者开发具有更好的热稳定性和优异耐腐蚀性的新型有机涂料，或者将有机、无机涂料相结合开发出复合防腐涂料。

电化学保护法的作用机理是利用电解池原理转化保护金属的电位，使其发生"钝化"（生成钝化膜）或抑制其腐蚀。其中，保护器保护法常用于蒸汽锅炉的内壁及海上航行的船舶，将锌板与船底部金属直接相连，在海水的作用下锌板作为保护器被逐渐溶解，船底金属作为阴极而免遭腐蚀。外加电源法是金属与外加电源的负极连接，废旧活泼金属与外加电源正极连接，通过"盐桥"在强电解质溶液中形成工业电解池。阳极电保护法是将保护的金属接到外加电源的正极上，使金属"钝化"，如化肥厂在碳铵生产中的碳化塔。气相中阴极保护是采用固体电解质代替外加电源法中的液态电解质，外加阳极电流从阳极层流经过固体电解质流向阴极层流至被保护的结构材料，从而获得保护。

在金属周围介质中加入缓蚀剂能减缓腐蚀，是工业生产中应用最为广泛的保护措施。缓蚀剂在金属表层聚集成吸附膜或难溶物质，使金属表面的电荷状态以及界面性质发生变化的同时，加快极化，形成保护膜，使微电流降到最低。

除了上述直接防止或减缓腐蚀的控制方法外，针对腐蚀的防护还有一些辅助技术，如结构健康监测与检测技术、腐蚀安全评价与寿命评估等。结构健康监测与检测技术是判定腐蚀防护效果、掌握腐蚀动态以及提供进一步腐蚀控制措施决策和安全评价的重要依据；腐蚀安全评价与寿命评估是保障海洋工程结构安全可靠和最初设计时的重要环节。

3.1.2　海洋腐蚀材料前沿技术

1. 金属表面改性技术

对金属表面进行改性及强化，既可以发挥金属基体材料的力学性能，又能使金属材料表面获得耐腐蚀等性能。目前，金属材料表面改性及强化方法研究虽然较为成熟，但是由于合金材料应用场合和工作环境多样化，一些成熟的方法仍需改进。如何在满足表观需求的前提下改善基体表面与强化相的结合，同时提高材料耐腐蚀、抗蚀性、疲劳抗力等综合性能，仍是研究的重点。

1）化学热处理催渗技术

化学热处理是在一定工艺条件下，通过渗入一定的化学元素改变金属表面层的化学成分和性能的一种热处理工艺,这种工艺能够提高金属零件的耐磨性、抗蚀性、疲劳抗力或接触疲劳抗力等性能,并显著延长零件的使用寿命。化学热处理中,常用渗入元素有 C、N、B 以及金属 Al、Cr 等[1],其中渗碳、渗氮技术较多应用于提高钢的抗腐蚀性,Sun[2]采用低温等离子体渗碳技术来提高不锈钢在 0.5 mol/L NaCl 溶液中的腐蚀磨损性能。

缩短工艺周期、降低能耗和成本等工艺技术的提升是化学热处理工艺的重要发展方向,如已提出的物理加速法、化学催渗法等。具体而言,物理加速法有离子处理、高温处理、真空处理、流态粒子处理、感应处理、微波处理等;化学催渗法则包括加入催渗剂、电解气相催渗等。金荣植等[3]、连圣洁热处理科技发展有限公司[4]都曾经研究开发出稀土催渗的相关技术,以提高工件的能效和质量。

2)化学气相沉积技术

化学气相沉积(CVD)技术是通过含有构成薄膜元素的气相化合物、单质与其他气相物质的化学反应产生非挥发性固体物质,并使之以原子态沉积在基底上的技术[5]。CVD 技术所形成的膜层致密均匀,膜层与基体结合牢固,薄膜成分易控,且操作简单、成本低、环境友好、适用范围广,既适合于批量生产,也适合于连续生产。常用 CVD 工艺包括常温常压化学气相沉积(常温常压 CVD)、等离子体增强化学气相沉积(PECVD)、气溶胶辅助化学气相沉积(AACVD)等,如表 3.1 所示。PECVD 是借助外部所加电场的作用引起放电,使原料气体成为等离子体状态,变为化学性质非常活泼的激发分子、原子、离子和原子团等,促进化学反应,在基材表面形成薄膜[6]。AACVD 则是采用黏度很低的溶胶,使胶体粒子在气相条件下发生聚合反应,并在基材表面自组装形成微观粗糙结构,以获得超疏水表面。

① 张代东. 机械工程材料应用基础[M]. 北京: 机械工业出版社, 2009.
② Sun Y. Tribocorrosion behavior of low temperature plasma carburized stainless steel[J]. Surface & Coatings Technology, 2013, 228(228): S342-S348.
③ 金荣植, 刘志儒. 稀土快速渗碳工艺[J]. 金属热处理, 2004, 29(4): 44-47.
④ 田绍洁, 张耀军, 于春梅, 等. 国内外氮化工艺新进展[C]. 第十一次全国热处理大会论文集, 2015.
⑤ 田民波. 化学气相沉积[J]. 表面技术, 1989, (3): 33-37.
⑥ 钱苗根, 姚寿山, 张少宗. 现代表面技术[M]. 北京: 机械工业出版社, 1999.

表 3.1　三种常用 CVD 技术

CVD 工艺	优点	缺点	研究案例
常温常压 CVD	设备简单,沉积薄膜组成及结构可控。成本低、操作简单、制备膜层重复性好、膜层均匀、适用范围广,对基体材料无损害。	制得的超疏水膜层的疏水层很薄,通常为单分子或几个分子层厚度,耐冲击和磨损能力弱,仅能用于不受力的场合。	Yamauchi 等通过 CVD 在奥氏体不锈钢表面沉积类金刚石(DLC)薄膜,研究其在腐蚀溶液中的腐蚀磨损性能[①]。Rezaei 等[②]采用常温常压 CVD 技术,在玻璃、硅片和铝片上成功制得了超疏水膜层,与溶胶-凝胶法制备的超疏水膜层的超疏水性能进行了对比研究。
PECVD	具有常温常压 CVD 技术的绝大多数优点,并且离子体状态会促进化学反应的进行,降低反应发生的温度,缩短反应发生时间。	—	Staia 等[③]通过 PECVD 在 316L 不锈钢上制备 a-C:H 涂层,研究 a-C:H 涂层在 3.5% NaCl 溶液、模拟体液中的腐蚀磨损行为。Ishizaki 等[④]运用 MPECVD 技术在 AZ31 镁合金上制备了超疏水膜层,并进行了腐蚀性能试验。
AACVD	可在任何基材表面制得超疏水膜层,成本低、工艺简单和无需复杂昂贵设备。	—	Crick 等采用 AACVD 技术,将 SYLGARD®184 硅烷弹性体沉积到基体表面,使表面获得超疏水性能,形成热阻性能优良的聚合物[⑤⑥]。Ozkan 等[⑦]采用中子反射技术研究了 AACVD 技术制备的超疏水涂层下基材的腐蚀情况。

3)物理气相沉积技术

物理气相沉积(PVD)技术是利用蒸发或溅射等物理形式将材料从靶源移走,

---

① Yamauchi N, Okamoto A, Tukahara H, et al. Friction and wear of DLC films on 304 austenitic stainless steel in corrosive solutions[J]. Surface & Coatings Technology, 2003, 174(3): 465-469.

② Rezaei S, Manoucheri I, Moradian R, et al. One-step chemical vapor deposition and modification of silica nanoparticles at the lowest possible temperature and superhydrophobic surface fabrication[J]. Chemical Engineering Journal, 2014, 252: 11.

③ Staia M H, Puchi-Cabrera E S, Iost A, et al. Sliding wear of a-C:H coatings against alumina in corrosive media[J]. Diamond and Related Materials, 2013, 38: 39-147.

④ Ishizaki T, Hieda J, Saito N, et al. Corrosion resistance and chemical stability of super-hydrophobic film deposited on magnesium alloy AZ31 by microwave plasma-enhanced chemical vapor deposition[J]. Electrochimica Acta, 2010, 55(23): 7094-7101.

⑤ Crick C R, Parkin I P. Superhydrophobic polymer films via aerosol assisted deposition–Taking a leaf out of nature's book[J]. Thin Solid Films, 2010, 518(15): 4328-4335.

⑥ Crick C R, Ismail S, Pratten J, et al. An investigation into bacterial attachment to an elastomeric superhydrophobic surface prepared via aerosol assisted deposition[J]. Thin Solid Films, 2011, 519(11): 3722-3727.

⑦ Ozkan E, Crick C C, Taylor A, et al. Copper-based water repellent and antibacterial coatings by aerosol assisted chemical vapour deposition[J]. Chemical Science, 2016, 7: 5126.

然后在真空或半真空的环境下使这些携带能量的蒸气粒子沉积到基片或零件表面以形成膜层[1]。常用物理气相沉积包括蒸发镀、溅射、离子镀等。

随着物理气相沉积应用领域的不断扩展，不仅要求其能提供良好的力学性能外，还进一步强调优异的耐腐蚀性能[2]。Wang 等[3]通过等离子体辅助物理气相沉积在 316L 不锈钢表面制备 TiN 薄膜,研究了其在 Hank's 溶液下的腐蚀磨损性能，极大地提高了不锈钢在腐蚀溶液的耐腐蚀性。Gispert 等利用 PVD 在 316L 不锈钢表面制备了 TiN、TiNbN 和 TiCN 薄膜,发现在 Hank's 溶液中沉积的 TiN、TiNbN 和 TiCN 薄膜与未处理的相比摩擦系数更小、磨损量低了 2～3 个数量级，TiN 和 TiCN 薄膜在 Hank's 溶液中的抗腐蚀磨损性能更好[4]。

4) 离子注入技术

离子注入技术是将高能离子注入材料表面，使表面晶体点阵结构发生变化，从而改变表面性能。腐蚀本质是一种材料表面现象，因此强化表面能为原腐蚀性差的材料提供足够的抗蚀性。离子注入具有与基体结合牢固、注入层薄、不受溶解度限制等优点。离子注入技术有常规束线离子注入和等离子体浸没离子注入 (PIII) 技术。常规束线离子注入一般束斑很小，很难保证较大区域内均匀注入；等离子体浸没离子注入解决了常规束线离子注入技术的视线限制，提高了注入的均匀性。

铁是应用最广的金属元素，因而许多研究者常用铁做基体材料，来了解各种注入离子对其抗蚀性的影响。Saklakoğlu 等[5]采用等离子体浸没离子注入技术在 316L 不锈钢表面注入氮离子、碳离子，研究了在 Ringer's 溶液中 316L 不锈钢/UHMWPE 的腐蚀磨损性能。廖世国[6]研究了钛离子注入剂量及加速能量对铅和铅

① 雷世雄, 汪洋, 刘兰轩. 不锈钢表面强化处理技术的新进展[J]. 科技进展, 2010, 4: 8.

② 顾剑锋, 李沛, 钟庆东. 物理气相沉积在耐腐蚀涂层中的应用[J]. 材料导报, 2016, 30(9): 75-80.

③ Wang L, Su J F, Nie X. Corrosion and tribological properties and impact fatigue behaviors of TiN- and DLC-coated stainless steels in a simulated body fluid environment[J]. Surface & Coatings Technology, 2010, 205(5): 1599-1605.

④ Gispert M P, Serro A P, Colaco R, et al. Wear of ceramic coated metal-on-metal bearings used for hip replacement[J]. Wear, 2007, 263(7-12): 1060-1065.

⑤ Saklakoğlu N, Saklakoğlu E, Short K T, et al. Tribological behavior of PIII treated AISI 316 L austenitic stainless steel against UHMWPE counterface[J]. Wear, 2006, 261(3-4): 264-268.

⑥ 廖世国. 离子注入在铅、镍和铝腐蚀与防护中的应用[D]. 重庆: 重庆大学, 2002.

–4%锑合金腐蚀行为的影响，发现钛离子注入有利于抑制铅腐蚀的阳极过程，但加速了氢的析出。

5）稀土转化膜技术

稀土在金属及其合金表面会形成钝化膜，能对材料起到有效的保护。虽然现在已经实现在碳钢和不锈钢、铝合金、锌及镀锌板材、镁、铜及其合金等多种金属材料表面上制备并得到稀土耐腐蚀转化膜，而且防蚀效果显著，但该技术仍有待研究发展，如稀土对金属及合金的成膜机理、表面形貌及电化学现象间的关系等。不同金属及合金表面的稀土转化膜研究现状如表 3.2 所示。

表 3.2　不同金属及合金表面的稀土转化膜研究现状

金属及合金	研究案例
碳钢和不锈钢表面	Goldie 等[1]最早报道了稀土盐可作为低碳钢的缓蚀剂。Breslin 等[2]研究了 316、304、316L 不锈钢表面稀土铈转化膜的耐腐蚀性能，电化学测试结果表明阴极电流密度与腐蚀电位均下降一半，防蚀效果良好。
铝合金表面	陈东初等[3]和朱利萍等[4]研究了以 Ce(NO₃)₃ 为主盐对铝合金进行处理形成转化膜，研究表明生成的转化膜有较好的外观与耐腐蚀性，铝合金的耐腐蚀性均显著提高。
锌和镀锌钢表面	Aramaki[5]为避免点蚀，以 Ce(NO₃)₃ 代替 CeCl₃ 在锌合金表面制备转化膜，有效抑制阴极反应。吴双[6]在铈盐处理液中添加柠檬酸缓蚀剂研究其在热镀锌层表面的耐腐蚀性与自愈能力。

2. 高性能防腐涂层

在金属表层覆以非金属材料涂层，达到隔离金属与媒介，提高耐腐蚀性能的目的。目前，石墨烯基防腐涂层、环氧树脂防腐涂层、聚苯胺基防腐涂层、聚吡

① Goldie B P F, McCarroll J J. Inhibiting metal corrosion in aqueous systems[P]. Australian Patent, AU-32947/84, 1984.

② Breslin C B, Chen C, Mansfeld F. The electrochemical behaviour of stainless steels following surface modification in ceriumcontaining solutions[J]. Corrosion Science, 1997, 39(6): 1061-1073.

③ 陈东初, 吴惟香, 潘晖, 等. 铝合金环境友好型非铬化学转化表面处理技术的研究[J]. 兵器材料科学与工程, 2007, 30(5): 32-36.

④ 朱利萍, 鲁闽, 熊仁章. 铝合金稀土铈盐转化膜耐蚀性能研究[J]. 兵器材料科学与工程, 2007(5): 60-63.

⑤ Aramaki K. Treatment of zinc surface with cerium(III) nitrate to prevent zinc corrosion in aerated 0.5 M NaCl[J]. Corrosion Science, 2001, 43(11): 2201-2215.

⑥ 吴双. 热镀锌层柠檬酸改进型铈盐转化膜的研究[D]. 广州: 华南理工大学, 2012.

略防腐涂层、自修复防腐涂层等是研究和应用的热点。

1）石墨烯基防腐涂层

石墨烯是由碳原子以 sp^2 形式杂化，形成六方点阵，呈蜂巢状的平面膜。自 2004 年首次[1]发现以来，石墨烯由于具有低密度、高热导率、高透光率、超导电性、优良的化学稳定性等特性而被广泛应用于燃料电池、电化学生物传感器、光学和电子元件、微波吸收材料等领域。除了以上特征，石墨烯还具有不渗透性、柔韧性、屏障作用等特殊性质[2][3]，这些特殊性质使其成为优良的防腐材料。石墨烯应用于防腐领域的研究方向包括金属基底直接生长、与环氧树脂形成复合涂层、与聚苯胺形成复合涂层、与其他材料形成复合涂层。石墨烯对于涂层防腐性能的提高主要是利用石墨烯的二维片层结构，以及其不易与其他物质反应的化学惰性。

（1）金属基底直接生长。石墨烯涂层可作为防腐涂层用于金属表面，能够有效降低铜、镍、碳钢等金属的腐蚀速度。石墨烯制备方法包括化学气相沉积（CVD）法、电泳沉积（EPD）法、层层自组装（LBL）法等[4][5]。Chen 等[6]通过 CVD 法在铜和铜/镍合金的表面制备石墨烯膜，发现石墨烯膜能够抑制基体金属铜和铜/镍合金的氧化，证明了石墨烯对铜的腐蚀具有明显的阻碍效应。赵文杰等[7]通过 Hummers 法和还原反应制备了高电导率的还原氧化石墨烯（rGO）和低电导率的氧化石墨烯（GO），系统研究了 rGO、GO 和 rGO/GO 改性环氧富锌（ZRE）复合涂层的腐蚀防护行为。

---

① Novoselov K S, Geim A K, Morozov S V, et al. Electric field effect in atomically thin carbon films[J]. Science, 2004, 306(5696): 666-669.

② Raman R K S, Banerjee P C, Lobo D E, et al. Protecting copper from electrochemical degradation by graphene coating[J]. Carbon, 2012, 50(11): 50.

③ Pourhashem S, Vaezi M R, Rashidi A, et al. Distinctive roles of silane coupling agents on the corrosion inhibition performance of graphene oxide in epoxy coatings[J]. Progress in Organic Coatings, 2017, 111: 47-56.

④ An S J, Zhu Y, Lee S H, et al. Thin film fabrication and simultaneous anodic reduction of deposited graphene oxide platelets by electrophoretic deposition[J]. Journal of Physical Chemistry Letters, 2010, 1(8): 1259-1263.

⑤ Park J H, Park J M. Electrophoretic deposition of graphene oxide on mild carbon steel for anti-corrosion application[J]. Surface & Coatings Technology, 2014, 254: 167-174.

⑥ Chen S S, Brown L, Levendorf M, et al. Oxidation resistance of graphene coated Cu and Cu/Ni alloy[J]. ACS Nano, 2011, 5: 1321-1327.

⑦ Zhou S G, Wu Y M, Zhao W J, et al. Designing reduced graphene oxide/zinc rich epoxy composite coatings for improving the anticorrosion performance of carbon steel substrate[J]. Materials and Design, 2019, 169: 107694.

石墨烯材料不仅提高防腐蚀能力，还能增加材料的特殊性质。Dumée 等[①]采用CVD法首次展示了3D网状石墨烯纳米片在微米尺寸的金属纤维多孔不锈钢基质的生长；Ye 等[②]在石墨烯材料中加入次磷酸钠后，原位共还原 Ni^{2+}、Co^{2+} 和氧化石墨烯，得到 NiCoP/rGO 复合材料，新材料比传统的铁系列磁性纳米材料具有更大的腐蚀电阻，同时具有轻薄、宽频吸收等特点。

在高温海水、特殊电压环境下，石墨烯涂层的防腐能力可能失效。Pumera 等[③]通过对石墨烯薄膜受损程度的观测证明在电压为 900 mV 时石墨烯膜开始发生损伤，当电压达到 1000 mV 时石墨烯膜发生严重损伤，一旦石墨烯膜发生损伤，金属的腐蚀明显加快。

(2) 与环氧树脂形成复合涂层。环氧树脂是一种良好的防腐材料，但其固化后摩擦系数高、易磨损，并在高温固化中易形成大量的微孔。有研究证明石墨烯能提高环氧树脂涂层的耐腐蚀性和降低环氧树脂的摩擦系数。Vaezi 等[④]将氧化石墨烯纳米片加入水溶性环氧树脂中来增强软钢基质的耐腐蚀性，研究结果显示，加入氧化石墨烯的聚合物基质在 NaCl 溶液中屏障和腐蚀保护性能优良。Ramezanzadeh 等分别利用氨基功能化氧化石墨烯[⑤]和硅烷功能化氧化石墨烯[⑥]，将其加入环氧树脂涂层中改善环氧树脂，明显改善涂层的耐腐蚀性。Zhao 等[⑦]采用聚丁基苯胺作为分散剂，在有机溶剂中稳定分散石墨烯，并将其扦插到环氧树脂中，可明显改善环氧树脂涂层的防腐性能以及耐磨性。

---

① Dumée L F, He L, Wang Z, et al. Growth of nano-textured graphene coatings across highly porous stainless steel supports towards corrosion resistant coatings[J]. Carbon, 2015, 87: 395-408.

② Ye W, Fu J, Qin W, et al. Electromagnetic wave absorption properties of NiCoP alloy nanoparticles decorated on reduced graphene oxide nanosheets[J]. Journal of Magnetism & Magnetic Materials, 2015, 395: 147-151.

③ Ambrosi A, Pumera M. The structural stability of graphene anticorrosion coating materials is compromised at low potentials[J]. Chemistry-A European Journal, 2015, 21(21): 7896-7901.

④ Pourhashem S, Vaezi M R, Rashidi A, et al. Exploring corrosion protection properties of solvent based epoxy-graphene oxide nanocomposite coatings on mild steel[J]. Corrosion Science, 2016: S0010938X16311751.

⑤ Ramezanzadeh B, Niroumandrad S, Ahmadi A, et al. Enhancement of barrier and corrosion protection performance of an epoxy coating through wet transfer of amino functionalized graphene oxide[J]. Corrosion Science, 2016, 103: 283-304.

⑥ Ramezanzadeh B, Ahmadi A, Mahdavian M. Enhancement of the corrosion protection performance and cathodic delamination resistance of epoxy coating through treatment of steel substrate by a novel nanometric sol-gel based silane composite film filled with functionalized graphene oxide nanosheets[J]. Corrosion Science, 2016, 109: 182-205.

⑦ Chen C, Qiu S H, Cui M J, et al. Achieving high performance corrosion and wear resistant epoxy coatings via incorporation of noncovalent functionalized graphene[J]. Carbon, 2017, 114: 356-366.

（3）与聚苯胺形成复合涂层。聚氨酯具有耐磨性、耐腐蚀性、柔韧性以及对基质的强黏附性等优良特性，被广泛用于制造业、日常生活、医疗保健以及国防工业中[1]。但由于聚氨酯热力学性质不稳定、硬度较低、抗拉强度较差等，其应用受到一定限制。通过石墨烯改性后，聚氨酯有望提升性能，尤其是摩擦和耐腐蚀性能，从而得到更广泛应用。Zhao 等[2]就使用三乙氧基硅烷（APTS）处理石墨烯和氧化石墨烯，得到功能化的石墨烯（FG）和氧化石墨烯（FGO），通过试验证明在聚氨酯涂层中，功能化石墨烯和氧化石墨烯的加入增强了复合涂层的摩擦和防腐性能。

2）环氧树脂防腐涂层

环氧树脂具有黏接性、耐磨性、力学性能、电绝缘性、化学稳定性、耐高低温性优异，以及收缩率低、易加工成型和成本低等优点，是聚合物复合材料中应用最广泛的基体树脂之一，被广泛应用于胶黏剂、电子仪表、轻工、建筑、机械、航天航空、涂料、电子电气绝缘材料以及先进复合材料等领域[3]。而随着环氧树脂应用范围的扩大化和使用环境的复杂化，环氧树脂现有特性不再能满足应用需求，因此提升环氧树脂防腐性能成为重要研究方向之一。目前，国内外提高环氧树脂防腐性能的主要途径包括环氧树脂分子化学改性、纳米无机填料改性环氧树脂两个方面。

（1）环氧树脂分子化学改性。环氧树脂分子化学改性是指通过化学反应改变环氧树脂的分子结构，从而达到改善环氧树脂性能的方法，化学改性方法包括有机硅化学改性、丙烯酸酯化学改性、其他分子化学改性等。

①有机硅化学改性。有机硅具有耐氧化性、耐候性、低温性能好、热稳定性好、表面能低及介电强度高等优点，将有机硅掺入环氧树脂既降低了环氧树脂的内应力，又提高了环氧树脂的防腐性能。黄月文等[4]利用低分子的有机硅油与环氧

---

① Dutta S, Karak N. Effect of the NCO/OH ratio on the properties of *Mesua ferrea* L. seed oil-modified polyurethane resins[J]. Polymer International, 2010, 55(1): 49-56.

② Mo M, Zhao W, Chen Z, et al. Excellent tribological and anti-corrosion performance of polyurethane composite coatings reinforced with functionalized graphene and graphene oxide nanosheets[J]. RSC Advances, 2015, 5: 56486-56497.

③ Huang L, Zhu P, Li G, et al. Core-shell SiO_2@RGO hybrids for epoxy composites with low percolation threshold and enhanced thermo-mechanical properties[J]. Journal of Materials Chemistry A, 2014, 2(43): 18246-18255.

④ 黄月文, 刘伟区. 高渗透有机硅改性环氧防腐胶的研制与应用[J]. 绿色建筑, 2007, 23(3): 37.

树脂分子中的羟基缩合，制备有机硅环氧树脂，并用糠醛和丙酮进行稀释，配制了双组分高渗透型有机硅改性环氧树脂防腐胶，提高了环氧树脂的防腐性。但有机硅与环氧树脂间相容性问题会影响改性环氧树脂的防腐性能[①]。

②丙烯酸酯化学改性。丙烯酸酯成本低，易于设计，且具有良好的抗热氧化性及防腐性能[②]，利用丙烯酸酯对环氧树脂进行化学改性能有效提升环氧树脂材料的耐腐蚀性。

③其他分子化学改性。聚氨酯、聚酯等分子也可对环氧树脂改性，从而获得防腐性能更加优异的改性环氧树脂涂层。李文凯等[③]以聚氨酯改性环氧树脂，以磷酸锌和三聚磷酸铝为颜料，制备了碳钢基体聚氨酯改性环氧树脂涂层，涂层具有最佳的抗渗透性及防腐性能。Skale 等[④]采用聚酰胺改性环氧树脂，以低碳钢为基体制备了不同厚度的改性环氧涂层，在潮湿环境中改性环氧涂层具有良好的防腐性能。

(2)纳米无机填料改性环氧树脂。纳米技术在材料上的应用为环氧树脂的性能提升提供了新的方向。纳米技术对有机涂层进行改性，可以提高涂层的综合性能，特别是附着力、耐老化性、耐候性及耐光性等性能[⑤]。纳米无机填料改性环氧树脂的方法包括纳米氧化物改性、纳米金属改性、纳米非金属改性等。

①纳米氧化物改性环氧树脂：包括纳米 SiO_2 改性环氧树脂[⑥]、纳米 TiO_2 改性环氧树脂[⑦]、纳米 $CaCO_3$ 改性环氧树脂[⑧]等。采用纳米 SiO_2 填料改性环氧树脂可以提高环氧树脂的表面附着力和键接力，从而改善环氧树脂的防腐性能[⑨]。李为立

① 杨威, 申巍, 尹立, 等. 有机硅改性环氧树脂研究进展[J]. 绝缘材料, 2018, 51(4): 6-11.
② 朱晓薇, 苏春辉, 张洪波, 等. 丙烯酸酯改性环氧树脂的研究进展[J]. 化学工程与装备, 2012, (9): 136-139.
③ 李文凯, 贾梦秋. 聚氨酯改性环氧树脂防腐涂料的研制[J]. 腐蚀科学与防护技术, 2013, 25(1): 53-57.
④ Skale S, Dolecek V, Slemnik M. Electrochemical impedance studies of corrosion protected surfaces covered by epoxy polyamide coating systems[J]. Progress in Organic Coatings, 2008, 62(4): 387-392.
⑤ 丛巍巍, 周张健, 宋书香, 等. 纳米填料对环氧涂料防腐耐磨性能影响的研究[J]. 表面技术, 2008, (1): 71-74.
⑥ 刘元伟, 谢彦, 杨仲年. 改性纳米 SiO_2/环氧树脂涂料的制备及其性能[J]. 材料保护, 2014, 47(7): 21-23.
⑦ 刘栓, 赵霞, 孙虎元, 等. 纳米 TiO_2 改性的环氧树脂涂层的防腐蚀性能[J]. 材料保护, 2014, 47(1): 11-13.
⑧ 吴金林, 程圆圆, 张俊珩, 等. 表面化学改性碳酸钙晶须对环氧树脂杂化材料的结构性能影响[J]. 化工时刊, 2014, 28(5): 15-18.
⑨ 吕文晏, 程俊华, 闻荻江. 硅改性环氧树脂复合材料的研究进展[J]. 材料导报, 2011, (s1): 411-414.

等[①]应用 SiO₂ 硅溶胶改性环氧树脂，极大地提高了环氧树脂的防腐性能。刘栓等[②]用纳米 TiO₂ 改性环氧树脂发现纳米 TiO₂ 呈球状分布于环氧树脂中，有效增加了与环氧树脂的接触面积，提高了环氧树脂的防腐性能。Yu 等[③]制备的纳米 CaCO₃ 改性环氧树脂涂层的防腐性能得到较大提高。

②纳米金属改性环氧树脂。纳米锌的改性可以提高环氧树脂涂层的黏结力和抗渗透能力，当涂层损伤后，金属锌的产物可以在损坏处进行沉积，形成保护膜，延缓腐蚀的发生。李旭日等[④]在环氧树脂中添加纳米锌粉后，环氧树脂涂层的防腐性能提高，而且在纳米锌粉的加入量为 20% 时，涂层的防腐性能最佳。

③纳米非金属改性环氧树脂：主要是指将石墨烯材料加入环氧树脂中，增强环氧树脂的防腐性能，降低环氧树脂的摩擦系数等。

3) 聚苯胺基防腐涂层

聚苯胺(PANI)具有化学稳定性好、电化学防腐性能良好以及价格低等优点，而且相比于环氧涂料，聚苯胺/环氧涂料对电解质以及腐蚀离子具有更好的阻隔性[⑤]。自从 1984 年 DeBerry 研究发现电化学沉积的 PANI 通过阳极保护来保护不锈钢，PANI 成为防腐涂层中的研究热点[⑥]。

制备聚苯胺基防腐涂料最常见的方法就是将 PANI 与环氧树脂、醇酸树脂等共混来制备。PANI 在其不同氧化态之间的可逆转化可促进致密金属氧化物钝化层的形成，特别是在浸入腐蚀介质的状态下，PANI 的氧化还原能力可抑制金属界面氧的还原，从而可以防止有机涂层的分层。掺杂态的 PANI 具有较高的电导率，有利于在腐蚀过程中形成钝态氧化物的金属保护涂层。聚苯胺基防腐涂层要求 PANI 在溶剂中具有很好的分散性，且要有较好的附着力。宏观可见的 PANI 颗粒

① 李为立，智锁红，王丙学. 二氧化硅改性环氧树脂杂化涂料的制备与性能表征[J]. 江苏科技大学学报(自然科学版), 2010, 24(5): 446-451.

② 刘栓，赵霞，孙虎元，等. 纳米 TiO₂ 改性的环氧树脂涂层的防腐蚀性能[J]. 材料保护, 2014, 47(1): 3.

③ Yu H J, Wang L, Shi Q, et al. Study on nano-CaCO₃ modified epoxy powder coatings[J]. Progress in Organic Coatings, 2006, 55(3): 296-300.

④ 李旭日，李瑞生. 锌粉对环氧树脂防腐涂层改性的研究[J]. 辽宁化工, 2012, 41(9): 882-884.

⑤ Gupta G, Birbilis N, Cook A B, et al. Polyaniline-lignosulfonate/epoxy coating for corrosion protection of AA2024-T3[J]. Corrosion Science, 2013, 67(1): 256-267.

⑥ Jafari Y, Ghoreishi S M, Shabani-Nooshabadi M. Polyaniline/graphene nanocomposite coatings on copper: Electropolymerization, characterization, and evaluation of corrosion protection performance[J]. Synthetic Metals, 2016, 217: 220-230.

可能会损害涂层的机械性能，并增加小分子的渗透性，从而影响涂层的防腐性能。

4）聚吡咯防腐涂层

聚吡咯（PPy）是由单体吡咯经氧化聚合而成的杂环共轭型导电高分子。聚吡咯具有单体无毒、化学稳定性良好、易于合成、电导率较高等优点，被广泛应用于功能材料器件、生物医用、电极材料、传感器等领域。聚吡咯也被用于金属防腐领域，且成效显著，其涂层具有较高的稳定性，能有效抑制金属腐蚀。

但聚吡咯的防腐机理还有待深入研究，比较主流的机理包括机械隔离机理、阳极保护机理、贵金属效应机理、缓蚀剂释放机理等四种。机械隔离机理是聚吡咯在金属表面形成膜层，阻隔金属与氧化物质接触，Beck 等[1]的研究表明当聚吡咯形成的膜层厚度大于 1 mm 时，聚吡咯才能表现出防腐性能。阳极保护机理[2]是导电聚合物涂层能够在金属表面形成一层金属氧化物钝化层，从而阻止腐蚀性离子的攻击，达到防腐的目的。贵金属效应机理是聚吡咯改变金属的表面状态，提高金属的电极电位。缓蚀剂释放机理是在金属基板上沉积氧化和掺杂的导电高分子涂层，可在还原时释放阴离子掺杂物，这是由涂层与金属基体耦合时的缺陷驱动的[3]。

5）自修复防腐涂层

防腐涂层在服役过程中难免会受到各种外界环境的影响和破坏，从而产生破损、开裂，如果没有及时、有效地修复，这些缺陷会使涂层对金属基体的防护作用及涂层的附着力显著降低。人为修补或更换涂层，工艺烦琐、造价昂贵，因此有研究者提出涂层的自修复。自修复防腐涂层是指在遭到外力破坏或环境损伤后，涂层可自行恢复或在一定条件下恢复其原有的防腐作用。自修复涂层进行自我修复的方式包括包埋成膜物质或缓蚀剂的自主修复、借助外界条件刺激的非自主修复等。

（1）自主型自修复涂层。

自主型自修复涂层通常包括成膜物质型、缓蚀剂型等类型[4]。其中，成膜物质

---

① Beck F , Michaelis R , Schloten F , et al. Filmforming electropolymerization of pyrrole on iron in aqueous oxalic acid[J]. Electrochimica Acta, 1994, 39(2): 229-234.

② Wessling B. Passivation of metals by coating with polyaniline: Corrosion potential shift and morphological changes[J]. Advanced Materials, 1994, 6(3): 226-228.

③ Kowalski D, Ueda M, Ohtsuka T. Corrosion protection of steel by bi-layered polypyrrole doped with molybdophosphate and naphthalenedisulfonate anions[J]. Corrosion Science, 2007, 49(3): 1635-1644.

④ 潘梦秋，王伦滔，丁璇，等. 自修复防腐涂层研究进展[J]. 中国材料进展, 2018, 37(1):19-27.

型是在涂层内以微胶囊等为载体包覆一定的成膜物质，当涂层破裂时，胶囊破裂释放的成膜物质在涂层破损处发生交联反应，恢复涂层的物理屏蔽性能。另一类常见的自主型自修复涂层以缓蚀剂为修复剂，涂层破损处析出的缓蚀剂吸附在暴露的金属基体表面，通过物理或化学作用抑制腐蚀电化学反应的继续进行。自主型自修复机理受限于涂层的修复次数，而且微胶囊或者纳米容器等载体在释放出成膜物质或缓蚀剂后，载体内部便会形成新的空隙，影响涂层整体的防护性能。

对于含有成膜物质的自修复涂层，在受到外力等因素影响而产生微裂纹时，储存在涂层内的成膜物质可在涂层缺陷处释放并形成具有一定强度且连续的薄膜，从而修补涂层缺陷，阻止腐蚀介质的入侵。包覆成膜物质的微胶囊体系主要分为两种，一种是将成膜物质与固化剂或催化剂分别包埋于两种微胶囊中，另一种则是采用包覆单组分成膜物质的微胶囊。异氰酸酯和甲硅烷基酯是两种常见的单组分成膜物质。这两种物质都可以与水分发生反应交联成膜，因此在防腐涂层的应用方面具有独特优点。Yang 等[1]和 Sun 等[2]采用界面聚合的方法，通过亚甲基二苯二异氰酸盐(MDI)的预聚物和 1, 4-丁二醇的界面聚合反应，制成了包裹己二异氰酸酯(HDI)的聚氨酯微胶囊，微胶囊会在破裂后释放己二异氰酸酯，该物质在腐蚀环境中与水反应交联成膜填补涂层缺陷。

以缓蚀剂为修复剂的自主修复型防腐涂层，在涂层破损处析出的缓蚀剂吸附在金属表面，通过物理或化学作用抑制腐蚀电化学反应的继续进行。常见的无机缓蚀剂包括铈盐、钼酸盐、钨酸盐、钒酸盐等，有机缓蚀剂包括咪唑啉、苯并三氮唑等。制备此类自修复涂层最为直接的方法是将缓蚀剂直接掺杂在涂层本身，缓蚀剂在水分向涂层树脂渗透的过程中析出[3]。近些年，将无机纳米容器作为缓蚀剂载体也引起了广泛的关注。Falcón 等[4]制备了装载十二烷胺缓蚀剂的介孔二氧化硅，将其混入醇酸树脂涂层中，试验证明缓蚀剂可以抑制缺陷处的腐蚀。

---

① Huang M, Yang J. Facile microencapsulation of HDI for self-healing anticorrosion coatings[J]. Journal of Materials Chemistry, 2011, 21(30): 11123-11130.

② Khun N W, Zhang H, Sun D W, et al. Tribological behaviors of binary and ternary epoxy composites functionalized with different microcapsules and reinforced by short carbon fibers[J]. Wear, 2016, 350: 89-98.

③ Carneiro J, Tedim J, Fernandes S C M, et al. Chitosan-based self-healing protective coatings doped with cerium nitrate for corrosion protection of aluminum alloy 2024[J]. Progress in Organic Coatings, 2012, 75(1-2): 8-13.

④ Falcón J M, Otubo L M, Aoki I V. Highly ordered mesoporous silica loaded with dodecylamine for smart anticorrosion coatings[J]. Surface & Coatings Technology, 2016, 303: 319-329.

(2)非自主型自修复涂层。

非自主型自修复依靠温度、光等外界刺激，触发一系列化学、物理反应，对材料进行修复。其中，触发条件以温度刺激响应和光刺激响应最为常见。此外，新兴的形状记忆涂层，具有修复较大缺陷的能力，同时结合缓蚀剂等自主型修复机制，可以实现涂层破损处的双重修复，为金属基材提供更为长久稳定的防护。最典型的非自主型自修复涂层是利用 Diels-Alder(DA)[1]或硫醇-二硫化物[2]可逆反应的温敏型自修复涂层。这种涂层的修复机制是当升高到一定温度时，涂层内共价键发生可逆分解，使分子链段自由流动到缺陷处，并重新形成交联，完成对缺陷的修复。这种修复方法具有修复条件简单、修复效率高的特点，但基于 DA 反应的聚合物基自修复材料的种类较少，多数材料的性能还不能够满足实际要求。

与热响应自修复相比，光响应的自修复更具优势，其修复过程可以是瞬时的、远程的，还能精准定位在损伤位置。而且在户外光刺激条件非常容易达成。Banerjee 等[3]采用一步法将低分子量香豆素和光致引发剂聚异丁烯(PIB)进行合成，制备了光响应智能涂层，随着光照时间的延长，涂层的破损缺陷逐渐愈合。

形状记忆涂层在外界刺激下能够使缺陷处的局部形变恢复，完成对缺陷的闭合修复，最常见的外部刺激是温度刺激，将材料加热到高于其热转变温度，触发其形状记忆效应，使材料回复到其形变前的状态。与以微胶囊为主的自主型自修复涂层相比，形状记忆型自修复涂层的最大优点[4]在于：形状记忆效应有助于涂层表面裂口快速闭合，从而大大减少对成膜物质、缓蚀剂等修复剂的消耗，使涂层具备修复较大裂口的能力。Qian 等[5]在形状记忆环氧涂层表面构筑超疏水形貌，并在涂层内填充缓蚀剂，结合自主、非自主双重修复机制实现对金属基体的有效防护。

---

① Li J, Zhang G, Deng L, et al. Thermally reversible and self healing novolac epoxy resins based on Diels-Alder chemistry[J]. Journal of Applied Polymer Science, 2015, 132(26).

② Yoon J A, Kamada J, Koynov K, et al. Self-healing polymer films based on thiol-disulfide exchange reactions and self-healing kinetics measured using atomic force microscopy[J]. Macromolecules, 2012, 45(1): 142-149.

③ Banerjee S, Tripathy R, Cozzens D, et al. Photoinduced smart, self-healing polymer sealant for photovoltaics[J]. ACS Applied Materials & Interfaces, 2015, 7(3): 2064-2072.

④ Rodriguez E D, Luo X, Mather P T. Linear/network poly(ε-caprolactone) blends exhibiting shape memory assisted self-healing (SMASH)[J]. ACS Applied Materials & Interfaces, 2011, 3(2): 152-161.

⑤ Qian H, Xu D, Du C, et al. Dual-action smart coatings with a self-healing superhydrophobic surface and anti-corrosion properties[J]. Journal of Materials Chemistry A, 2017, 5(5): 2355-2364.

3.2 基于 SCI 科技文献的海洋腐蚀防护材料技术研发进展

3.2.1 方法和数据采集

在科技文献方面，通过对研究论文开展一系列分析进而了解该领域内技术发展与动态。借助包括 Web of Science 核心数据库、VOSview、Biblioshiny、Excel 等在内的多项工具开展时序分析、文本分析、主题分析等。

在 Web of Science 的核心数据库中，以如下检索式进行检索，以海洋为主题，在标题中检索与腐蚀相关的材料，在主题中检索腐蚀相关的方法，并限制主题为腐蚀或抗腐蚀。

（TS=(OCEAN* OR MARINE* or sea or seawater*) AND TI=(steel* or alloy* or metal* OR MATERIAL* OR COAT* OR CLADD* OR "PAINT COAT*" or paint* OR lacquer* OR "PROTECT* AGENT*" or composit* or complex* or compound* or "corrosion inhibit*" or concrete* or macromolecular* or polyme* or chemical* or organic* or resin or graphene* or polyurethane* or electrochemical*） AND TS=(corrod* or corros* or anticorro*)）

OR （TS=(OCEAN* OR MARINE* or sea or seawater*) AND TS=(corrod* or corros* or anticorro*) AND TS=(coat* or "Surface modif*" or anode* or cathod* OR ELECTROPLAT* OR CLADD* or paint* or foul* OR ANTIFOUL*)）

NOT （AK=(BATTER* OR "fuel CELL*") or TI=(BATTER* OR "fuel CELL*") or AB=((WATER OR SEAWATER) NEAR/2 Electrolysis)）

检索结果显示，截至 2021 年，国内外共刊登 10066 篇文献，筛选其中研究型论文，并去掉专著文章，最终得到 8006 篇文献。

3.2.2 核心论文技术分析

从研究发布的时间趋势来看(图 3.1)，通过研究增长率的不同可以将其发展分为三个阶段：1905～1990 年，海洋腐蚀材料方面的研究发展处于萌芽阶段，每年发文量均未超过 30 篇，最早的一篇文章由 Uthemann[①]发表，内容有关铜及其合金抵抗海水腐蚀的防护，在此期间，1985 年发表的文章数量最多，有 27 篇，同年美国开始实施大洋钻探计划（ODP）；1991～2008 年，发展较为平稳，但相较于前一阶段，该阶段增速较快，十七年内增幅达 105 篇，1991 年相比于 1990 年增加了 42 篇，有 58 篇，其中美国有 19 篇，表明自 1991 年，美国开始重视海洋工程领域的材料研究与开发，加大了科研投入，为开发海洋、开辟新兴领域奠定了基础[②]；2008 年后，随着海洋发展得到各国重视，海洋材料方面的研究也快速发展，2008～2021 年，年发文量增长了 697 篇，增速达到 435.63%。

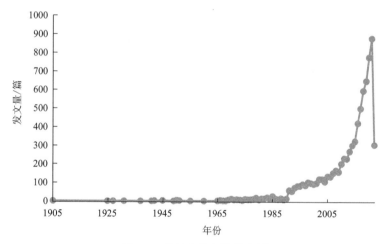

图 3.1　科技文献年均发文量

注：2022 年论文数量未完全收录

3.2.3　主要研发机构及其关键研究领域分析

对研发机构及其关键技术的分析可以一窥主要机构在腐蚀方面的研究动向，以及进一步了解全球在该领域的发展趋势。图 3.2 是发文量前 15 的单一机构[③]，

---

① Uthemann. The defence of copper and its alloys against corrosion by seawater[J]. Zeitschrift des Vereines Deutscher Ingenieure, 1905, 49: 733-736.

② 根据历史事件和主要研究国家的情况，推测此次大幅度增长与海湾战争有关。

③ 中国科学院、中国科学院大学等机构与中国科学院下属研究所的发文有大量重复，因此不统计中国科学院和中国科学院大学的发文量。

从前 15 的机构数量来看，我国占有 11 席，可以看出我国在腐蚀防护的研究方面占主导地位。国外机构有 4 家，依次是澳大利亚纽卡斯尔大学、俄罗斯科学院、韩国国立木浦海事大学以及沙特国王大学。下面对排名前 6 的机构研究内容进行分析。

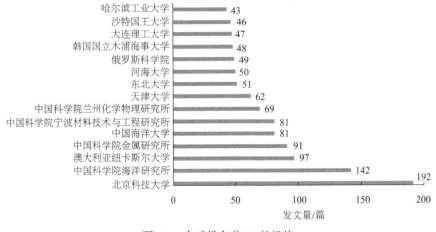

图 3.2　全球排名前 15 的机构

1. 北京科技大学

北京科技大学发布的科技文献中，综合考虑文献发布期刊影响因子和文章的年均被引率(指年均补引频次)，选出 10 篇相对较高的文献，如表 3.3 所示。北京科技大学在腐蚀防护领域的研究重点有三个：

(1)复合涂层。涂层技术是重要的一项腐蚀防护技术，北京科技大学在该方面合成了一种超疏水多面体低聚倍半硅氧烷改性氧化石墨烯(POSS-GO)，这种物质具有良好的分散性和疏水性，提高了复合涂层的防腐能力。

(2)钢材的腐蚀防护。北京科技大学对钢材的腐蚀研究，特别是不锈钢的腐蚀研究较多，研究的范围包括腐蚀行为的研究，如对 2507 超双相不锈钢的钝化行为和表面化学的研究、对碳钢和耐候钢锈蚀层的演变研究、低碳贝氏体钢腐蚀的影响因素研究等；钢材改性后腐蚀性能研究，如稀土元素或 Al_2O_3 改性 Q460NH 耐候钢后的海洋腐蚀研究等。

(3)铜的抗生物污损研究。铜能有效应对钢材的生物污损现象，北京科技大学研究了好氧铜绿假单胞菌生物膜对 2205 双相不锈钢的加速腐蚀，以及含铜的 2205 双相不锈钢对该种胞菌的抗性增强影响。

表 3.3　北京科技大学海洋腐蚀防护材料领域影响较大的文章

序号	题名	中文译名	发表期刊	期刊影响因子	年均被引率
1	Improvement of anticorrosion ability of epoxy matrix in simulate marine environment by filled with superhydrophobic POSS-GO nanosheets	超疏水 POSS-GO 纳米片填充改善环氧树脂基体在模拟海洋环境中的防腐能力	Journal of Hazardous Materials	14.224	22.75
2	Passivation behavior and surface chemistry of 2507 super duplex stainless steel in artificial seawater: Influence of dissolved oxygen and pH	2507 超双相不锈钢在人工海水中的钝化行为和表面化学：溶解氧和 pH 的影响	Corrosion Science	7.720	26.75
3	Effect of inclusions modified by rare earth elements（Ce, La）on localized marine corrosion in Q460NH weathering steel	稀土元素（Ce, La）修饰夹杂物对 Q460NH 耐候钢局部海洋腐蚀的影响	Corrosion Science	9.794	15.6
4	Enhanced resistance of 2205 Cu-bearing duplex stainless steel towards microbiologically influenced corrosion by marine aerobic Pseudomonas aeruginosa biofilms	含铜 2205 双相不锈钢对海洋好氧铜绿假单胞菌生物膜微生物影响腐蚀的增强抵抗力	Journal of Materials Science & Technology	7.720	18.83
5	Electrochemical corrosion, hydrogen permeation and stress corrosion cracking behavior of E690 steel in thiosulfate-containing artificial seawater	E690 钢在含硫代硫酸钠人工海水中的电化学腐蚀、渗氢和应力腐蚀开裂行为	Corrosion Science	10.319	13.8
6	Role of Al_2O_3 inclusions on the localized corrosion of Q460NH weathering steel in marine environment	Al_2O_3 夹杂物对海洋环境中 Q460NH 耐候钢局部腐蚀的影响	Corrosion Science	7.720	17.8
7	Benefit of the corrosion product film formed on a new weathering steel containing 3% nickel under marine atmosphere in Maldives	一种含 3%镍的新型耐候钢在马尔代夫海洋气氛下形成的腐蚀产物膜的效益	Corrosion Science	7.720	16.2
8	Evolution of rust layers on carbon steel and weathering steel in high humidity and heat marine atmospheric corrosion	高湿高温海洋大气腐蚀中碳钢和耐候钢锈蚀层的演变	Journal of Materials Science & Technology	7.720	16
9	Combined effect of cathodic potential and sulfur species on calcareous deposition, hydrogen permeation, and hydrogen embrittlement of a low carbon bainite steel in artificial seawater	人工海水中阴极电位和硫元素对低碳贝氏体钢钙沉积、氢渗透和氢脆的共同影响	Corrosion Science	10.319	11.33
10	Accelerated corrosion of 2205 duplex stainless steel caused by marine aerobic Pseudomonas aeruginosa biofilm	海洋好氧铜绿假单胞菌生物膜对 2205 双相不锈钢的加速腐蚀	Bioelectrochemistry	7.720	15

2. 中国科学院海洋研究所

从中国科学院海洋研究所前 10 篇文章可以看出（表 3.4），该研究所主要从事表面技术的研究，包括不同成分的表面制备研究、表面结构研究、表面防腐性能研究等。

（1）不同成分的表面制备研究。海洋研究所在该方向上的研究有无氟制备超疏水铝表面、锌表面的超疏水膜制备、硬脂酸锰超疏水表面制备等，这些研究有助于实现被防护物耐海洋腐蚀性能的提升和生物污损耐性的提高等。

（2）表面结构研究。海洋研究所研究的氧化石墨烯-介孔硅层-纳米球结构涂层提高了表面涂覆物的稳定性，在海洋交变静水压力下仍具有自修复性能。

（3）表面防腐性能研究。在该方向上，海洋研究所主要是通过光谱、电化学阻抗谱(EIS)、扫描电子显微镜等技术验证表面涂覆物的防腐性能，如对氧化石墨烯-介孔硅层-纳米球结构涂层的耐腐蚀性验证，金属-有机骨架控制多取代三唑对低碳钢腐蚀的有效抑制作用验证。

表 3.4　中国科学院海洋研究所海洋腐蚀防护材料领域影响较大的文章

序号	题名	中文译名	发表期刊	期刊影响因子	年均被引率
1	Facile fluorine-free one step fabrication of superhydrophobic aluminum surface towards self-cleaning and marine anticorrosion	超疏水铝表面轻松无氟一步制备，实现自洁、耐海洋腐蚀	Chemical Engineering Journal	16.744	20
2	Self-healing performance and corrosion resistance of graphene oxide-mesoporous silicon layer-nanosphere structure coating under marine alternating hydrostatic pressure	氧化石墨烯-介孔硅层-纳米球结构涂层在海洋交变静水压力下的自修复性能和耐腐蚀性能	Chemical Engineering Journal	16.744	17
3	Synthesis of graphene oxide-based sulfonated oligoanilines coatings for synergistically enhanced corrosion protection in 3.5% NaCl solution	在 3.5% NaCl 溶液中协同增强型腐蚀防护用氧化石墨烯磺化低聚苯胺涂料的合成	ACS Applied Materials & Interfaces	10.383	23.67
4	Biomimetic one step fabrication of manganese stearate superhydrophobic surface as an efficient barrier against marine corrosion and *Chlorella vulgaris*-induced biofouling	仿生一步制备硬脂酸锰超疏水表面作为有效屏障，防止海洋腐蚀和小球藻引起的生物污垢	Chemical Engineering Journal	16.744	12.71
5	Fabrication of slippery lubricant-infused porous surface with high underwater transparency for the control of marine biofouling	用于控制海洋生物污染的高水下透明度润滑多孔表面的制备	ACS Applied Materials & Interfaces	10.383	18.5

续表

序号	题名	中文译名	发表期刊	期刊影响因子	年均被引率
6	Fabrication of slippery lubricant-infused porous surface for inhibition of microbially influenced corrosion	用于抑制微生物影响腐蚀的光滑润滑多孔表面的制备	ACS Applied Materials & Interfaces	10.383	15.71
7	Controllable *Dianthus caryophyllus*-like superhydrophilic/superhydrophobic hierarchical structure based on self-congregated nanowires for corrosion inhibition and biofouling mitigation	基于自聚集纳米线的可控石竹类超亲/超疏水层次结构的缓蚀和生物污垢缓解	Chemical Engineering Journal	16.744	7.5
8	Mechanically robust superhydrophobic porous anodized AA5083 for marine corrosion protection	机械坚固的超疏水多孔阳极氧化 AA5083，用于海洋腐蚀保护	Corrosion Science	7.720	15.5
9	Controlled delivery of multi-substituted triazole by metal-organic framework for efficient inhibition of mild steel corrosion in neutral chloride solution	金属-有机骨架控制多取代三唑对中性氯化物溶液中低碳钢腐蚀的有效抑制作用	Corrosion Science	7.720	14.4
10	Super-hydrophobic film prepared on zinc as corrosion barrier	锌表面制备的超疏水膜作为防腐蚀屏障	Corrosion Science	7.720	13.33

3. 澳大利亚纽卡斯尔大学

从澳大利亚纽卡斯尔大学发表文章中筛选出的 10 篇文章(表 3.5)可以看出该机构在腐蚀防护方面有如下两个重点方向:

(1)腐蚀风险评估及影响因素判断。在该方向上, 纽卡斯尔大学研究较多。主要体现在以下两个层面。

①宏观层面, 侧重腐蚀风险的影响因素判断, 如气候对沿海基础设施的影响, 铸铁和钢在海洋和大气环境中的长期腐蚀。工程上, Melchers[1]研究了工程结构可靠性评估的基本理论和数据要求, 评估指标包括涂层、阴极保护等技术有效性、海水环境的变化影响等。

②微观层面, 主要通过模型开展材料的腐蚀影响研究, 而这一方向上又以钢铁材料的腐蚀影响为主, 如建模研究低碳钢的海洋浸没腐蚀, 建立高营养浓度海

---

① Melchers R E. The effect of corrosion on the structural reliability of steel offshore structures[J]. Corrosion Science, 2005, 47(10): 2391-2410.

水中钢的长期浸泡腐蚀损失模型等。

（2）涂层的喷涂技术。纽卡斯尔大学影响较大的研究之一是结合高熵合金与热喷涂技术，制造生产了一款热稳定性高、耐磨性好、耐腐蚀的涂层材料——AlCoCrFeNi HEA 涂层[1]。研究人员通过大气等离子喷涂（APS）技术生产该涂层，并在多尺度水平上验证涂层的力学性能和腐蚀行为。

表 3.5　纽卡斯尔大学海洋腐蚀防护材料领域影响较大的文章

序号	题名	中文译名	发表期刊	期刊影响因子	年均被引率
1	Multiscale mechanical performance and corrosion behaviour of plasma sprayed AlCoCrFeNi high-entropy alloy coatings	等离子喷涂 AlCoCrFeNi 高熵合金涂层的多尺度力学性能和腐蚀行为	Journal of Alloys and Compounds	6.371	20
2	Climate change impact and risks of concrete infrastructure deterioration	气候变化影响和混凝土基础设施恶化的风险	Engineering Structures	5.582	14
3	The effect of corrosion on the structural reliability of steel offshore structures	腐蚀对海洋钢结构可靠性的影响	Corrosion Science	7.720	8
4	Long-term corrosion of cast irons and steel in marine and atmospheric environments	铸铁和钢在海洋和大气环境中的长期腐蚀	Corrosion Science	7.720	7.8
5	Time-dependent reliability of deteriorating reinforced concrete bridge decks	劣化钢筋混凝土桥面的时变可靠度	Structural Safety	5.712	10.52
6	Life-cycle cost analysis of reinforced concrete structures in marine environments	海洋环境下钢筋混凝土结构全寿命周期成本分析	Structural Safety	5.712	9.1
7	Mathematical modelling of the diffusion controlled phase in marine immersion corrosion of mild steel	低碳钢海洋浸没腐蚀扩散控制相的数学建模	Corrosion Science	7.720	6.65
8	Reinforcement corrosion initiation and activation times in concrete structures exposed to severe marine environments	暴露在恶劣海洋环境中的混凝土结构的钢筋腐蚀起始和活化时间	Cement and Concrete Research	11.958	4.29
9	Long-term immersion corrosion of steels in seawaters with elevated nutrient concentration	钢在高营养浓度海水中的长期浸泡腐蚀	Corrosion Science	7.720	6.56
10	Early corrosion of mild steel in seawater	低碳钢在海水中的早期腐蚀	Corrosion Science	7.720	6.33

① Meghwal A, Anupam A, Luzin V, et al. Multiscale mechanical performance and corrosion behaviour of plasma sprayed AlCoCrFeNi high-entropy alloy coatings[J]. Journal of Alloys and Compounds, 2021, 854: 157140.

4. 中国科学院金属研究所

从中国科学院金属研究所的 10 篇研发论文(表 3.6)看出，在腐蚀防护上重点研究了微生物的腐蚀效应、海洋大气对金属材料的腐蚀以及腐蚀的微观机理。

(1)微生物的腐蚀效应。研究人员对微生物的合金污损影响进行了研究，包括好氧海洋细菌铜绿假单胞菌对钛的腐蚀[1]、海洋铜绿假单胞菌对超级奥氏体不锈钢的腐蚀[2]。另外，研究微生物的腐蚀效应是为了进行防护，Xu 等[3]通过掺铜来提高双相不锈钢对好氧铜绿假单胞菌的抗腐蚀性。

(2)海洋大气对金属材料的腐蚀。一些海洋基础设施或工程结构都处在潮湿、含盐分高的大气环境中，金属研究所对此方面也开展了很多研究，Ma 等[4]研究了低碳钢在不同氯化物含量大气环境中的腐蚀；Cao 等[5]还加速模拟了铝合金在海洋大气环境下的电化学腐蚀行为。

(3)腐蚀的微观机理。腐蚀的微观机理研究是腐蚀防护的基础，在该方向上研究了孔隙缺陷对铁基非晶合金镀层低碳钢长期腐蚀行为的影响，并就纳米结构的超疏水聚硅氧烷涂层开展了腐蚀防护的适用研究。

表 3.6　中国科学院金属研究所海洋腐蚀防护材料领域影响较大的文章

序号	题名	中文译名	发表期刊	期刊影响因子	年均被引率
1	Enhanced resistance of 2205 Cu-bearing duplex stainless steel towards microbiologically influenced corrosion by marine aerobic *Pseudomonas aeruginosa* biofilms	含 2205 铜双相不锈钢对海洋好氧铜绿假单胞菌生物膜微生物影响腐蚀的抵抗力增强	Journal of Materials Science & Technology	10.319	13.8

① Khan M S, Li Z, Yang K, et al. Microbiologically influenced corrosion of titanium caused by aerobic marine bacterium *Pseudomonas aeruginosa*[J]. Journal of Materials Science & Technology, 2019, 35(1): 216-222.

② Li H, Yang C, Zhou E, et al. Microbiologically influenced corrosion behavior of S32654 super austenitic stainless steel in the presence of marine *Pseudomonas aeruginosa* biofilm[J]. Journal of Materials Science & Technology, 2017, 33(12): 1596-1603.

③ Xu D, Zhou E, Zhao Y, et al. Enhanced resistance of 2205 Cu-bearing duplex stainless steel towards microbiologically influenced corrosion by marine aerobic *Pseudomonas aeruginosa* biofilms[J]. Journal of Materials Science & Technology, 2018, 34(8): 1325-1336.

④ Ma Y, Li Y, Wang F. Corrosion of low carbon steel in atmospheric environments of different chloride content[J]. Corrosion Science, 2009, 51(5): 997-1006.

⑤ Cao M, Liu L, Yu Z, et al. Electrochemical corrosion behavior of 2A02 Al alloy under an accelerated simulation marine atmospheric environment[J]. Journal of Materials Science & Technology, 2019, 35(4): 651-659.

序号	题名	中文译名	发表期刊	期刊影响因子	年均被引率
2	Corrosion of low carbon steel in atmospheric environments of different chloride content	低碳钢在不同氯化物含量大气环境中的腐蚀	Corrosion Science	7.720	16.86
3	Effect of porosity defects on the long-term corrosion behaviour of Fe-based amorphous alloy coated mild steel	孔隙缺陷对铁基非晶合金镀层低碳钢长期腐蚀行为的影响	Corrosion Science	7.720	16.29
4	Microbiologically influenced corrosion of titanium caused by aerobic marine bacterium *Pseudomonas aeruginosa*	好氧海洋细菌铜绿假单胞菌对钛腐蚀的微生物影响	Journal of Materials Science & Technology	10.319	11
5	Microbiologically influenced corrosion behavior of S32654 super austenitic stainless steel in the presence of marine *Pseudomonas aeruginosa* biofilm	海洋铜绿假单胞菌生物膜对 S32654 超级奥氏体不锈钢腐蚀行为的微生物影响	Journal of Materials Science & Technology	10.319	10.83
6	Nanostructured superhydrophobic polysiloxane coating for high barrier and anticorrosion applications in marine environment	纳米结构超疏水聚硅氧烷涂层在海洋环境中的高阻隔和防腐应用	Journal of Colloid and Interface Science	9.965	11
7	Accelerated corrosion of 2205 duplex stainless steel caused by marine aerobic *Pseudomonas aeruginosa* biofilm	海洋好氧铜绿假单胞菌生物膜对 2205 双相不锈钢的加速腐蚀	Bioelectrochemistry	5.760	18
8	Corrosion of antibacterial Cu-bearing 316L stainless steels in the presence of sulfate reducing bacteria	含铜 316L 抗菌不锈钢在硫酸盐还原菌存在下的腐蚀	Corrosion Science	7.720	13.4
9	Investigation of microbiologically influenced corrosion of high nitrogen nickel-free stainless steel by *Pseudomonas aeruginosa*	铜绿假单胞菌对高氮无镍不锈钢腐蚀的微生物影响研究	Corrosion Science	7.720	13
10	Electrochemical corrosion behavior of 2A02 Al alloy under an accelerated simulation marine atmospheric environment	加速模拟海洋大气环境下 2A02 铝合金的电化学腐蚀行为	Journal of Materials Science & Technology	10.319	9.5

5. 中国海洋大学

中国海洋大学在海洋腐蚀防护材料领域的研究较为广泛(表 3.7),但仍以钢铁的腐蚀行为研究为主。

(1)钢铁材料的腐蚀行为研究。在腐蚀行为的研究上,中国海洋大学重点研究的材料是钢铁,其研究了 E690 钢、低碳贝氏体钢、不锈钢等在不同海洋环境下的腐蚀行为。如针对 E690 钢的研究，他们开展了 E690 钢在含硫人工海水的电化学腐蚀、氢渗透及应力腐蚀开裂行为研究。

（2）防护技术研究，如膜、涂层等的研究。对于金属材料的腐蚀防护主要还是依靠表面技术，包括涂覆涂层或形成膜。中国海洋大学在此方面研究了氧化石墨烯-介孔硅层-纳米球结构涂层的性能，如自愈性、耐腐蚀性等；研究了超疏水膜的制备，该膜可以作为钛合金的有效防腐蚀屏障；还研究了生物膜对碳钢的腐蚀防护作用等。

表 3.7　中国海洋大学海洋腐蚀防护材料领域影响较大的文章

序号	题名	中文译名	发表期刊	期刊影响因子	年均被引率
1	Self-healing performance and corrosion resistance of graphene oxide-mesoporous silicon layer-nanosphere structure coating under marine alternating hydrostatic pressure	氧化石墨烯-介孔硅层-纳米球结构涂层在海洋交变静水压力下的自愈性能和耐腐蚀性能	Chemical Engineering Journal	16.744	17
2	Passivation behavior and surface chemistry of 2507 super duplex stainless steel in artificial seawater: Influence of dissolved oxygen and pH	2507 超双相不锈钢在人工海水中的钝化行为和表面化学：溶解氧和 pH 的影响	Corrosion Science	7.720	26.75
3	pH responsive antifouling and antibacterial multilayer films with selfhealing performance	具有自愈性能的 pH 响应防污抗菌多层膜	Chemical Engineering Journal	16.744	11.25
4	Electrochemical corrosion, hydrogen permeation and stress corrosion cracking behavior of E690 steel in thiosulfate-containing artificial seawater	E690 钢在含硫代硫酸盐人工海水中的电化学腐蚀、氢渗透及应力腐蚀开裂行为	Corrosion Science	7.720	18.2
5	Combined effect of cathodic potential and sulfur species on calcareous deposition, hydrogen permeation, and hydrogen embrittlement of a low carbon bainite steel in artificial seawater	阴极电位和硫种类对人工海水中低碳贝氏体钢的钙质沉积、氢渗透和氢脆的综合影响	Corrosion Science	7.720	15.5
6	Electrochemical techniques for determining corrosion rate of rusted steel in seawater	测定锈钢在海水中腐蚀速率的电化学技术	Corrosion Science	7.720	12.92
7	Corrosion evolution and stress corrosion cracking of E690 steel for marine construction in artificial seawater under potentiostatic anodic polarization	海洋工程用 E690 钢在人工海水中恒电位阳极极化作用下的腐蚀演化及应力腐蚀开裂	Construction and Building Materials	7.693	11.67

续表

序号	题名	中文译名	发表期刊	期刊影响因子	年均被引率
8	Preparation of superhydrophobic films on titanium as effective corrosion barriers	钛上超疏水膜作为有效的防腐蚀屏障的制备	Applied Surface Science	7.392	11
9	Influence of different heat-affected zone microstructures on the stress corrosion behavior and mechanism of high-strength low-alloy steel in a sulfurated marine atmosphere	不同热影响区组织对低合金钢在含硫海洋大气中的应力腐蚀行为及机理的影响	Materials Science and Engineering A-Structural Materials Properties Microstructure and Processing	6.044	12.75
10	Corrosion of carbon steel influenced by anaerobic biofilm in natural seawater	天然海水中厌氧生物膜对碳钢腐蚀的影响	Electrochimica Acta	7.336	9.87

6. 中国科学院宁波材料技术与工程研究所

基于筛选的文章可看出(表3.8),中国科学院宁波材料技术与工程研究所主要研究方向是表面防腐材料的研究,包括纳米材料、疏水材料、膜材料等。

(1)防腐材料的研究。在防腐材料的研究上,宁波材料技术与工程研究所更侧重纳米级别的材料研究,包括超疏水膜、石墨烯纳米片等,具体研究则有:超疏水 POSS-GO 纳米片改善环氧基体的腐蚀性能;加入生物超薄石墨烯纳米片的涂料;丝素-$Ti_3C_2T_x$复合纳米填料增强水性环氧涂料防腐能力;CrN/AlN 纳米多层膜对 F690 钢的防护效果等。

(2)金属改性研究。宁波材料技术与工程研究所对 Q460NH 耐候钢掺杂稀土元素(Ce, La)后的耐腐蚀进行了研究[1]。

(3)焊接的腐蚀行为。金属焊接的接头处是金属结构最脆弱的地方,容易引发工程失效。Ma 等[2]就模拟了 E690 钢焊接接头在含二氧化硫的海洋大气中的应力腐蚀情况。

① Liu C, Revilla R I, Liu Z, et al. Effect of inclusions modified by rare earth elements (Ce, La) on localized marine corrosion in Q460NH weathering steel[J]. Corrosion Science, 2017, 129: 82-90.

② Ma H C, Liu Z Y, Du C W, et al. Stress corrosion cracking of E690 steel as a welded joint in a simulated marine atmosphere containing sulphur dioxide[J]. Corrosion Science, 2015, 100: 627-641.

表 3.8 中国科学院宁波材料技术与工程研究所海洋腐蚀防护材料领域影响较大的文章

序号	题名	中文译名	发表期刊	期刊影响因子	年均被引率
1	Improvement of anticorrosion ability of epoxy matrix in simulate marine environment by filled with superhydrophobic POSS-GO nanosheets	超疏水 POSS-GO 纳米片填充改善环氧基体在模拟海洋环境中的耐腐蚀性能	Journal of Hazardous Materials	14.224	23
2	Ultra-robust carbon fibers for multi-media purification via solar-evaporation	超坚固的碳纤维通过太阳蒸发用于多媒体净化	Journal of Materials Chemistry A	14.511	20.25
3	Bioinspired ultrathin graphene nanosheets sandwiched between epoxy layers for high performance of anticorrosion coatings	生物超薄石墨烯纳米片夹在环氧层之间，用于高性能防腐涂料	Chemical Engineering Journal	16.744	9.5
4	Effect of inclusions modified by rare earth elements（Ce, La）on localized marine corrosion in Q460NH weathering steel	稀土元素（Ce, La）修饰夹杂物对 Q460NH 耐候钢局部海洋腐蚀的影响	Corrosion Science	7.720	18.83
5	One-step transformation of metal meshes to robust superhydrophobic and superoleophilic meshes for highly efficient oil spill cleanup and oil/water separation	金属网格向稳健超疏水和超亲油网格的一步式转变，用于高效油污清理和油水分离	ACS Applied Materials & Interfaces	10.383	13.67
6	Self-assembled graphene oxide microcapsules in Pickering emulsions for self-healing waterborne polyurethane coatings	自愈合水性聚氨酯涂料用 Pickering 乳液中的自组装氧化石墨烯微胶囊	Composites Science and Technology	9.879	13.17
7	Role of Al_2O_3 inclusions on the localized corrosion of Q460NH weathering steel in marine environment	Al_2O_3 夹杂物对 Q460NH 耐候钢海洋环境局部腐蚀的影响	Corrosion Science	7.720	16.4
8	Silk fibroin-$Ti_3C_2T_x$ hybrid nanofiller enhance corrosion protection for waterborne epoxy coatings under deep sea environment	丝素-$Ti_3C_2T_x$ 复合纳米填料增强了深海环境下水性环氧涂料的防腐能力	Chemical Engineering Journal	16.744	5
9	Structural, mechanical and tribocorrosion behaviour in artificial seawater of CrN/AlN nano-multilayer coatings on F690 steel substrates	F690 钢基体上 CrN/AlN 纳米多层膜在人工海水中的结构、力学和摩擦腐蚀行为	Applied Surface Science	7.392	11.2
10	Stress corrosion cracking of E690 steel as a welded joint in a simulated marine atmosphere containing sulphur dioxide	E690 钢焊接接头在含有二氧化硫的模拟海洋大气中的应力腐蚀开裂	Corrosion Science	7.720	10.25

3.2.4 不同国别技术分布状况

在国别或区域上，2021 年前有 7635 篇研究论文，以国别或区域对研究论文进行统计，排名前十的国家或地区如图 3.3 所示，分别有中国、美国、印度、英国、韩国、澳大利亚、法国、日本、西班牙和意大利。

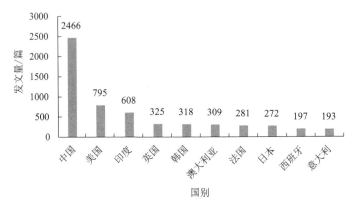

图 3.3 发文量排名前十的国家或地区

对各国研究时间进行比对 (图 3.4)，发文量排名前十的国家中，美国是最早刊发相关成果的，在 1972 年发表了一篇关于铬钢锈层的研究[①]，分析了在海洋大气中铬钢锈层成分、结构和腐蚀速度。除了美国，1980 年前开展海洋腐蚀研究的还有英国、法国、日本和意大利。法国的首篇文献是关于铝合金在海洋大气中腐蚀问题的研究[②]；日本则是研究了传热条件下钢管在流动海水中的腐蚀[③]；英国首篇腐蚀研究是关于探讨高镍合金在海水中的耐腐蚀性[④]；意大利[⑤]的研究是关于海水

① Faulring G M. Composition and structure of rust layers and corrosion rate of chromium steels exposed to a marine atmosphere[J]. Journal of Materials, 1972, 7: 542-554.

② Guilhaudis A. Some aspects of the corrosion resistance of aluminium alloys in a marine atmosphere[J]. Anti-Corrosion Methods and Materials, 1975, 22(3): 12-16.

③ Kiyoshige M, Ueno K, Mori M, et al. A study of corrosion of steel tubes in flowing seawater under heat-transfer condition[J]. Transactions of the Iron and Steel Institute of Japan, 1975, 15(10): 508-515.

④ Maylor J B. Corrosion resistance of high nickel alloys in sea water[J]. Anti-Corrosion Methods and Materials, 1978, 25(7): 3-9.

⑤ 意大利 1972 年有两篇文章，另一篇从标题来看是关于意大利国家研究委员会(CNR)在海洋腐蚀方面材料化学领域的研究介绍。

中亚硫酸钠对钢铁的腐蚀影响[①]。1997 年是我国开展海洋腐蚀相关研究的分水岭，在此之前仅有 3 篇相关文献，1997 年后我国发文量持续增加，从 2007 年左右开始，增速进一步提升，年发文量超越其他各国。

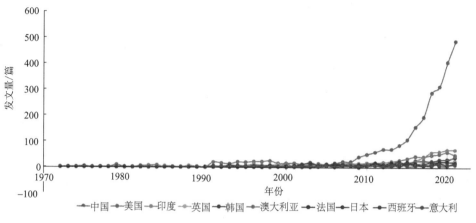

图 3.4　各国研究发展对比图

1. 中国

截至 2021 年，中国有关海洋材料腐蚀的相关科技文献有 2466 篇，最早的一篇是 1988 年由金属腐蚀与防护研究所（现中国科学院金属研究所）的 G. Y. Gao 与美国特拉华大学的 S. C. Dexter 合作发表[②]，有关海洋生物膜对不锈钢腐蚀影响的文章。此后我国每年发布的文献数量持续增长，2021 年单年已发表 479 篇。

综合发表期刊影响因子和文章年均被引率，选出 20 篇影响较大的文章，见表 3.9。根据表中内容所示，我国在海洋材料腐蚀方面的研究主要有如下方向或重点领域。

（1）表面技术。表面技术是材料腐蚀防护研究的一个重点领域，基于 20 篇的内容发现主要有三个重要研究分支，分别是超疏水表面、涂层涂料、腐蚀机理等。作为表面技术的一种，超疏水表面的研究较多，包括用于提高铝合金的耐腐蚀性、

① Cigna R, Simoncel C. Influence of sodium-sulfite on steel corrosion in sea-water[J]. Annali Di Chimica, 1973, 63(7-8): 541-546.

② Dexter S C, Gao G Y. Effect of seawater biofilms on corrosion potential and oxygen reduction of stainless steel[J]. Corrosion, 1988, 44(10): 717-723.

纳米级别超疏水表面研制、防生物污损的硬脂酸锰超疏水表面等；涂层涂料的研究则是与涂层结构(纳米级)、涂料成分(石墨烯等)有关；腐蚀机理的研究内容则是对 2507 超双相不锈钢的钝化行为研究这一案例。

(2)海洋环境中钢筋混凝土的腐蚀渗透研究。对于沿海基础设施建设用的钢筋混凝土，研究重点在于钢筋的腐蚀研究、混凝土结构破坏研究、混凝土增强材料等，其中钢筋的腐蚀研究以氯离子的腐蚀影响为主，混凝土增强材料以纤维增强聚合材料为主。

(3)铜的缓蚀研究。在海洋工程结构，特别是容易受到生物污损的结构中，掺铜或铜合金是防止生物污损的有效手段。而阻碍铜的腐蚀主要依靠缓蚀剂的研发，如吲哚唑衍生物作为缓蚀剂。

(4)油水分离膜。油水分离膜主要应用于原油泄漏造成的污染，但同样可以应用在海洋钻井平台、燃油发电机等重油污地方，防护设备发生污损，具体研究包括醋酸纤维素纳米纤维膜、废砖粉涂层膜(waste brick powder-coated membrane)等。

表 3.9　中国前 20 篇影响较大的研究

序号	题名	中文译名	机构	期刊	期刊影响因子	年均被引率
1	A high-efficiency solar desalination evaporator composite of corn stalk, Mcnts and TiO$_2$: Ultra-fast capillary water moisture transportation and porous bio-tissue multi-layer filtration	一种玉米秸秆、Mcnts 和 TiO$_2$ 复合的高效太阳能海水淡化蒸发器：超快速毛细水分输送和多孔生物组织多层过滤	东北林业大学(中国)，伊迪斯·科文大学(澳大利亚)，香港城市大学(中国)	Journal of Materials Chemistry A	14.511	25.67
2	Recent durability studies on concrete structure	混凝土结构耐久性研究进展	武汉大学(中国)、香港科技大学(中国)、中国建筑材料科学研究总院(中国)、爱德华多·托罗哈建筑研究所(西班牙)	Cement and Concrete Research	11.958	30.13
3	Subtractive manufacturing of stable hierarchical micro-nano structures on AA5052 sheet with enhanced water repellence and durable corrosion resistance	在 AA5052 片材上减法制造稳定的层次化微纳结构，增强了拒水性能和持久的耐腐蚀性能	西安科技大学(中国)、武汉理工大学(中国)、清华大学(中国)、中国科学院兰州化学物理研究所(中国)	Materials & Design	9.417	36.75

序号	题名	中文译名	机构	期刊	期刊影响因子	年均被引率
4	Facile fluorine-free one step fabrication of superhydrophobic aluminum surface towards self-cleaning and marine anticorrosion	超疏水铝表面轻松无氟一步制备,实现自洁、耐海洋腐蚀	中国科学院海洋研究所(中国)、青岛海洋科学与技术试点国家实验室(中国)	Chemical Engineering Journal	16.744	20.2
5	Improvement of anticorrosion ability of epoxy matrix in simulate marine environment by filled with superhydrophobic POSS-GO nanosheets	超疏水 POSS-GO 纳米片填充改善环氧树脂基体在模拟海洋环境中的防腐能力	北京科技大学(中国),江西理工大学(中国),中国科学院宁波材料技术与工程研究所(中国)	Journal of Hazardous Materials	14.224	23
6	Femtosecond laser induced robust periodic nanoripple structured mesh for highly efficient oil-water separation	飞秒激光诱导的鲁棒周期纳米波纹结构网用于高效油水分离	中南大学(中国)	Nanoscale	8.307	37.83
7	Axial compressive behavior of polyethylene terephthalate/carbon FRP-confined seawater sea-sand concrete in circular columns	聚对苯二甲酸乙二醇酯/碳纤维布约束海水海砂混凝土圆形柱的轴向压缩性能	广东理工大学(中国),香港理工大学(中国),上海交通大学(中国),深圳大学(中国),北京理工大学(中国),上海科技大学(中国)	Construction and Building Materials	7.693	37.67
8	Self-healing performance and corrosion resistance of graphene oxide-mesoporous silicon layer-nanosphere structure coating under marine alternating hydrostatic pressure	氧化石墨烯-介孔硅层-纳米球结构涂层在海洋交变静水压力下的自修复性能和耐腐蚀性能	中国海洋大学(中国),中国科学院海洋研究所(中国),海南大学(中国),山东省海洋科学研究院(中国),中山大学(中国),青岛海洋科学与技术试点国家实验室(中国)	Chemical Engineering Journal	16.744	17.25
9	Experimental and theoretical studies on the corrosion inhibition of copper by two indazole derivatives in 3.0% NaCl solution	两种吲唑衍生物在 3.0% NaCl 溶液中缓蚀铜的实验和理论研究	重庆大学(中国)	Journal of Colloid and Interface Science	9.965	28.57
10	Long-term durability of basalt- and glass-fibre reinforced polymer (BFRP/GFRP) bars in seawater and sea sand concrete environment	玄武岩和玻璃纤维增强聚合物(BFRP/GFRP)钢筋在海水和海砂混凝土环境中的长期耐久性	哈尔滨工业大学(中国),蒙纳士大学(澳大利亚),东南大学(中国)	Construction and Building Materials	7.693	34.83

续表

序号	题名	中文译名	机构	期刊	期刊影响因子	年均被引率
11	Prediction of chloride diffusivity in concrete using artificial neural network: Modelling and performance evaluation	混凝土中氯离子扩散系数的人工神经网络预测：建模和性能评估	上海交通大学(中国)、上海市公共建筑和基础设施数字化运维重点实验室(中国)、古拉姆伊沙克·汗工程科学与技术研究所(巴基斯坦)、伯明翰大学(英国)、青岛理工大学(中国)、巴基斯坦国立科技大学(巴基斯坦)	Construction and Building Materials	7.693	33.5
12	Nano-silica and silica fume modified cement mortar used as surface protection material to enhance the impermeability	采用纳米二氧化硅和硅灰改性水泥砂浆作为表面防护材料，提高水泥砂浆的抗渗性能	武汉理工大学(中国)	Cement & Concrete Composites	9.930	25.6
13	Synthesis of graphene oxide-based sulfonated oligoanilines coatings for synergistically enhanced corrosion protection in 3.5% NaCl solution	在 3.5% NaCl 溶液中协同增强型腐蚀防护用氧化石墨烯磺化低聚苯胺涂料的合成	重庆大学(中国)，中国科学院海洋研究所(中国)，青岛科技大学(中国)	ACS Applied Materials & Interfaces	10.383	23.67
14	Effective separation of surfactant-stabilized crude oil-in-water emulsions by using waste brick powder-coated membranes under corrosive conditions	腐蚀条件下废砖粉末涂层对表面活性剂稳定的水包油乳状液的有效分离	西北师范大学(中国)，兰州理工大学(中国)	Green Chemistry	11.034	22
15	Seawater sea-sand engineered/strain-hardening cementitious composites (ECC/SHCC): Assessment and modeling of crack characteristics	海水海砂工程/应变硬化胶凝复合材料(ECC/SHCC)：裂纹特性的评估和建模	香港理工大学(中国)、香港科技大学(中国)、中山大学(中国)、南方海洋科学与工程广东省实验室(中国)、密西根大学(美国)	Cement and Concrete Research	11.958	20
16	Fabrication of inherent anticorrosion superhydrophobic surfaces on metals	金属固有耐腐蚀超疏水表面的制备	南京大学(中国)，得克萨斯大学达拉斯分校(美国)，南洋理工大学(新加坡)	ACS Sustainable Chemistry & Engineering	9.224	23.2
17	Dual super-amphiphilic modified cellulose acetate nanofiber membranes with highly efficient oil/water separation and excellent antifouling properties	双超亲性改性醋酸纤维素纳米纤维膜，具有高效的油水分离和优良的防污性能	福建理工大学(中国)，福建大学(中国)，威斯康星大学(美国)	Journal of Hazardous Materials	14.224	15

续表

序号	题名	中文译名	机构	期刊	期刊影响因子	年均被引率
18	Biomimetic one step fabrication of manganese stearate superhydrophobic surface as an efficient barrier against marine corrosion and *Chlorella vulgaris*-induced biofouling	仿生一步制备硬脂酸锰超疏水表面作为有效屏障，防止海洋腐蚀和小球藻引起的生物污垢	中国科学院海洋研究所(中国)，中国科学院大学(中国)，江苏科技大学(中国)	Chemical Engineering Journal	16.744	12.71
19	A novel Cu-bearing high-entropy alloy with significant antibacterial behavior against corrosive marine biofilms	一种新型含铜高熵合金，对腐蚀性海洋生物膜具有显著的抗菌性能	东北大学(中国)，大连理工大学(中国)，康涅狄格大学(美国)，郑州大学(中国)，田纳西大学诺克斯维尔分校(美国)	Journal of Materials Science & Technology	10.319	20.33
20	Passivation behavior and surface chemistry of 2507 super duplex stainless steel in artificial seawater: Influence of dissolved oxygen and pH	2507 超双相不锈钢在人工海水中的钝化行为和表面化学：溶解氧和 pH 的影响	中国海洋大学(中国)，青岛大学(中国)，卡尔加里大学(加拿大)，北京科技大学(中国)	Corrosion Science	7.720	26.75

2. 美国

美国截至 2021 年有 795 篇科技文献发表，同样选出前 20 篇影响较大、与海洋材料腐蚀相关的研究成果，见表 3.10。美国的研究重点与中国有一定区别，特别是在腐蚀防护手段的应用上。

(1)金属的阴极保护。美国在阴极保护方面研究较多，从具体研究内容来看，其研究主要是针对阴极保护技术中电能供应，如利用风、雨自然能量自供电的柔性摩擦纳米发电机。

(2)涂层保护，特别是膜的研究。除了阴极保护技术，美国研究的另一项防腐技术是膜的研究，如生物膜、无机膜。Husain 等[1]研究了一种六方氮化硼薄膜，用来防止不锈钢腐蚀。

(3)防止生物污损，抗菌。海洋中的微生物对金属材料有很强的污损作用。对

---

① Husain E, Narayanan T N, Taha-Tijerina J J, et al. Marine corrosion protective coatings of hexagonal boron nitride thin films on stainless steel[J]. ACS Applied Materials & Interfaces, 2013, 5(10): 4129-4135.

耐生物腐蚀的研究有两个方向，一是研究含铜的合金，特别是高熵合金；二是研究钢材的耐生物腐蚀性，特别是铜绿假单胞菌的腐蚀效应，而防止手段有采用纳米多孔钨酸盐薄膜、生物膜等。

(4)沿海建筑的腐蚀破坏研究。在沿海基础建筑上，美国主要研究建筑用复合材料的特性以及氯离子或氯化物的影响，包括氯离子对钢结构的影响、不同氯离子浓度对建筑物的影响等。

表 3.10　美国前 20 篇影响较大的研究

序号	题名	中文译名	机构	期刊	期刊影响因子	年均被引率
1	Extremely durable biofouling-resistant metallic surfaces based on electrodeposited nanoporous tungstite films on steel	基于电沉积纳米多孔钨酸盐薄膜在钢上的耐生物污垢金属表面	哈佛大学(美国)	Nature Communications	17.694	30.13
2	Seawater sea-sand engineered/strain-hardening cementitious composites (ECC/SHCC): Assessment and modeling of crack characteristics	海水海砂工程/应变硬化胶凝复合材料(ECC/SHCC)：裂纹特性的评估和建模	香港理工大学(中国)、香港科技大学(中国)、中山大学(中国)、南方海洋科学与工程广东省实验室(中国)、密西根大学(美国)	Cement and Concrete Research	11.958	20
3	Fabrication of inherent anticorrosion superhydrophobic surfaces on metals	金属固有耐腐蚀超疏水表面的制备	南京大学(中国)，得克萨斯大学达拉斯分校(美国)，南洋理工大学(新加坡)	ACS Sustainable Chemistry & Engineering	9.224	23.2
4	Dual super-amphiphilic modified cellulose acetate nanofiber membranes with highly efficient oil/water separation and excellent antifouling properties	双超亲性改性醋酸纤维素纳米纤维膜，具有高效的油水分离和优良的防污性能	福建理工大学(中国)，福建大学(中国)，威斯康星大学(美国)	Journal of Hazardous Materials	14.224	15
5	A novel Cu-bearing high-entropy alloy with significant antibacterial behavior against corrosive marine biofilms	一种新型含铜高熵合金具有明显的抗菌行为对腐蚀性海洋生物膜	东北大学(中国)，大连理工大学(中国)，康涅狄格大学(美国)，郑州大学(中国)，田纳西大学(美国)	Journal of Materials Science & Technology	10.319	20.33
6	Self-powered metal surface anti-corrosion protection using energy harvested from rain drops and wind	自供电的金属表面防腐保护，利用从雨滴和风收集的能量	中国科学院北京纳米能源与系统研究所(中国)，佐治亚理工学院(美国)	Nano Energy	19.069	10.38

续表

序号	题名	中文译名	机构	期刊	期刊影响因子	年均被引率
7	pH responsive antifouling and antibacterial multilayer films with selfhealing performance	具有自愈性能的 pH 响应防污抗菌多层膜	中国海洋大学(中国)，田纳西大学诺克斯维尔分校(美国)，卡尔加里大学(加拿大)	Chemical Engineering Journal	16.744	11.25
8	Marine corrosion protective coatings of hexagonal boron nitride thin films on stainless steel	不锈钢表面六方氮化硼薄膜的海洋防腐涂层	莱斯大学(美国)，科威特科学研究院(科威特)	ACS Applied Materials & Interfaces	10.383	17.1
9	Exceptionally high cavitation erosion and corrosion resistance of a high entropy alloy	高熵合金具有极高的抗空蚀性和耐蚀性	希夫纳达尔大学(印度)，北得克萨斯州大学(美国)，印度理工学院(印度)	Ultrasonics Sonochemistry	9.336	19
10	Triboelectric charging at the nanostructured solid/liquid interface for area-scalable wave energy conversion and its use in corrosion protection	纳米固/液界面摩擦充电区域可扩展波能量转换及其在腐蚀防护中的应用	中国科学院北京纳米能源与系统研究所(中国)，佐治亚理工学院(美国)	ACS Nano	18.027	9.13
11	Fresh and hardened properties of seawater-mixed concrete	海水混合混凝土的新鲜和硬化性能	迈阿密大学(美国)，卡塔尔大学(卡塔尔)	Construction and Building Materials	7.693	19.8
12	Prediction of surface chloride concentration of marine concrete using ensemble machine learning	基于集成机器学习的海洋混凝土表面氯离子浓度预测	密苏里科学技术大学(美国)，广西大学(中国)，深圳大学(中国)	Cement and Concrete Research	11.958	12.67
13	Scalable corrosion-resistant coatings for thermal applications	可扩展的耐热耐腐蚀涂料	伊利诺伊大学(美国)，九州大学(日本)	ACS Applied Materials & Interfaces	10.383	14.5
14	Electrochemical cathodic protection powered by triboelectric nanogenerator	纳米摩擦电发生器驱动的电化学阴极保护	中国科学院北京纳米能源与系统研究所(中国)，厦门大学(中国)，清华大学(中国)，佐治亚理工学院(美国)	Advanced Functional Materials	19.924	7.22
15	Corrosion behavior of carbon steel in the presence of sulfate reducing bacteria and iron oxidizing bacteria cultured in oilfield produced water	油田采出水中培养的硫酸盐还原菌和铁氧化菌对碳钢的腐蚀行为	华中科技大学(中国)，俄亥俄大学(美国)	Corrosion Science	7.720	17
16	Microbiologically influenced corrosion behavior of S32654 super austenitic stainless steel in the presence of marine *Pseudomonas aeruginosa* biofilm	在海洋铜绿假单胞菌生物膜存在下，微生物对 S32654 超奥氏体不锈钢腐蚀行为的影响	东北大学(中国)，中国科学院金属研究所(中国)，俄亥俄大学(美国)	Journal of Materials Science & Technology	10.319	11

续表

序号	题名	中文译名	机构	期刊	期刊影响因子	年均被引率
17	Corrosion of X80 pipeline steel under sulfate-reducing bacterium biofilms in simulated CO_2-saturated oilfield produced water with carbon source starvation	硫酸盐还原菌生物膜作用下 X80 管线钢在模拟 CO_2 饱和油田采出水中的碳源饥饿腐蚀	华中科技大学(中国)，卡尔加里大学(加拿大)，俄亥俄大学(美国)	Corrosion Science	7.720	13.6
18	Investigation of microbiologically influenced corrosion of high nitrogen nickel-free stainless steel by *Pseudomonas aeruginosa*	铜绿假单胞菌对高氮无镍不锈钢腐蚀的微生物影响研究	东北大学(中国)，中国科学院金属研究所(中国)，北京科技大学(中国)，俄亥俄大学(美国)	Corrosion Science	7.720	13.14
19	Structural behavior of GFRP reinforced concrete columns under the influence of chloride at casting and service stages	氯化物对 GFRP 钢筋混凝土柱浇筑期和服役期结构性能的影响	香港城市大学(中国)，麻省理工学院(美国)	Composites Part B-Engineering	11.322	8.4
20	SRB-biofilm influence in active corrosion sites formed at the steel-electrolyte interface when exposed to artificial seawater conditions	当暴露在人工海水条件下，SRB-生物膜在钢-电解质界面形成的活性腐蚀部位的影响	巴特尔纪念研究所(美国)，墨西哥石油研究所(墨西哥)	Corrosion Science	7.720	10.6

3. 印度

截至 2021 年，印度有 608 篇科技文献发表。综合期刊影响因子和文章年均被引率，同样选出 20 篇影响较大、与海洋材料腐蚀相关的研究成果，如表 3.11 所示。印度的研究重点和趋势如下：

(1)涂层与涂料。印度对涂层/涂料的研究相对较多，包括研究制备石墨烯增强复合涂层，AlCoCrFeNi 高熵合金涂层防腐特性，氧化石墨烯-壳聚糖-银复合涂层的防腐特性等。

(2)合金加工及特性研究。印度开展了多项合金加工的研究，如镍基高温合金的表面加工，合金的沉淀硬化工艺，镁合金等通道角挤压成型等。同时对一些制备的合金还开展了特性研究工作，如对高熵合金的耐腐蚀性和抗空蚀性的研究、铝合金焊接头的拉伸特性研究、钛合金(Ti-6Al-4V)的行为表征、镍基高温合金的热腐蚀特性研究等。

（3）缓蚀剂的研究。缓蚀剂的研究主要是针对铜的，印度在该方向研究了咪唑嘧啶染料、壳聚糖聚合物等化合物缓蚀剂对铜或铜合金的缓蚀效果。

（4）建筑物的腐蚀研究。印度在该方向上的研究有混凝土钢筋的腐蚀特性、粉煤灰对混凝土耐久性的增强、钢筋的不均匀腐蚀等。

表 3.11　印度前 20 篇影响较大的研究

序号	题名	中文译名	机构	期刊	期刊影响因子	年均被引率
1	A new insight into corrosion inhibition mechanism of copper in aerated 3.5 wt.% NaCl solution by eco-friendly imidazopyrimidine dye: Experimental and theoretical approach	环保型咪唑嘧啶染料对 3.5 wt% NaCl 加气溶液中铜的缓蚀机理的新认识：实验和理论方法	Manipal University Jaipur(印度)，Natl Inst Technol Agartala(印度)，乌特尔卡大学(印度)，建国大学(韩国)	Chemical Engineering Journal	16.744	37.75
2	State-of-the-art in surface integrity in machining of nickel-based super alloys	镍基高温合金加工表面完整性研究进展	Natl Inst Technol Rourkela(印度)	International Journal of Machine Tools & Manufacture	10.331	43.14
3	The production of a corrosion resistant graphene reinforced composite coating on copper by electrophoretic deposition	电泳沉积法制备耐腐蚀石墨烯增强复合涂层	CSIR-矿物与材料技术研究所(印度)	Carbon	11.307	18
4	Exceptionally high cavitation erosion and corrosion resistance of a high entropy alloy	高熵合金具有极高的抗空蚀性和耐蚀性	希夫纳达尔大学(印度)，北得克萨斯州大学(美国)，印度理工学院(印度)	Ultrasonics Sonochemistry	9.336	19
5	Improved active anticorrosion coatings using layer-by-layer assembled ZnO nanocontainers with benzotriazole	使用含苯并三唑的一层—层组装 ZnO 纳米容器的改进活性防腐涂料	普纳维什瓦卡玛技术研究所(印度)，化学技术研究所(印度)，孟买大学(印度)	Chemical Engineering Journal	16.744	10.18
6	Multiscale mechanical performance and corrosion behaviour of plasma sprayed AlCoCrFeNi high-entropy alloy coatings	等离子喷涂 AlCoCrFeNi 高熵合金涂层的多尺度力学性能和腐蚀行为	斯威本科技大学(澳大利亚)，印度理工学院(印度)，澳大利亚核科学与技术组织(ANSTO，澳大利亚)，纽卡斯尔大学(澳大利亚)，南澳大学(澳大利亚)	Journal of Alloys and Compounds	6.371	22

序号	题名	中文译名	机构	期刊	期刊影响因子	年均被引率
7	Comparative analysis of dry, flood, MQL and cryogenic CO$_2$ techniques during the machining of 15-5-PH SS alloy	干燥、泛水、MQL 和低温 CO$_2$ 技术在 15-5-PH SS 合金加工中的对比分析	IITRAM（印度），IITDM Kancheepuram（印度），IIT Bhubaneswar（印度）	Tribology International	5.620	18
8	Synthesis of B4C and BN reinforced Al7075 hybrid composites using stir casting method	搅拌铸造法制备 B4C 和 BN 增强 Al7075 混杂复合材料	ARM 工程技术大学（印度），ARS 工程技术大学（印度），SRM 孟买工程大学（印度）	Journal of Materials Research and Technology	6.267	13.67
9	Graphene oxide-chitosan-silver composite coating on Cu-Ni alloy with enhanced anticorrosive and antibacterial properties suitable for marine applications	氧化石墨烯-壳聚糖-银复合涂层在铜镍合金上具有更强的防腐和抗菌性能，适用于海洋应用	英迪拉·甘地原子能研究中心（印度），霍米巴巴国家研究所（印度）	Progress in Organic Coatings	6.206	13
10	Effect of equal channel angular pressing on AZ31 wrought magnesium alloys	等通道角挤压对 AZ31 变形镁合金的影响	NITK（印度）	Journal of Magnesium and Alloys	11.813	6.1
11	Corrosion behavior of steel reinforcement in concrete exposed to composite chloride-sulfate environment	氯化物-硫酸盐复合环境下混凝土中钢筋的腐蚀行为	Indian Inst Technol Guwahati（印度）	Construction and Building Materials	7.693	9.22
12	Chitosan polymer as a green corrosion inhibitor for copper in sulfide-containing synthetic seawater	壳聚糖聚合物作为铜在含硫化物合成海水中的绿色缓蚀剂	伊本·佐尔大学（摩洛哥），Mohammed Premier 大学（摩洛哥），兰斯大学（法国），法赫德国王石油与矿物大学（沙特阿拉伯），贝拿勒斯印度教大学（印度）	International Journal of Biological Macromolecules	8.025	8.2
13	Tensile behavior of dissimilar friction stir welded joints of aluminium alloys	铝合金异种搅拌摩擦焊接头的拉伸行为	PSG 理工学院（印度），哥印拜陀理工学院（印度）	Materials & Design	9.417	6.85
14	Characterization of titanium alloy Ti-6Al-4V for chemical, marine and industrial applications	化学、海洋和工业用钛合金 Ti-6Al-4V 的表征	国防冶金研究实验室（印度）	Materials Characterization	4.537	13.8

续表

序号	题名	中文译名	机构	期刊	期刊影响因子	年均被引率
15	Effect of surface roughness on corrosion behavior of the superalloy IN718 in simulated marine environment	表面粗糙度对高温合金 IN718 在模拟海洋环境中腐蚀行为的影响	贝拿勒斯印度教大学(印度)	Journal of Alloys and Compounds	6.371	9.8
16	A cost-effective intense blue colour inorganic pigment for multifunctional cool roof and anticorrosive coatings	一种高性价比的深蓝色无机涂料，适用于多功能冷屋顶和防腐涂料	CSIR-国家跨学科科学技术研究所(印度)，印度科学院科学与创新研究中心(印度)	Solar Energy Materials and Solar Cells	7.305	8.5
17	Enhancement of strength and durability of fly ash concrete in seawater environments: Synergistic effect of nanoparticles	海水环境下粉煤灰混凝土强度和耐久性的提高：纳米颗粒的协同效应	Sathyabama 科学与技术研究所(印度)，英迪拉·甘地原子能研究中心(IGCAR，印度)，印度原子能部重水委员会(Heavy Water Board，印度)，霍米巴巴国家研究所(印度)	Construction and Building Materials	7.693	8
18	Green manufacturing of nanostructured Al-based sustainable self-cleaning metallic surfaces	纳米结构铝基可持续自洁金属表面的绿色制造	希夫纳达尔大学(印度)	Journal of Cleaner Production	11.072	5.5
19	Hot corrosion studies on Ni-base superalloy at 650 ℃ under marine-like environment conditions using three salt mixture ($Na_2SO_4+NaCl+NaVO_3$)	Ni 基高温合金 650 ℃海洋环境下 $Na_2SO_4+NaCl+NaVO_3$ 三种混合盐的热腐蚀研究	印度理工学院(印度)，国防冶金研究实验室(印度)，印度燃气涡轮开发公司(印度)	Corrosion Science	7.720	7.57
20	Non-uniform time-to-corrosion initiation in steel reinforced concrete under chloride environment	氯离子环境下钢筋混凝土的不均匀腐蚀起始时间	印度理工学院(印度)	Corrosion Science	7.720	7.56

4. 英国

截至 2021 年，英国有 325 篇科技文献发表。综合期刊影响因子和文章年均被引率，同样选出 20 篇影响较大、与海洋材料腐蚀相关的研究成果，如表 3.12 所示。英国的研究重点和趋势如下：

(1)合金在氯化物介质中腐蚀的影响机理研究。在该方向上，英国有研究非合金铜在氯化物介质中的电化学腐蚀；组织结构和成分对镁铝合金的腐蚀影响；合金在海洋环境中的磨损腐蚀现象。针对合金的腐蚀，Akid 等提出采用溶胶-凝胶法对 Al2024-T3 进行预处理来开展腐蚀防护工作[①]。

(2)涂层或膜。英国一方面从材质入手研究通过化学气相沉积制石墨烯涂层，另一方面从结构出发应用电沉积法制备超疏水的铜基镍膜，这种镍膜能作为缓蚀剂使用。

(3)沿海建筑物的长期服役性能研究。沿海建筑的长期服役性能与腐蚀程度息息相关，英国研究的重点也是氯离子或氯化物对混凝土的影响研究。同时英国还研究了钢筋、钢板等钢材的腐蚀特性和腐蚀影响，包括冲蚀影响、点腐蚀影响、钢结构强度等。

表 3.12 英国前 20 篇影响较大的研究

序号	题名	中文译名	机构	期刊	期刊影响因子	年均被引率
1	Prediction of chloride diffusivity in concrete using artificial neural network: Modelling and performance evaluation	混凝土中氯离子扩散系数的人工神经网络预测：建模和性能评估	上海交通大学(中国)、上海市公共建筑和基础设施数字化运维重点实验室(中国)、古拉姆伊沙克·汗工程科学与技术研究所(巴基斯坦)、伯明翰大学(英国)、青岛理工大学(中国)、巴基斯坦国立科技大学(巴基斯坦)	Construction and Building Materials	7.693	33.5
2	Electrochemical corrosion of unalloyed copper in chloride media-A critical review	非合金铜在氯化物介质中的电化学腐蚀	昆士兰大学(澳大利亚)，朴次茅斯大学(英国)，巴斯大学(英国)	Corrosion Science	7.720	28.58
3	Complete long-term corrosion protection with chemical vapor deposited graphene	通过化学气相沉积石墨烯完成长期防腐	丹麦技术大学(丹麦)，曼彻斯特大学(英国)	Carbon	11.307	12.8
4	Influence of microstructure and composition on the corrosion behaviour of Mg/Al alloys in chloride media	组织和成分对 Mg/Al 合金在氯化物介质中腐蚀行为的影响	马德里康普顿斯大学(西班牙)、曼彻斯特大学(英国)、西班牙高等科研理事会(CSIC，西班牙)	Electrochimica Acta	7.336	17

① Wang H, Akid R. A room temperature cured sol-gel anticorrosion pre-treatment for Al 2024-T3 alloys[J]. Corrosion Science, 2007, 49(12): 4491-4503.

续表

序号	题名	中文译名	机构	期刊	期刊影响因子	年均被引率
5	Numerical study of carbonation and its effect on chloride binding in concrete	混凝土中碳化及其对氯离子结合影响的数值研究	上海交通大学(中国),青岛理工大学(中国),拉夫堡大学(英国),伯明翰大学(英国),大连理工大学(中国)	Cement & Concrete Composites	9.930	11.5
6	Fabrication of super-hydrophobic nickel film on copper substrate with improved corrosion inhibition by electrodeposition process	电沉积法制备缓蚀性能较好的铜基超疏水镍膜	天津大学(中国),华威大学(英国)	Colloids and Surfaces A-Physicochemical and Engineering Aspects	5.518	17.75
7	Eco-friendly design of superhydrophobic nano-magnetite/silicone composites for marine foul-release paints	超疏水纳米磁铁矿/有机硅复合材料用于海洋防污涂料的环保设计	国立材料科学研究所(日本),埃及石油研究所(埃及),桑德兰大学(英国),西奥多比尔哈兹研究所(埃及)	Progress in Organic Coatings	6.206	12.6
8	The influence of chloride binding on the chloride induced corrosion risk in reinforced concrete	氯离子结合对钢筋混凝土氯离子诱发腐蚀风险的影响	帝国理工学院(英国)	Corrosion Science	7.720	9.48
9	A room temperature cured sol-gel anticorrosion pre-treatment for Al 2024-T3 alloys	室温固化溶胶-凝胶法对 Al 2024-T3 合金进行防腐预处理	谢菲尔德哈勒姆大学(英国)	Corrosion Science	7.720	8.88
10	Performance of pfa concrete in a marine environment-10-year results	海洋环境中 pfa 混凝土的性能——10 年结果	纽布伦威克大学(加拿大),英国建筑研究院(英国)	Cement & Concrete Composites	9.930	6.58
11	Marine wear and tribocorrosion	船用磨损和摩擦腐蚀	南安普顿大学(英国)	Wear	4.695	13
12	Elevated temperature material properties of stainless steel reinforcing bar	不锈钢钢筋的高温材料性能	帝国理工学院(英国),钢结构研究所(伊朗),布鲁内尔大学(英国),伦敦南岸大学(英国)	Construction and Building Materials	7.693	7.57
13	Influence of corrosion on the ultimate compressive strength of steel plates and stiffened panels	腐蚀对钢板及加筋板极限抗压强度的影响	南安普顿大学(英国)	Thin-Walled Structures	5.881	9.25

续表

序号	题名	中文译名	机构	期刊	期刊影响因子	年均被引率
14	Long-term performance of surface impregnation of reinforced concrete structures with silane	硅烷表面浸渍钢筋混凝土结构的长期性能	AECOM(英国)，拉夫堡大学(英国)，诺丁汉大学(英国)	Construction and Building Materials	7.693	6.9
15	Durability of steel fibre reinforced rubberised concrete exposed to chlorides	暴露在氯化物中的钢纤维增强橡胶混凝土的耐久性	谢菲尔德大学(英国)，利兹大学(英国)	Construction and Building Materials	7.693	6.8
16	Steel corrosion characterization using pulsed eddy current systems	利用脉冲涡流系统表征钢的腐蚀	纽卡斯尔大学(英国)，国防科技大学(中国)，英国阿克苏诺贝尔旗下国际涂料公司(英国)	IEEE Sensors Journal	4.325	12.09
17	Reinforcement corrosion initiation and activation times in concrete structures exposed to severe marine environments	暴露在恶劣海洋环境中的混凝土结构的钢筋腐蚀起始和活化时间	纽卡斯尔大学(澳大利亚)，格林威治大学(英国)	Cement and Concrete Research	11.958	4.29
18	Combine ingress of chloride and carbonation in marine-exposed concrete under unsaturated environment: A numerical study	非饱和环境下海洋暴露混凝土氯离子与碳化作用的结合：数值研究	上海交通大学(中国)，拉夫堡大学(英国)，皇家墨尔本理工大学(澳大利亚)，青岛理工大学(中国)，大连理工大学(中国)	Ocean Engineering	4.372	11
19	Erosion-corrosion interactions and their effect on marine and offshore materials	冲蚀-腐蚀相互作用及其对海洋和近海材料的影响	南安普顿大学(英国)	Wear	4.695	10.24
20	Ultimate strength assessment of plated steel structures with random pitting corrosion damage	随机点腐蚀镀钢结构的极限强度评估	江苏科技大学(中国)，安普顿大学(英国)	Journal of Constructional Steel Research	4.349	10.8

5. 韩国

截至2021年，韩国有318篇科技文献发表。综合期刊影响因子和文章年均被引率，同样选出20篇影响较大、与海洋材料腐蚀相关的研究成果，如表3.13所示。韩国的研究重点和趋势如下：

(1)缓蚀技术研究。韩国在缓蚀剂的研究上投入较多，研制了环保型咪唑嘧啶染料、丙酮衍生石墨烯涂层、10-甲基吖啶碘化钠-柠檬酸钠、亚精胺等多种缓蚀剂或缓蚀涂层。

(2)混凝土长期服役性能研究。混凝土的长期服役是韩国的另一个研究重点，具体研究内容包括氯离子空间浓度变化、混凝土钢筋构件的强度研究等。

(3)钢材的腐蚀特性研究。对钢材的研究,韩国则是涉及钢材的海洋大气腐蚀、对强化双相不锈钢的耐磨耐腐蚀性测试等。

表 3.13　韩国前 20 篇影响较大的研究

序号	题名	中文译名	机构	期刊	影响因子	年均被引率
1	A new insight into corrosion inhibition mechanism of copper in aerated 3.5 wt.% NaCl solution by eco-friendly imidazopyrimidine dye: Experimental and theoretical approach	环保型咪唑嘧啶染料对 3.5 wt.% NaCl 加气溶液中铜的缓蚀机理的新认识：实验和理论方法	Manipal University Jaipur(印度)，Indian Inst Technol ISM，Natl Inst Technol Agartala，乌特卡尔大学，建国大学(韩国)	Chemical Engineering Journal	16.744	37.75
2	Prediction of time dependent chloride transport in concrete structures exposed to a marine environment	暴露在海洋环境中的混凝土结构中氯离子随时间变化的运输预测	延世大学(韩国)	Cement and Concrete Research	11.958	10.85
3	Effects of non-uniform corrosion on the cracking and service life of reinforced concrete structures	非均匀腐蚀对钢筋混凝土结构开裂及使用寿命的影响	韩国首尔大学(韩国),韩国水资源与环境研究所(韩国)	Cement and Concrete Research	11.958	9.08
4	Effects of material and environmental parameters on chloride penetration profiles in concrete structures	材料和环境参数对混凝土结构中氯离子渗透剖面的影响	韩国首尔大学(韩国)	Cement and Concrete Research	11.958	7.69
5	Enhancement of seawater corrosion resistance in copper using acetone-derived graphene coating	丙酮衍生石墨烯涂层增强铜的耐海水腐蚀性能	蔚山科学技术院(韩国)	Nanoscale	8.307	10.89
6	Performance and mechanism of a composite scaling-corrosion inhibitor used in seawater: 10-Methylacridinium iodide and sodium citrate	10-甲基吖啶碘化钠-柠檬酸钠复合海水阻垢缓蚀剂的性能与机理	哈尔滨工业大学(中国),威海海洋生物产业技术研究院(中国),高丽大学(韩国)	Desalination	11.211	8

序号	题名	中文译名	机构	期刊	影响因子	年均被引率
7	Service life prediction of concrete wharves with early-aged crack: Probabilistic approach for chloride diffusion	含早龄期裂缝混凝土码头的使用寿命预测：氯离子扩散的概率法	加州大学欧文分校（美国），韩国材料研究院（韩国）	Structural Safety	5.712	12.79
8	The importance of chloride content at the concrete surface in assessing the time to corrosion of steel in concrete structures	混凝土表面氯化物含量对评估混凝土结构中钢材的腐蚀时间的重要性	延世大学（韩国），三星 techwin 公司（韩国），汉阳大学（韩国）	Construction and Building Materials	7.693	9.36
9	Stabilization of AZ31 Mg alloy in sea water via dual incorporation of MgO and WO₃ during micro-arc oxidation	海水中 AZ31 镁合金微弧氧化过程中 MgO 和 WO₃ 双掺入的稳定性研究	世宗大学（韩国），昌原国立大学（韩国），岭南大学（韩国）	Journal of Alloys and Compounds	6.371	10.5
10	Atmospheric corrosion of different steels in marine, rural and industrial environments	海洋、农村和工业环境中不同钢材的大气腐蚀	浦项科技大学（韩国），欧道明大学（美国），伯利恒钢铁公司（美国）	Corrosion Science	7.720	8.38
11	Bond strength prediction for reinforced concrete members with highly corroded reinforcing bars	高锈蚀钢筋混凝土构件黏结强度预测	忠清大学（韩国），檀国大学（韩国），延世大学（韩国）	Cement & Concrete Composites	9.930	6.47
12	Self-healing corrosion protection film for marine environment	海洋环境自修复防腐保护膜	韩国科学技术研究院（韩国），伊利诺伊大学（美国）	Composites Part B-Engineering	11.322	5.33
13	One-step electrochemical deposition leading to superhydrophobic matrix for inhibiting abiotic and microbiologically influenced corrosion of Cu in seawater environment	一步电化学沉积制备超疏水基质，抑制海水环境中铜的非生物和微生物腐蚀	山东科技大学（中国），洛阳船舶材料研究所（中国），延世大学（韩国）	Colloids and Surfaces A-Physicochemical and Engineering Aspects	5.518	10
14	Effect of corrosion method of the reinforcing bar on bond characteristics in reinforced concrete specimens	钢筋腐蚀方式对钢筋混凝土试件黏结特性的影响	江陵原州国立大学（韩国），仁荷工业专门大学（韩国）	Construction and Building Materials	7.693	6.67

续表

序号	题名	中文译名	机构	期刊	影响因子	年均被引率
15	Enhancement of abrasion and corrosion resistance of duplex stainless steel by laser shock peening	激光冲击强化双相不锈钢的耐磨性和耐蚀性	光州科学技术院（韩国）	Journal of Materials Processing Technology	6.162	8.27
16	Long-term corrosion performance of blended cement concrete in the marine environment-A real-time study	海洋环境中混合水泥混凝土长期腐蚀性能的实时研究	韩南大学(韩国)，汉阳大学(韩国)，阿拉嘎帕大学(印度)，科学与工业研究理事会(CSIR，印度)	Construction and Building Materials	7.693	6.5
17	Corrosion inhibition performance of spermidine on mild steel in acid media	亚精胺在酸性介质中对低碳钢的缓蚀性能	岭南大学(韩国)，孙德胜大学(越南)，印度加德满都大学(印度)	Journal of Molecular Liquids	6.633	7.2
18	Evaluation of the mechanical properties of sea sand-based geopolymer concrete and the corrosion of embedded steel bar	海砂基地聚合物混凝土力学性能及预埋钢筋腐蚀评价	世宗大学(韩国)，越南国立大学(越南)	Construction and Building Materials	7.693	5.6
19	Extraction of chloride from chloride contaminated concrete through electrochemical method using different anodes	用不同阳极电化学法从氯污染混凝土中提取氯	CSIR-印度电化学研究所(印度)，汉阳大学(韩国)，阿拉嘎帕大学(印度)，韩南大学(韩国)	Construction and Building Materials	7.693	5.6
20	An alternating experimental study on the combined effect of freeze-thaw and chloride penetration in concrete	混凝土冻融与氯离子渗透联合效应的交替试验研究	哈尔滨工业大学(中国)，高丽大学(韩国)	Construction and Building Materials	7.693	5.33

6. 澳大利亚

截至 2021 年，澳大利亚有 312 篇科技文献发表。综合期刊影响因子和文章年均被引率，同样选出 20 篇影响较大、与海洋材料腐蚀相关的研究成果，如表 3.14 所示。澳大利亚的研究重点和趋势如下：

(1)混凝土用复合材料。澳大利亚研究通过采用玄武岩-玻璃纤维增强聚合物钢筋、粉煤灰基地聚合物混凝土等材料可以延长沿海建筑的服役时间。

（2）碳钢的缓蚀技术。澳大利亚的缓蚀研究主要是针对易受微生物腐蚀的碳钢，研发了咪唑羧酸盐缓蚀剂，探索了硫酸盐还原菌对碳钢的腐蚀影响等。

（3）复合涂料的研究。腐蚀问题的现阶段主要仍是通过涂料解决。澳大利亚研究了超疏水的复合涂层和有姜黄素的聚苯并噁嗪树脂复合涂料，提高材料的抗腐蚀性，并研究出一种涂料涂装方式，通过微胶囊方式控制涂料释放。

（4）腐蚀影响研究。在腐蚀影响方面，澳大利亚研究了腐蚀对海洋工程钢结构的影响以及铸铁等钢材料在海洋环境中的腐蚀特性等。

表 3.14　澳大利亚前 20 篇影响较大的研究

序号	题名	中文译名	机构	期刊	期刊影响因子	年均被引率
1	A high-efficiency solar desalination evaporator composite of corn stalk, Mcnts and TiO₂: Ultra-fast capillary water moisture transportation and porous bio-tissue multi-layer filtration	一种玉米秸秆、Mcnts 和 TiO₂复合的高效太阳能海水淡化蒸发器：超快速毛细水分输送和多孔生物组织多层过滤	东北林业大学(中国)，埃迪·斯科文大学(澳大利亚)，香港城市大学(中国)	Journal of Materials Chemistry A	14.511	25.67
2	Long-term durability of basalt- and glass-fibre reinforced polymer (BFRP/GFRP) bars in seawater and sea sand concrete environment	玄武岩和玻璃纤维增强聚合物(BFRP/GFRP)钢筋在海水和海砂混凝土环境中的长期耐久性	哈尔滨工业大学(中国)，蒙纳士大学(澳大利亚)，东南大学(中国)	Construction and Building Materials	7.693	34.83
3	Properties of fly ash geopolymer concrete designed by Taguchi method	田口法设计粉煤灰地聚合物混凝土性能	科廷科技大学(澳大利亚)	Materials & Design	9.417	25.64
4	Electrochemical corrosion of unalloyed copper in chloride media-A critical review	非合金铜在氯化物介质中的电化学腐蚀	昆士兰大学(澳大利亚)，朴次茅斯大学(英国)，巴斯大学(英国)	Corrosion Science	7.720	28.58
5	Effect of sustained load and seawater and sea sand concrete environment on durability of basalt- and glass-fibre reinforced polymer (B/GFRP) bars	持续荷载及海水和海砂混凝土环境对玄武岩-玻璃纤维增强聚合物(B/GFRP)钢筋耐久性的影响	郑州大学(中国)，莫纳什大学(澳大利亚)，哈尔滨工业大学(中国)，东南大学(中国)	Corrosion Science	7.720	22.2

续表

序号	题名	中文译名	机构	期刊	期刊影响因子	年均被引率
6	Durability of low-calcium fly ash based geopolymer concrete culvert in a saline environment	盐渍环境下低钙粉煤灰基地聚合物混凝土涵洞耐久性研究	斯威本科技大学(澳大利亚)，西澳大利亚公路局(澳大利亚)	Cement and Concrete Research	11.958	13.33
7	Robust superhydrophobic surface based on multiple hybrid coatings for application in corrosion protection	基于复合涂层的抗腐蚀超疏水表面	中国北方大学(中国)，墨尔本大学(澳大利亚)，亥姆霍兹联合会(德国)	ACS Applied Materials & Interfaces	10.383	13.5
8	Multiscale mechanical performance and corrosion behaviour of plasma sprayed AlCoCrFeNi high-entropy alloy coatings	等离子喷涂 AlCoCrFeNi 高熵合金涂层的多尺度力学性能和腐蚀行为	斯威本科技大学(澳大利亚)，印度理工大学(印度)，澳大利亚核科学与技术组织(澳大利亚)，纽卡斯尔大学(澳大利亚)，南澳大学(澳大利亚)	Journal of Alloys and Compounds	6.371	22
9	Durability of fiber reinforced polymer (FRP) in simulated seawater sea sand concrete (SWSSC) environment	纤维增强聚合物 (FRP) 在模拟海水海砂混凝土 (SWSSC) 环境中的耐久性	蒙纳士大学(澳大利亚)	Corrosion Science	7.720	17.4
10	Synergistic corrosion inhibition of mild steel in aqueous chloride solutions by an imidazolinium carboxylate salt	咪唑羧酸盐对低碳钢在氯化物水溶液中的协同缓蚀作用	蒙纳士大学(澳大利亚)，澳大利亚联邦科学与工业研究组织(澳大利亚)，迪肯大学(澳大利亚)	ACS Sustainable Chemistry & Engineering	9.224	13.29
11	Durability test on the flexural performance of seawater sea-sand concrete beams completely reinforced with FRP bars	全 FRP 筋海水海砂混凝土梁抗弯性能耐久性试验	东南大学(中国)，蒙纳士大学(澳大利亚)	Construction and Building Materials	7.693	15.6
12	Use of microcapsules as controlled release devices for coatings	使用微胶囊作为控释装置的涂料	查尔姆斯理工大学(瑞典)，马克斯·普朗克研究所(德国)，哥德堡大学(瑞典)，新南威尔士大学(澳大利亚)	Advances in Colloid and Interface Science	15.190	7.13
13	Durability of seawater and sea sand concrete filled filament wound FRP tubes under seawater environments	海水环境下纤维缠绕玻璃钢管海水及海砂混凝土的耐久性	蒙纳士大学(澳大利亚)，新南威尔士大学(澳大利亚)	Composites Part B-Engineering	11.322	9.33

续表

序号	题名	中文译名	机构	期刊	期刊影响因子	年均被引率
14	Mechanical properties of seawater and sea sand concrete-filled FRP tubes in artificial seawater	人工海水及玻璃钢管填充海砂混凝土力学性能研究	蒙纳士大学（澳大利亚）	Construction and Building Materials	7.693	11
15	Climate change impact and risks of concrete infrastructure deterioration	气候变化影响和混凝土基础设施恶化的风险	纽卡斯尔大学（澳大利亚），澳大利亚联邦科学与工业研究组织（澳大利亚）	Engineering Structures	5.582	14
16	Corrosion of carbon steel by sulphate reducing bacteria: Initial attachment and the role of ferrous ions	硫酸盐还原菌对碳钢的腐蚀：最初的附着和亚铁离子的作用	斯威本科技大学（澳大利亚）	Corrosion Science	7.720	8.63
17	The effect of corrosion on the structural reliability of steel offshore structures	腐蚀对海洋钢结构可靠性的影响	纽卡斯尔大学（澳大利亚）	Corrosion Science	7.720	8.06
18	Long-term corrosion of cast irons and steel in marine and atmospheric environments	铸铁和钢在海洋和大气环境中的长期腐蚀	纽卡斯尔大学（澳大利亚）	Corrosion Science	7.720	8
19	Time-dependent reliability of deteriorating reinforced concrete bridge decks	劣化钢筋混凝土桥面的时变可靠度	纽卡斯尔大学（澳大利亚，克莱姆森大学（美国）	Structural Safety	5.712	10.64
20	Development of a curcumin-based antifouling and anticorrosion sustainable polybenzoxazine resin composite coating	姜黄素基防污防腐可持续聚苯并噁嗪树脂复合涂料的研制	厦门大学（中国），武汉理工大学（中国），昆士兰大学（澳大利亚），武汉大学（中国）	Composites Part B-Engineering	11.322	5

3.2.5 最新研发技术状况

近年来，全球发布关于腐蚀防护研究的成果有 3333 篇。综合科技文献发布期刊的影响因子与其年均被引率，选出 15 篇文章，见表 3.15。

从中总结过去 5 年中的腐蚀防护技术发展动向如下：

(1)表面研究是一项重要的腐蚀防护技术，对表面技术的研究集中在表面结构改性、高性能表面制造等。Boinovich 等[1]研究了对疏冰涂层的微观表面改性方法，

---

[1] Boinovich L B, Emelyanenko A M, Emelyanenko K A, et al. Modus operandi of protective and anti-icing mechanisms underlying the design of longstanding outdoor icephobic coatings[J]. ACS Nano, 2019, 13(4): 4335-4346.

以应对超疏水表面因结冰造成的腐蚀和磨损问题；Li 等[1]研究制备了提高铝合金耐腐蚀性能的超疏水表面。

（2）涂料是表面技术中重要的一类，对涂料的研究包括：涂层结构，如 Wang 等[2]研究了氧化石墨烯-介孔硅层-纳米球结构涂层；新型涂料，如 Pareek 等[3]研究了一种抑制铜在海水中腐蚀的环保型涂料——APIP 咪唑嘧啶。

（3）机械设备的腐蚀防护研究，特别是海水淡化等方面的设备。Sun 等[4]和 Li 等[5]都对海水淡化装置开展了改造升级研究，采用新型的材料和涂料，如高强碳纤维、TiO_2 等提高净化性能和设备服役寿命。

（4）建筑方面的腐蚀防护研究，主要是对混凝土及相关材料的研究，包括增强混凝土用钢筋的长期耐腐蚀性[6]，结合纤维增强聚合物提高海洋和沿海建筑物用混凝土的耐腐蚀性、韧性等各项性能[7]。

（5）阴极保护。在 Yang 等[8]的研究中，他们提出一种摩擦电-电磁杂化纳米发电机，这种发电机能够为电化学阴极保护提供能源，可应用在船舶上，实现船舶的腐蚀防护。

① Li X, Shi T, Li B, et al. Subtractive manufacturing of stable hierarchical micro-nano structures on AA5052 sheet with enhanced water repellence and durable corrosion resistance[J]. Materials & Design, 2019, 183: 108152.

② Wang W, Wang H, Zhao J, et al. Self-healing performance and corrosion resistance of graphene oxide-mesoporous silicon layer-nanosphere structure coating under marine alternating hydrostatic pressure[J]. Chemical Engineering Journal, 2019, 361: 792-804.

③ Pareek S, Jain D, Hussain S, et al. A new insight into corrosion inhibition mechanism of copper in aerated 3.5 wt.% NaCl solution by eco-friendly imidazopyrimidine dye: Experimental and theoretical approach[J]. Chemical Engineering Journal, 2019, 358: 725-742.

④ Sun Z, Li W, Song W, et al. A high-efficiency solar desalination evaporator composite of corn stalk, Mcnts and TiO_2: Ultra-fast capillary water moisture transportation and porous bio-tissue multi-layer filtration[J]. Journal of Materials Chemistry A, 2020, 8(1): 349-357.

⑤ Li T, Fang Q, Xi X, et al. Ultra-robust carbon fibers for multi-media purification via solar-evaporation[J]. Journal of Materials Chemistry A, 2019, 7(2): 586-593.

⑥ Wang Z, Zhao X L, Xian G, et al. Long-term durability of basalt- and glass-fibre reinforced polymer (BFRP/GFRP) bars in seawater and sea sand concrete environment[J]. Construction and Building Materials, 2017, 139: 467-489.

⑦ Zeng J J, Gao W Y, Duan Z J, et al. Axial compressive behavior of polyethylene terephthalate/carbon FRP-confined seawater sea-sand concrete in circular columns[J]. Construction and Building Materials, 2020, 234: 117383.

⑧ Yang H, Deng M, Zeng Q, et al. Polydirectional microvibration energy collection for self-powered multifunctional systems based on hybridized nanogenerators[J]. ACS Nano, 2020, 14(3): 3328-3336.

表 3.15　2017～2021 年代表性 15 篇文献

序号	题名	中文译名	期刊	机构	期刊影响因子	年均被引率
1	A new insight into corrosion inhibition mechanism of copper in aerated 3.5 wt.% NaCl solution by eco-friendly imidazopyrimidine dye: Experimental and theoretical approach	环保型咪唑嘧啶染料对 3.5 wt.% NaCl 加气溶液中铜的缓蚀机理的新认识：实验和理论方法	Chemical Engineering Journal	Manipal University Jaipur（印度），Indian Inst Technol ISM（印度），Natl Inst Technol Agartala（印度），乌特卡尔大学（印度），建国大学（韩国）	16.744	37.5
2	Modus operandi of protective and anti-icing mechanisms underlying the design of longstanding outdoor icephobic coatings	长期室外防冰涂料设计中的防护和防冰机制的操作方法	ACS Nano	俄罗斯科学院弗鲁姆金物理化学和电化学研究所（俄罗斯），CICnanoGUNE（西班牙）	18.027	20.5
3	A high-efficiency solar desalination evaporator composite of corn stalk, Mcnts and TiO₂: Ultra-fast capillary water moisture transportation and porous bio-tissue multi-layer filtration	一种玉米秸秆、Mcnts 和 TiO$_2$ 复合的高效太阳能海水淡化蒸发器：超快速毛细水分输送和多孔生物组织多层过滤	Journal of Materials Chemistry A	东北林业大学（中国），埃迪·斯科文大学（澳大利亚），香港城市大学（中国）	14.511	25.67
4	Subtractive manufacturing of stable hierarchical micro-nano structures on AA5052 sheet with enhanced water repellence and durable corrosion resistance	在 AA5052 片材上减材制造稳定的层次化微纳结构：拒水性增强，耐腐蚀性持久	Materials & Design	西安科技大学（中国）、武汉理工大学（中国）、清华大学（中国）、兰州化学物理研究所（中国）	9.417	36.75
5	Facile fluorine-free one step fabrication of superhydrophobic aluminum surface towards self-cleaning and marine anticorrosion	超疏水铝表面轻松无氟一步制备，实现自洁、耐海洋腐蚀	Chemical Engineering Journal	中国科学院海洋研究所（中国）、青岛海洋科学与技术试点国家实验室（中国）	16.744	20
6	Improvement of anticorrosion ability of epoxy matrix in simulate marine environment by filled with superhydrophobic POSS-GO nanosheets	超疏水 POSS-GO 纳米片填充改善环氧树脂基体在模拟海洋环境中的防腐能力	Journal of Hazardous Materials	北京科技大学（中国），江西理工大学（中国），中国科学院宁波材料技术与工程研究所（中国）	14.224	22.75
7	Femtosecond laser induced robust periodic nanoripple structured mesh for highly efficient oil-water separation	飞秒激光诱导的鲁棒周期纳米波纹结构网用于高效油水分离	Nanoscale	中南大学（中国）	8.307	37.33
8	Ultra-robust carbon fibers for multi-media purification via solar-evaporation	超坚固的碳纤维通过太阳蒸发多媒体净化	Journal of Materials Chemistry A	中国科学院宁波材料技术与工程研究所（中国），中国科学院大学（中国）	14.511	20.25

续表

序号	题名	中文译名	期刊	机构	期刊影响因子	年均被引率
9	Self-healing performance and corrosion resistance of graphene oxide-mesoporous silicon layer-nanosphere structure coating under marine alternating hydrostatic pressure	氧化石墨烯-介孔硅层-纳米球结构涂层在海洋交变静水压力下的自修复性能和耐腐蚀性能	Chemical Engineering Journal	中国海洋大学(中国),中国科学院海洋研究所(中国),海南大学(中国),山东海洋科学研究院(中国),中山大学(中国),青岛海洋科学与技术试点国家实验室(中国)	16.744	17
10	Axial compressive behavior of polyethylene terephthalate/carbon FRP-confined seawater sea-sand concrete in circular columns	聚对苯二甲酸乙二醇酯/碳纤维布约束海水海砂混凝土圆形柱的轴向压缩性能	Construction and Building Materials	广东理工大学(中国),香港理工大学(中国),上海交通大学(中国),深圳大学(中国),北京理工大学(中国),上海科技大学(中国)	7.693	36.33
11	Long-term durability of basalt- and glass-fibre reinforced polymer (BFRP/GFRP) bars in seawater and sea sand concrete environment	玄武岩和玻璃纤维增强聚合物 (BFRP/GFRP) 钢筋在海水和海砂混凝土环境中的长期耐久性	Construction and Building Materials	哈尔滨工业大学(中国),蒙纳士大学(澳大利亚),东南大学(中国)	7.693	34
12	Nano-silica and silica fume modified cement mortar used as surface protection material to enhance the impermeability	采用纳米二氧化硅和硅灰改性水泥砂浆为表面防护材料,提高水泥砂浆的抗渗性能	Cement & Concrete Composites	武汉理工大学(中国)	9.930	25.4
13	Prediction of chloride diffusivity in concrete using artificial neural network: Modelling and performance evaluation	混凝土中氯离子扩散系数的人工神经网络预测:建模和性能评估	Construction and Building Materials	上海交通大学(中国)、上海市公共建筑和基础设施数字化运维重点实验室(中国)、古拉姆伊沙克·汗工程科学与技术研究所(巴基斯坦)、伯明翰大学(英国)、青岛理工大学(中国)、巴基斯坦国立科技大学(巴基斯坦)	7.693	33.5
14	Polydirectional microvibration energy collection for self-powered multifunctional systems based on hybridized nanogenerators	基于杂交纳米发生器的自供电多功能系统多向微振动能量收集	ACS Nano	中国科学院北京纳米能源与系统研究所(中国),重庆大学(中国)	18.027	13.67

续表

序号	题名	中文译名	期刊	机构	期刊影响因子	年均被引率
15	Synthesis of graphene oxide-based sulfonated oligoanilines coatings for synergistically enhanced corrosion protection in 3.5% NaCl solution	在 3.5% NaCl 溶液中协同增强型腐蚀防护用氧化石墨烯磺化低聚苯胺涂料的合成	ACS Applied Materials & Interfaces	重庆大学(中国)，中国科学院海洋研究所(中国)，青岛科技大学(中国)	10.383	23.67

3.2.6　主要结论

基于对科技文献的分析，得出如下与海洋腐蚀防护材料研究相关的结论：

(1)我国是全球研发的主力。世界海洋腐蚀防护材料的研究从 1991 年开始逐渐加快，而我国自 1997 年开始快速发展，对比发展趋势图，我国的发文量是影响总体研究趋势的主要因素。

(2)腐蚀防护材料的机理及应用研究仍然是当前研究的重点。

(3)专门针对海洋腐蚀材料技术的研究仍需要加强。

3.3　基于专利的海洋腐蚀防护材料技术创新趋势

基于以下检索式检索得到的专利数量有 10724 件。

(TS=(OCEAN* OR MARINE* or sea or seawater*) AND TI=(steel*　or alloy* or metal* OR MATERIAL* OR COAT* OR CLADD* OR "PAINT COAT*" or paint* OR lacquer* OR "PROTECT* AGENT*" or composit* or complex* or compound* or "corrosion inhibit*" or concrete* or macromolecular* or polyme* or chemical* or organic* or resin or graphene* or polyurethane* or electrochemical*)　AND TS=(corrod* or corros* or anticorro*))　OR(TS=(OCEAN* OR MARINE* or sea or seawater*) AND TS=(corrod* or corros* or anticorro*)　AND TS=(coat* or "Surface modif*" or anode* or cathod* OR ELECTROPLAT* OR CLADD* or paint* or foul*

OR ANTIFOUL*）） NOT（TI=（BATTER* OR "fuel CELL*"）or TI=（（WATER OR SEAWATER）NEAR/2 Electrolysis））

3.3.1　专利申请发展趋势

从专利申请趋势来看（图 3.5），和科技文献发展类似，通过专利增长率可以将专利技术发展分为三个阶段，第一阶段是 1957～1967 年，海洋腐蚀防护材料方面的专利申请较少，发展缓慢。第二阶段是 1968～2004 年，从 1968 年开始，发展加速，增长呈现类似阶梯式状态（四阶大致为 1968～1972 年，1973～1983 年，1984～1995 年，1996～2004 年）。第三阶段从 2005 年至今，专利申请量以指数形式增长，直至 2016 年，专利申请平稳甚至有下降趋势。

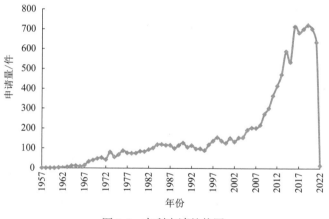

图 3.5　专利申请趋势图

注：2022 年专利数量未完全收录

3.3.2　专利技术分布

根据国际专利分类号对专利所涵盖的领域划分，海洋腐蚀防护材料申请专利所包含的主要领域如表 3.16 所示，主要分为三个领域：第一类是以涂层技术为核心的领域，这一领域的专利数量累计也是最多的一项，包括"C09D-005/08 防腐涂层""C09D-163/00 基于环氧树脂的涂料组合物；基于环氧树脂衍生物的涂料组合物""C09D-007/12 添加剂，包括有机颜料、光还原剂、增稠剂；防止氧气、光或热降解的稳定剂，包括有机的、无机的、非高分子的、高分子的、改性的""C09D-007/61 涂料的无机添加剂""C09D-005/16 防污涂料；水下涂料"
"C09D-005/10 含金属粉末的抗腐蚀涂料组合物""B05D-007/14 对金属的涂覆，
如车身"等；第二类是以金属材料为核心的领域，从专利技术前 15 的领域来看，
主要金属材料是铁基合金，包括大领域"C22C-038/00 铁基合金，如合金钢"
"C22C-038/58 含锰大于 1.5（重量）的铁基合金""C22C-038/44 含钼或钨的铁基合
金""C22C-038/04 含锰的铁基合金""C22C-038/02 含硅的铁基合金"；第三类则
是防腐及其相关的设备与技术领域，此领域包括涂层防腐"C09D-005/08 防腐涂
层"、电化学保护"C23F-013/00 用阳极或阴极保护法的金属防腐蚀"、
"E02D-031/06 防止土壤或水侵蚀的保护装置"、"C21D-008/02 在生产钢板或带
钢时的热处理工艺"。

表 3.16　专利技术前 15 的领域

IPC 分类号	技术领域	专利数量/件	占比/%
C09D-005/08	防腐涂层	856	7.98
C09D-163/00	基于环氧树脂的涂料组合物；基于环氧树脂衍生物的涂料组合物	481	4.49
C09D-007/12	添加剂，包括有机颜料、光还原剂、增稠剂；防止氧气、光或热降解的稳定剂，包括有机的、无机的、非高分子的、高分子的、改性的	469	4.37
C22C-038/00	铁基合金，如合金钢	451	4.21
C23F-013/00	用阳极或阴极保护法的金属防腐蚀	363	3.38
C22C-038/58	含锰大于 1.5（重量）的铁基合金	316	2.95
C09D-007/61	涂料的无机添加剂	309	2.88
C22C-038/44	含钼或钨的铁基合金	307	2.86
C09D-005/16	防污涂料；水下涂料	300	2.80
C09D-005/10	含金属粉末的抗腐蚀涂料组合物	274	2.56
B05D-007/14	对金属的涂覆，如车身	266	2.48
C22C-038/04	含锰的铁基合金	244	2.28
C22C-038/02	含硅的铁基合金	240	2.24
C21D-008/02	在生产钢板或带钢时的热处理工艺	231	2.15
E02D-031/06	防止土壤或水侵蚀的保护装置	229	2.14

从上述对前 15 个领域的分类可以看出，主流海洋腐蚀防护技术以涂层和金属改性为主，尤其是铁基合金。

3.3.3　国别技术分布

在国家或区域上(图 3.6)，中国、日本、美国是海洋腐蚀材料专利申请的主要国家，我国以 2 倍于日本的专利数量位列第一，日本有 2538 件专利，美国有 1217件专利。专利数量前十的国家或经济体还包括韩国、德国、英国、欧盟、苏联、加拿大和俄罗斯。

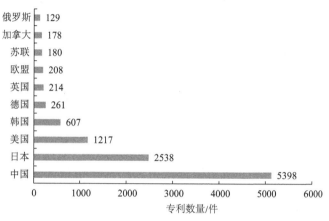

图 3.6　排名前十的专利申请国家或经济体

我国技术上关注涂层技术和合金；日本主要关注金属的防腐技术，特别是钢铁方面，前五的技术领域均是有关金属材料的，包括金属的保护技术、金属的防腐蚀性改良(通过掺杂其他金属、结构改造等方式)；美国专利侧重于技术方法，其阳极或阴极保护法和涂层保护法分别位列前两位，比第三领域分别高出 110%和 75%，在后面七个领域中还包含 C23F-000/00 这一方法领域，涉及金属表面除污、金属缓蚀、防垢和多步表面处理等方法(表 3.17)。

表 3.17　中日美三国前十的技术领域分布

序号	中国		日本		美国	
	技术领域	专利数量/件	技术领域	专利数量/件	技术领域	专利数量/件
1	C09D-005/08 防腐涂层	610	C22C-038/00 铁基合金，如合金钢	383	C23F-013/00 用阳极或阴极保护法的金属防腐蚀	84

续表

序号	中国		日本		美国	
	技术领域	专利数量/件	技术领域	专利数量/件	技术领域	专利数量/件
2	C09D-163/00 基于环氧树脂的涂料组合物；基于环氧树脂衍生物的涂料组合物	355	C23F-013/00 用阳极或阴极保护法的金属防腐蚀	202	C09D-005/08 防腐涂层	70
3	C09D-007/12 添加剂，包括有机颜料、光还原剂、增稠剂；防止氧气、光或热降解的稳定剂，包括有机的、无机的、非高分子的、高分子的，改性的	339	C22C-038/58 含锰大于1.5(重量)的铁基合金	187	C09D-007/12 添加剂，包括有机颜料、光还原剂、增稠剂；防止氧气、光或热降解的稳定剂，包括有机的、无机的、非高分子的、高分子的、改性的	40
4	C09D-007/61 涂料的无机添加剂	278	B05D-007/14 对金属的涂覆，如车身	159	C10M-169/04 基料和添加剂的润滑混合物	40
5	C09D-005/10 含金属粉末的抗腐蚀涂料组合物	226	B32B-015/08 含合成树脂由金属组成的层状产品	151	C09D-005/16 防污涂料；水下涂料	38
6	C22C-038/02 含硅的铁基合金	209	E02D-031/06 防止土壤或水侵蚀的保护装置	144	C09D-163/00 基于环氧树脂的涂料组合物；基于环氧树脂衍生物的涂料组合物	36
7	C22C-038/04 含锰的铁基合金	200	C22C-038/44 含钼或钨的铁基合金	117	C23F-011/00 通过在有腐蚀危险的表面上施加抑制剂或在腐蚀剂中加入抑制剂来抑制金属材料的腐蚀	33
8	C09D-005/16 防污涂料；水下涂料	189	C09D-005/08 防腐涂层	111	B32B-015/01 金属薄层组成的层状产品	31

续表

序号	中国		日本		美国	
	技术领域	专利数量/件	技术领域	专利数量/件	技术领域	专利数量/件
9	H01B-007/28 由潮湿、腐蚀、化学侵蚀或气候引起的电缆损坏防护	171	B05D-007/24 涂布特殊液体或其他流体物质的工艺技术	107	C09D-005/00 以其物理性质或所产生的效果为特征的涂料组合物，如色漆、清漆或天然漆；填充浆料	29
10	G01N-017/00 测试材料的耐气候、耐腐蚀或耐光照性能	152	C23F-015/00 防腐蚀或防垢的其他方法	101	C23F-000/00 非机械方法去除表面上的金属材料；金属材料的缓蚀；一般防积垢；多步法金属材料表面处理	29

3.3.4　排名前 15 的专利权人及重点技术

通过对专利权人的分析 (图 3.7)，可以明晰该领域重要的研发者及其核心技术。在众多专利权人中，选取了专利数量占比前 15 的专利权人，其中日本专利权

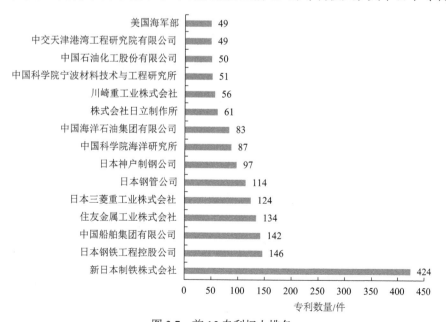

图 3.7　前 15 专利权人排名

人占据了多个席位，分别排在第一、二、四、五、六、七、十和十一位，大多是钢铁企业，排在前两位的分别是新日本制铁株式会社、日本钢铁工程控股公司。其次是我国的专利权人，我国在前 15 位专利权人中，占有三、八、九、十二、十三、十四，前十的三家企业，分别是中国船舶集团有限公司、中国科学院海洋研究所以及中国海洋石油集团有限公司。美国的专利权人仅有一个，即美国海军部。下面针对各国的首要专利权人进行分析。

1. 新日本制铁株式会社

新日本制铁株式会社是一家跨国公司，也是日本最大的钢铁公司，2012 年，该公司合并住友金属成立新日铁住金株式会社，因此在专利机构划分时将新日铁住金划到新日本制铁株式会社中。在该公司的 424 件专利中，耐腐蚀的铁基合金是其主要研究对象，如双相不锈钢、奥氏体不锈钢等，防腐技术则专注于涂层，如聚烯烃涂层、树脂涂层、火焰喷涂技术等。

通过 IPC 分类号来看，新日本制铁株式会社的专利领域如表 3.18 所示，主要是掺杂其他金属的铁基合金，如掺锰、掺钼或钨等。而 2017～2021 年发布的专利技术也主要是关于铁基金属的。

表 3.18　新日本制铁株式会社技术领域分布

IPC 分类号	技术领域	专利数量/件
C22C-038/00	铁基合金，如合金钢	128
C22C-038/58	含锰大于 1.5(重量)的铁基合金	64
B32B-015/08	含合成树脂由金属组成的层状产品	54
C21D-008/02	在生产钢板或带钢时的热处理工艺	48
E02D-031/06	防止土壤或水侵蚀的保护装置	47
B05D-007/14	对金属的涂覆，如车身	34
C22C-038/44	含钼或钨的铁基合金	34
C22C-038/60	含铅、硒、碲或锑或含大于 0.04(重量)的硫的铁基合金	27
C22C-038/06	含铝的铁基合金	25
B05D-007/24	涂布特殊液体或其他流体物质的工艺技术	23

2. 中国船舶集团有限公司

中国船舶集团有限公司共有 142 件专利，其中腐蚀测量技术、涂层技术、有机防腐涂层技术以及涂层性能测试技术是其重要研究方向（表 3.19），"G01N-017/02 用于大气侵蚀、腐蚀或防腐测量中的电化学测量系统""C09D-005/08 防腐涂层""C09D-163/00 基于环氧树脂的涂料组合物；基于环氧树脂衍生物的涂料组合物""G01N-017/00 测试材料的耐气候、耐腐蚀或耐光照性能"等相关的 IPC 技术领域专利数量均超过 10 件。

表 3.19　中国船舶集团有限公司技术领域分布

IPC 分类号	技术领域	专利数量/件
G01N-017/02	用于大气侵蚀、腐蚀或防腐测量中的电化学测量系统	20
C09D-005/08	防腐涂层	16
C09D-163/00	基于环氧树脂的涂料组合物；基于环氧树脂衍生物的涂料组合物	12
G01N-017/00	测试材料的耐气候、耐腐蚀或耐光照性能	12
C09D-007/61	涂料的无机添加剂	9
C09D-005/10	含金属粉末的抗腐蚀涂料组合物	7
C22C-001/03	使用母（中间）合金熔炼制造有色金属合金的方法	6
C23F-013/06	阴极保护装置的结构部件或组件	6
B23K-035/30	主要成分在 1550 ℃以下熔化的焊条、电极、材料或介质	5
C09D-007/12	添加剂，包括有机颜料、光还原剂、增稠剂；防止氧气、光或热降解的稳定剂，包括有机的、无机的、非高分子的、高分子的、改性的	5

3. 美国海军部

美国海军部公开的专利有 49 件，专利数量相对较少，其前五的技术重点（表 3.20）分别是"C09D-000/01 涂层""B32B-015/04 金属互层状产品""C08L-075/04 聚氨酯化合物""C23F-013/00 用阳极或阴极保护法的金属防腐蚀""G01N-017/02 用于大气侵蚀、腐蚀或防腐测量中的电化学测量系统"等。

表 3.20　美国海军部前五专利技术领域

IPC 分类号	技术领域	专利数量/件
C09D-000/01	涂层	3
B32B-015/04	金属互层状产品	2
C08L-075/04	聚氨酯化合物	2
C23F-013/00	用阳极或阴极保护法的金属防腐蚀	2
G01N-017/02	用于大气侵蚀、腐蚀或防腐测量中的电化学测量系统	2

3.3.5　近几年新研发的材料技术

近几年来，与防腐涂层相关的专利技术申请较多(表 3.21)，其次是铁基合金的研发，特别是含硅的铁基合金，2019～2021 年发布的专利占了总量的 48.18%。2019～2021 年申请较为活跃的技术领域有"C22C-038/02 含硅的铁基合金"(48.18%)和"C22C-038/04 含锰的铁基合金"(45.23%)，以及"C09D-007/61 涂料的无机添加剂"(45.16%)，2019～2021 年专利占比均超过 40%。

表 3.21　2019～2021 年新研发的材料技术方向

IPC 分类号	技术领域	专利总量/件	2019～2021 年专利数量/件	2019～2021 年专利占比/%
C09D-005/08	防腐涂层	961	221	23.00
C09D-007/61	涂料的无机添加剂	341	154	45.16
C09D-163/00	基于环氧树脂的涂料组合物；基于环氧树脂衍生物的涂料组合物	532	140	26.32
C22C-038/02	含硅的铁基合金	274	132	48.18
C22C-038/04	含锰的铁基合金	283	128	45.23
C21D-008/02	在生产钢板或带钢时的热处理工艺	277	93	33.57
C22C-038/44	含钼或钨的铁基合金	353	90	25.50
C22C-038/06	含铝的铁基合金	217	84	38.71

续表

IPC 分类号	技术领域	专利总量/件	2019～2021 年专利数量/件	2019～2021 年专利占比/%
C22C-038/42	含铜的铁基合金	194	76	39.18
C09D-005/16	防污涂料；水下涂料	367	74	20.16

3.3.6　主要结论

专利申请趋势与科技文献发布趋势类似，专利申请从 2005 年开始迅猛增长。申请专利的主要技术是涂层技术、金属改性技术，阴极保护等其他技术的专利申请相对较少。

从国家层面来看，我国关注涂层技术和合金；日本主要关注金属的防腐技术，特别是钢铁方面，技术包括金属的保护技术，金属的防腐蚀性改良（通过掺杂其他金属、结构改造等方式）；美国专利侧重于技术方法，其阳极或阴极保护法和涂层保护法分别位列前两位。从专利申请机构来看同样如此，日本主要专利权人均是钢铁企业，第一位专利权人的专利技术领域是铁基合金（钢铁）。我国的专利数量最多的机构是中国船舶集团有限公司，腐蚀测量技术、涂层技术、有机防腐涂层技术以及涂层性能测试技术是其重要研究方向。美国海军部专利数据较少，专利重点在防腐技术上，如涂层、阴极保护、腐蚀测量等。

近几年，在海洋腐蚀防护方面主要专利申请技术是防腐涂层，其次是新型钢铁的研发，特别是含硅的钢铁材料。

3.4　海洋腐蚀防护材料标准化发展

3.4.1　国内外海洋腐蚀防护材料标准化状况

国内外海洋腐蚀防护标准较多，国外发布机构以国际标准化组织（ISO）、欧

洲标准化委员会(CEN)、美国材料与试验协会(ASTM)为主。国内标准分为国家
标准、行业标准以及团体标准,国家标准以全国防腐标准化技术委员会(SAC/TC
381)发布的相关标准最多。

1. 国外海洋腐蚀防护材料标准化情况

1)国际标准化组织

ISO 中有多个技术委员会制定的标准与腐蚀防护相关,其中发布与海洋腐蚀
防护相关标准的如表 3.22 所示。

表 3.22　ISO 中与防腐技术相关的技术委员会及其工作组

序号	技术委员会	职责范围	制定相关标准的下设分技术委员会
1	ISO/TC 156 金属与合金腐蚀	围绕金属和合金的腐蚀领域标准化目的制定腐蚀试验方法和腐蚀防护方法	SC 1 腐蚀控制工程生命周期
2	ISO/TC 8 船舶与海洋技术	制订造船设计、建造、培训、结构元件、舾装零件、设备、方法和技术以及海洋环境事项的标准	SC 8 船舶设计
3	ISO/TC 35 色漆与清漆	负责色漆、清漆和相关产品(包括原材料)的标准化	SC 9 色漆与清漆通用测试方法 SC 14 钢结构与防护漆体系
4	ISO/TC 67 石油石化设备材料与海上结构	负责石油、石化和天然气行业中用于钻井、生产、管道运输以及液态和气态碳氢化合物加工的材料、设备和海上结构等方面的标准化工作	SC 2 管道运输系统

ISO 发布的与海洋腐蚀防护有关的 23 项标准,其中 ISO/TC 156 发布了 8 项
与海洋腐蚀防护相关标准,ISO/TC 8 的 SC 8 船舶设计分技术委员会是相关标准
制定的主要委员会,并已发布 5 项标准;ISO/TC 35 已经发布两项与海洋腐蚀防
护相关标准,分别是 SC 9 和 SC 14 分技术委员会制定发布。ISO/TC 67 的 SC 2
管道运输系统分技术委员会发布 8 项与海洋防腐技术相关的标准。具体如表 3.23
所示。

表 3.23　ISO 已发布的防腐技术相关标准

序号	标准名称(中文)	标准名称(英文)	发布年份	归口单位
1	ISO13174:2012 阴极保护海港设施	ISO13174:2012 Cathodic protection of harbour installations	2012	ISO/TC 156
2	ISO16539:2013 金属和合金的腐蚀 暴露在人工海水盐沉积过程的加速循环腐蚀测试　恒定绝对湿度下的干/湿条件	ISO16539:2013 Corrosion of metals and alloys-Accelerated cyclic corrosion tests with exposure to synthetic ocean water salt-deposition process-"Dry" and "wet" conditions at constant absolute humidity	2013	
3	ISO15158:2014 金属和合金的腐蚀 通过氯化钠溶液中的强力动力学控制测量不锈钢的坑位潜力的方法	ISO15158:2014 Corrosion of metals and alloys-Method of measuring the pitting potential for stainless steels by potentiodynamic control in sodium chloride solution	2014	
4	ISO12473:2017 海水阴极保护的一般原则	ISO12473:2017 General principles of cathodic protection in seawater	2017	
5	ISO11130:2017 金属和合金的腐蚀 盐溶液中的备用浸入测试	ISO11130:2017 Corrosion of metals and alloys-Alternate immersion test in salt solution	2017	
6	ISO8044:2020 金属和合金的腐蚀 词汇	ISO8044:2020 Corrosion of metals and alloys-Vocabulary	2020	ISO/TC 156
7	ISO23226:2020 金属和合金的腐蚀 深海水中暴露的金属和合金腐蚀测试指南	ISO23226:2020 Corrosion of metals and alloys-Guidelines for the corrosion testing of metals and alloys exposed in deep-sea water	2020	
8	ISO21062:2020 金属和合金的腐蚀 在模拟海洋环境中的混凝土中确定嵌入式钢筋的腐蚀率	ISO21062:2020 Corrosion of metals and alloys-Determination of the corrosion rates of embedded steel reinforcement in concrete exposed to simulated marine environments	2020	
9	ISO16145-1:2012 船舶与海洋技术 防护涂料和检验方法　第 1 部分：海水压载舱	ISO16145-1:2012 Ships and marine technology-Protective coatings and inspection method-Part 1: Dedicated sea water ballast tanks	2012	ISO/TC 8
10	ISO16145-2:2012 船舶与海洋技术 保护涂层和检查方法　第 2 部分：散货船和油轮的空隙空间	ISO16145-2:2012 Ships and marine technology-Protective coatings and inspection method-Part 2: Void spaces of bulk carriers and oil tankers	2012	
11	ISO16145-3:2012 船舶与海洋技术 防护涂料和检验方法　第 3 部分：原油油轮的货油舱	ISO16145-3:2012 Ships and marine technology-Protective coatings and inspection method-Part 3: Cargo oil tanks of crude oil tankers	2012	
12	ISO16145-5:2014 船舶与海洋技术 保护涂层和检验方法　第 5 部分：涂层损坏评估方法	ISO16145-5:2014 Ships and marine technology-Protective coatings and inspection method-Part 5: Assessment method for coating damages	2014	
13	ISO20313:2018 船舶与海洋技术 船舶阴极保护法	ISO20313:2018 Ships and marine technology-Cathodic protection of ships	2018	

序号	标准名称(中文)	标准名称(英文)	发布年份	归口单位
14	ISO15710:2002 油漆和清漆 交替浸入缓冲氯化钠溶液和从缓冲氯化钠溶液中取出的腐蚀试验	ISO15710:2002 Paints and varnishes–Corrosion testing by alternate immersion in and removal from a buffered sodium chloride solution	2002	ISO/TC 35
15	ISO15741:2016 涂料和清漆 用于非腐蚀性气体的陆上和海上钢制管道内部的减摩涂料	ISO15741:2016 Paints and varnishes–Friction-reduction coatings for the interior of on- and offshore steel pipelines for non-corrosive gases	2016	
16	ISO21809-4:2009 石油和天然气工业 管道运输系统中使用的埋地或水下管道的外部涂层 第4部分：聚乙烯涂层(2层PE)	ISO21809-4:2009 Petroleum and natural gas industries–External coatings for buried or submerged pipelines used in pipeline transportation systems–Part 4: Polyethylene coatings(2-layer PE)	2009	
17	ISO15589-2:2012 石油、石化和天然气工业 阴极保护管道运输系统 第2部分：海上管道	ISO15589-2:2012 Petroleum, petrochemical and natural gas industries–Cathodic protection of pipeline transportation systems–Part 2: Offshore pipelines	2012	
18	ISO21809-2:2014 油和天然气工业 管道运输系统中用于埋藏或水下管道的外部涂层 第2部分：单层聚变黏结环氧涂层	ISO21809-2:2014 Petroleum and natural gas industries–External coatings for buried or submerged pipelines used in pipeline transportation systems–Part 2: Single layer fusion-bonded epoxy coatings	2014	
19	ISO12736:2014 石油和天然气工业 管道、流线、设备和海底结构的湿热绝缘涂层	ISO12736:2014 Petroleum and natural gas industries–Wet thermal insulation coatings for pipelines, flow lines, equipment and subsea structures	2014	ISO/TC 67
20	ISO21809-3:2016 石油和天然气工业 管道运输系统中用于埋藏或淹没管道的外部涂层 第3部分：现场联合涂层	ISO21809-3:2016 Petroleum and natural gas industries–External coatings for buried or submerged pipelines used in pipeline transportation systems–Part 3: Field joint coatings	2016	
21	ISO21809-5:2017 石油和天然气工业 管道运输系统中使用的埋藏或淹没管道的外部涂层 第5部分：外部混凝土涂层	ISO21809-5:2017 Petroleum and natural gas industries–External coatings for buried or submerged pipelines used in pipeline transportation systems–Part 5: External concrete coatings	2017	
22	ISO21809-1:2018 石油和天然气工业 管道运输系统中用于埋藏或淹没管道的外部涂层 第1部分：聚烯烃涂层(3层PE和3层PP)	ISO21809-1:2018 Petroleum and natural gas industries–External coatings for buried or submerged pipelines used in pipeline transportation systems–Part 1: Polyolefin coatings(3-layer PE and 3-layer PP)	2018	

续表

序号	标准名称(中文)	标准名称(英文)	发布年份	归口单位
23	ISO21809-11:2019 石油和天然气工业 管道运输系统中用于埋藏或淹没管道的外部涂层 第 11 部分：用于现场应用、涂层修复和修复的涂料	ISO21809-11:2019 Petroleum and natural gas industries–External coatings for buried or submerged pipelines used in pipeline transportation systems–Part 11: Coatings for in-field application, coating repairs and rehabilitation	2019	ISO/TC 67

2) 欧洲标准化委员会

欧洲标准化委员会仅有阴极保护(CEN/TC 219 Cathodic protection)技术委员会发布海洋腐蚀防护相关标准。该技术委员会的工作职责在于：金属材料埋地或浸没结构(如用于运输天然气、水和燃料的管道，离岸建设，船舶，燃料储存箱，电信和电缆等，钢筋混凝土建筑、结构、基础、管道等)的外部和内部阴极保护领域的标准化；涂层和/或杂散电流(交流和直流)对阴极保护系统性能的影响；结构部件内表面的阳极保护；阴极保护领域从业人员能力水平鉴定和验证系统框架及相关程序的标准化。阴极保护技术委员会的秘书处在英国标准协会。TC 219 制定并发布的与海洋腐蚀防护相关标准有 10 项，见表 3.24。

表 3.24　TC 219 制定并发布的标准

序号	标准号	发布日期	标准名称
1	EN 12954:2019	2019-08-21	陆上埋设或浸没金属结构的阴极保护一般原则
2	EN 12068:1998	1998-08-19	阴极保护 与阴极保护一起使用的埋地或浸没钢管道腐蚀保护用外部有机涂层——胶带和可收缩材料
3	EN 17243:2020	2020-03-11	含海水的金属储罐、结构、设备和管道内表面的阴极保护
4	EN 16222:2012	2012-10-17	船体阴极保护
5	EN 14038-1:2016	2016-03-30	钢筋混凝土的电化学正压和氯离子萃取处理 第 1 部分：正压
6	EN 12496:2013	2013-06-19	海水和含盐泥浆中阴极保护用电阳极
7	EN 14038-2:2020	2020-10-21	钢筋混凝土的电化学正电位和氯化物提取处理 第 2 部分：氯化物提取
8	EN 12473:2014	2014-02-12	海水中阴极保护的一般原理
9	EN 12495:2000	2000-01-19	海上固定钢结构的阴极保护
10	EN 13173:2001	2001-01-24	海上浮式钢结构的阴极保护

3）美国材料与试验协会

美国材料与试验协会制定海洋腐蚀防护相关的标准有"G01 金属腐蚀技术委员会"和"D01 油漆和相关涂料、材料和应用委员会"，其制定的标准如表 3.25 所示。

表 3.25　ASTM 技术委员会腐蚀相关标准列表

序号	标准号	标准名称(英文)	标准名称(中文)	发布年份	分类	技术委员会	小组委员会
1	ASTM G78-20	Standard guide for crevice corrosion testing of iron-base and nickel-base stainless alloys in seawater and other chloride-containing aqueous environments	海水和其他含氯化物水环境中铁基和镍基不锈钢合金缝隙腐蚀试验的标准指南	2020	方法	G01 金属腐蚀技术委员会	G01.04 金属在自然大气和水环境的腐蚀(Corrosion of Metals in Natural Atmospheric and Aqueous Environments)
2	ASTM D4939-89(2020)	Standard test method for subjecting marine antifouling coating to biofouling and fluid shear forces in natural seawater	在天然海水中使海洋防污涂层受到生物污染和流体剪切力的标准试验方法	2020	方法	D01 油漆和相关涂料、材料和应用委员会	D01.45 船舶涂料(Marine Coatings)
3	ASTM D4938-89(2013)	Standard test method for erosion testing of antifouling paints using high velocity water	用高速水对防污涂料进行腐蚀试验的标准试验方法	2013	方法		

2. 国内海洋腐蚀防护材料标准化情况

我国制定海洋腐蚀防护标准的技术委员会包括：全国防腐蚀标准化技术委员会(SAC/TC 381)、全国钢标准化技术委员会(SAC/TC 183)、全国海洋船标准化技术委员会(SAC/TC 12)、全国涂料和颜料标准化技术委员会(SAC/TC 5)、全国风力机械标准化技术委员会(SAC/TC 50)，制定的标准如表 3.26 所示。

表 3.26　全国防腐蚀标委会制定的防腐相关标准

序号	标准号	标准名称	发布日期	实施日期	技术委员会
1	GB/T 32119—2015	海洋钢铁构筑物复层矿脂包覆防腐蚀技术	2015-10-09	2016-05-01	SAC/TC 381

续表

序号	标准号	标准名称	发布日期	实施日期	技术委员会
2	GB/T 37582—2019	海洋工程装备腐蚀控制工程全生命周期要求	2019-06-04	2020-05-01	SAC/TC 381
3	GB/T 33423—2016	沿海及海上风电机组防腐技术规范	2016-12-30	2017-07-01	
4	GB/T 31944—2015	原油船货油舱用耐腐蚀钢板	2015-09-11	2016-06-01	SAC/TC 183
5	GB/T 5776—2005	金属和合金的腐蚀　金属和合金在表层海水中暴露和评定的导则	2005-05-13	2005-10-01	方法标准
6	GB/T 39155—2020	金属和合金的腐蚀　海港设施的阴极保护	2020-10-11	2021-05-01	产品标准
7	GB/T 33976—2017	原油船货油舱用耐腐蚀热轧型钢	2017-07-12	2018-04-01	产品标准
8	GB/T 12466—2019	船舶及海洋工程腐蚀与防护术语	2019-10-18	2020-05-01	SAC/TC 12
9	GB/T 31972—2015	海上浮式生产储存设备（FPS）的腐蚀防护要求	2015-09-11	2016-01-01	
10	GB/T 15748—2013	船用金属材料电偶腐蚀试验方法	2013-11-27	2014-05-01	
11	GB/T 6384—2008	船舶及海洋工程用金属材料在天然环境中的海水腐蚀试验方法	2008-08-04	2009-02-01	
12	GB/T 13671—1992	不锈钢缝隙腐蚀电化学试验方法	1992-09-22	1993-07-01	
13	GB/T 34677-2017	水下生产系统防腐涂料	2017-11-01	2018-05-01	SAC/TC 5
14	GB/T 33630—2017	海上风力发电机组 防腐规范	2017-05-12	2017-12-01	SAC/TC 50

　　而在行业标准方面，我国有关海洋材料腐蚀相关的行标如表 3.27 所示，涉及的行业有石油行业、化工行业、能源行业、交通行业、水利行业、海洋行业、海军行业、船舶行业等。

表 3.27 中国腐蚀防护行业标准列表

序号	标准号	标准名称	发布日期	实施日期	标准分类	归口单位	所属行业
1	SY/T 10008—2016	海上钢质固定石油生产构筑物全浸区的腐蚀控制	2016-01-07	2016-06-01	产品标准	海洋石油工程专业标准化技术委员会	石油行业
2	SY/T 4091—2016	滩海石油工程外防腐技术规范	2016-12-05	2017-05-01	产品标准	石油工程建设专业标准化委员会	
3	HG/T 5059—2016	海上石油平台用防腐涂料	2016-10-22	2017-04-01	产品标准	全国涂料和颜料标准化技术委员会（SAC/TC5）	化工行业
4	NB/T 10663—2021	海上型风力发电机组 电气控制设备腐蚀防护结构设计规范	2021-04-26	2021-10-26	产品标准	能源行业风电标准化技术委员会风电电器设备分技术委员会	
5	NB/T 25095—2018	核电厂海工构筑物防腐蚀施工及验收规范	2018-11-21	2019-04-01	产品标准	中国电力企业联合会	
6	NB/T 31133—2018	海上风电场风力发电机组混凝土基础防腐蚀技术规范	2018-04-03	2018-07-01	产品标准		
7	NB/T 31006—2011	海上风电场钢结构防腐蚀技术标准	2011-08-06	2011-11-01	产品标准	电力行业风力发电标准化技术委员会	能源行业
8	NB/T 10597—2021	核电厂海工混凝土结构防腐蚀技术规范	2021-01-07	2021-07-01	产品标准	中国电力企业联合会	
9	NB/T 10626—2021	海上风电场工程防腐蚀设计规范	2021-04-26	2021-10-26	产品标准	能源行业风电标准化技术委员会风电电器设备分技术委员会	
10	JTS/T 209—2020	水运工程结构防腐蚀施工规范	2020-07-02	2020-09-15	基础标准	交通运输部水运局	
11	JT/T 694—2007	悬索桥主缆系统防腐涂装技术条件	2007-06-28	2007-10-01	产品标准	中国公路学会桥梁和结构工程分会	交通行业
12	JT/T 695—2007	混凝土桥梁结构表面涂层防腐技术条件	2007-06-28	2007-10-01	产品标准	中国公路学会桥梁和结构工程分会	

序号	标准号	标准名称	发布日期	实施日期	标准分类	归口单位	所属行业
13	JT/T 722—2008	公路桥梁钢结构防腐涂装技术条件	2008-07-29	2008-11-01	产品标准	中国公路学会桥梁和结构工程分会	
14	JT/T 821.1—2011	混凝土桥梁结构表面用防腐涂料 第1部分：溶剂型涂料	2011-11-28	2012-04-01	产品标准	中国公路学会桥梁和结构工程分会	
15	JT/T 821.2—2011	混凝土桥梁结构表面用防腐涂料 第2部分：湿表面涂料	2011-11-28	2012-04-01	产品标准	中国公路学会桥梁和结构工程分会	
16	JT/T 821.3—2011	混凝土桥梁结构表面用防腐涂料 第3部分：柔性涂料	2011-11-28	2012-04-01	产品标准	中国公路学会桥梁和结构工程分会	
17	JT/T 821.4—2011	混凝土桥梁结构表面用防腐涂料 第4部分：水性涂料	2011-11-28	2012-04-01	产品标准	中国公路学会桥梁和结构工程分会	交通行业
18	JT/T 733—2021	港口机械钢结构表面防腐涂层技术条件	2021-06-18	2021-10-01	产品标准	全国汽车维修标准化技术委员会	
19	JT/T 1266—2019	桥梁钢结构冷喷锌防腐技术条件	2019-05-30	2019-09-01	产品标准	全国交通工程设施(公路)标准化技术委员会	
20	JT/T 1336—2020	港口机械钢结构表面防腐涂层维护保养技术规范	2020-07-31	2020-11-01	产品标准	全国港口标准化技术委员会	
21	JTS 153.2—2012	海港工程钢筋混凝土结构电化学防腐蚀技术规范	2012-07-19	2012-09-01	产品标准	交通运输部水运局	
22	JTS 153.3—2007	海港工程钢结构防腐蚀技术规范	2007-11-26	2008-05-01	产品标准		
23	SL 105—2007	水工金属结构腐蚀规范	2007-11-26	2008-02-26	基础标准	水利部综合事业局	水利行业
24	HY/T 187.4—2020	海水循环冷却系统设计规范 第4部分：材料选用及防腐设计导则	2020-05-29	2020-09-01	产品标准	全国海洋标准化技术委员会	海洋行业
25	HJB 411—2008	海军飞机结构腐蚀防护与控制通用设计要求	2008-02-13	2008-04-01	产品标准	中国人民解放军海军	海军行业

续表

序号	标准号	标准名称	发布日期	实施日期	标准分类	归口单位	所属行业
26	HJB 412—2008	海军飞机结构防腐蚀密封通用设计要求	2008-02-13	2008-04-01	产品标准	中国人民解放军海军	海军行业
27	CB/T 3712—2013	船体杂散电流腐蚀的防护方法	2013-12-31	2014-07-01	方法标准	全国海洋船标准化技术委员会船用材料应用工艺分技术委员会	船舶行业
28	CB/T 3949—2001	船用不锈钢焊接接头晶间腐蚀试验方法	2001-11-15	2002-02-01	方法标准	全国海洋船标准化技术委员会船用材料应用工艺分技术委员会	
29	CB 20232—2016	核潜艇腐蚀防护设计准则	2016-01-19	2016-03-01	产品标准	中国船舶标准化技术委员会	
30	CB 30027—2018	大气腐蚀性快速评估与分级丝杆电偶腐蚀法	2018-12-28	2019-03-01	方法标准		
31	CB 20476—2018	舰船钢质紧固件防腐涂层规范	2018-01-18	2018-05-01	产品标准		

3.4.2 国内外海洋腐蚀防护材料标准化比较

根据上文筛选统计,从标准数量、标准类型、涉及技术、涉及行业以及特殊标准(深海标准)等方面对比国内外腐蚀防护标准,如表 3.28 所示。

表 3.28 国内外腐蚀防护标准比较

区域(机构)/层级	国外			国内	
	ISO	CEN	ASTM	国家标准	行业标准
数量/项	23	10	3	14	31
标准类型	多技术方法少产品规范	技术方法	技术方法	基础,方法,产品	规范、产品
涉及防腐技术	阴极保护,表面改性,涂层涂料	阴极保护	涂层涂料	表面改性,涂层涂料,阴极保护	涂层涂料

续表

区域(机构/层级)	国外			国内	
	ISO	CEN	ASTM	国家标准	行业标准
涉及行业	船舶，化工，石油化工，建筑	管道，建筑，海上工程结构	船舶	船舶，能源	船舶，化工，海军，交通
涉及领域及具体内容	(1)金属与合金的腐蚀防护。术语、模拟海水的腐蚀试验、阴极保护、深海腐蚀测试等。 (2)船舶。涂层标准。 (3)化工。涂料与清漆的试验。 (4)石油化工。水下管道的防腐，海底管道结构的涂层。	海上钢结构，船舰，海下浸没金属的阴极保护原理和技术。	对不锈钢材在含氯环境中的腐蚀测试、涂层的防污损测试、涂料的高速水影响测试等。	海洋钢结构腐蚀控制技术，海上风电设备的腐蚀防护技术，海港设施的阴极保护，船舶的腐蚀试验及腐蚀防护技术，水下防腐涂层系统等。	石油生产钢结构平台的腐蚀控制、防腐涂料，海上风电场的腐蚀防护，水运工程结构、桥梁、港口的腐蚀防护技术，船舶舰艇的电化学腐蚀防护等。
深海标准	有(ISO23226:2020)	无	无	无	有相关项(CB 20232—2016)

国内外在海洋腐蚀防护方面的标准均不多，说明该领域的技术发展还未完全成熟，且具有非常大的发展潜力。

从国内外标准内容可以看出，国外标准制定重点在于腐蚀防护的方法，而我国更多是工程上的技术规范、设计准则和涂层涂料产品方面的标准。对比而言，国外标准制定更倾向于技术方法等普适性更强的标准，且其标准覆盖领域比国内更加广泛。我国标准制定更偏向应用层面，且更加细致化。

从标准类型及数量上，我国海洋腐蚀防护的国家标准不多，且一些标准针对性较强，缺乏更广泛的应用，如仅应用于海上风电设备防腐的技术标准。另外，针对深海环境的标准，无论是国家标准还是行业标准均未有发布，仅有一项"核潜艇腐蚀防护设计准则"与此相关。

3.4.3　主要结论

通过对国内外海洋腐蚀防护标准的调研，得出如下几点结论：

(1)国外标准制定机构广泛。国外海洋腐蚀防护标准发布机构主要是国际标准化组织、欧洲标准化委员会和美国材料与试验协会，其中 ISO 的多个下属技术委员会制定相关标准。

(2)国外标准侧重方法理论，我国标准则具有明显的应用性特征。国外标准重点在于腐蚀防护的方法，泛用性更强。我国更多是工程上的技术规范、设计准则和涂层涂料产品方面的标准，标准制定更偏向应用层面，且更加细致化。而且数量上我国行业标准是国家标准数量的两倍多，说明我国标准多是为行业制定，具有明确的应用领域。

(3)我国海洋科技、海洋经济发展快速，但相应的是海洋腐蚀防护标准存在大量空白，标准的落后制约了我国海洋进一步快速的发展。根据分析，我国海洋腐蚀防护标准主要存在两方面的空白，一方面是基础方法类标准的缺乏，另一方面则是针对深海领域相关标准的缺失。基础方法标准的缺乏限制了我国海洋工程腐蚀防护技术的广泛应用，而深海领域标准的缺失则代表着我国在深海探索方面的发展仍有待进步。

3.5 本 章 小 结

本章从海洋腐蚀防护材料的发展现状与前沿技术、科技文献的计量分析、专利的计量分析以及国内外标准发展情况等四个维度分析了全球范围内海洋腐蚀防护材料的发展趋势、主要研发国家和机构、前沿发展技术等。基于调研分析，可以看出我国研究实力后来居上，但在研究创新能力和标准转化能力尚有欠缺。

我国研发实力稳步增强。国际海洋腐蚀防护材料的研究从 1991 年开始逐渐加快，而我国自 1997 年开始快速发展，并持续增长，我国的发文量甚至成为影响总体研究趋势的主要因素，一方面说明我国在海洋材料方面的研究投入较多，且现阶段处于研究热点阶段，但另一方面也说明我国在海洋腐蚀防护方面仍有许多问题需要解决。我国重点研究领域是表面技术、海洋生物污损防护、钢筋混凝土的强化等，我国的北京科技大学、中国科学院海洋研究所、中国科学院金属研究所是该领域研发实力较强的机构，研发重点分布在钢铁材料的性能提升、涂层材料的研发、表面改性的技术研究、海洋微生物的污损防护、海洋大气的腐蚀防护等。

我国创新能力有待提高。我国专利权人在专利数量前 10 的机构仅占 3 位，腐蚀防护技术的专利布局多为传统防护方式，如涂层涂料、合金改性，而应用在海洋中的阴极保护方法专利，我国非常少，因此加强腐蚀的测量方法、防护方法研究就显得尤为重要。

我国标准转化能力欠缺，深海用腐蚀防护材料标准空白。我国标准更多是工程上的技术规范、设计准则和涂层涂料产品方面的标准，标准制定更偏向应用层面，且更加细致化。对比国外标准重方法测试的特点，我国标准制定具有很大局限性。在一些前沿领域的标准上，我国基本属于空白，如深海用腐蚀防护技术。

加强国际合作，扩展专利布局领域，完善腐蚀防护标准体系建设。我国在海洋腐蚀防护材料的研究上实力不弱，但从实验室走向工厂，实现技术产品的产业化、商业化仍然有不小的距离。我国涂层技术研究较多，发展较好，但在阴极保护技术的研究上还不够，因此应与国外领先机构合作，取长补短，一方面促进已成熟的涂层、涂料产品的商业化，另一方面加强电化学防护技术的研究，扩展阴极防护的专利布局。我国还没有海洋腐蚀防护的标准体系，特别是针对深海探索的，因此强化标准转化能力，加快深海腐蚀防护技术标准化步伐，完善海洋腐蚀防护方面的标准体系，是促进我国海洋进步和发展的重要解决方案。

第 4 章　深海装备材料及技术创新发展

4.1　深海装备材料技术与应用现状

深海装备材料技术是深海装备不断跨越的先导技术，是人类进行深海探索必须首先解决的关键问题。随着各国深海探索的不断深入，深海空间站、深海潜水器等装备设施对相关材料，包括各种结构材料、先进浮力材料、材料防腐等的要求也在提高。

目前，深海的界定在学术界和国际社会中存在不同的看法和标准。从自然科学的角度来看，深海通常被定义为水深超过 200 m 的海洋区域。而从社会科学的角度来看，深海的界定多源自《国际海洋法公约》(以下简称《公约》)第 1 条第 1 款的定义，即"国家管辖范围以外的海床、洋底和底土"。同时，有一些研究者提出了综合性的界定，将深海定义为包括国家主权管辖内外所有水深超过 300 m 的海域，包括水体、《公约》所规定的大陆架及其延伸、洋脊和海底区域等。深海装备在服役过程中需要抵抗海水及应力腐蚀，承受载荷对结构的考验及深海环境的高压强，这对深海装备制造材料的应用性能提出了巨大挑战。

4.1.1　深海材料应用及研究进展

根据用途，深海材料主要分为两种类型：一种是制造深海装备耐压外壳及管线等使用的结构材料，另一种是制造深海装备所用的浮力材料。本节介绍的结构材料与第 2 章结构材料的主要区别是耐压性能，深海中最突出的是耐压的壳体材料。

1. 深海装备使用的结构材料

耐压壳体是深海装备中不可或缺的重要组成部分，在载人深潜器或潜水艇中，耐压壳体是唯一能够保护人员安全的装置。它能抵御外界的高压，保持内部的气压和温度稳定，并为潜水员提供一个相对安全的工作和生活空间。此外，耐压壳体也是许多深潜器中电子设备、相机等工作正常所必需的防护罩。通过耐压壳体的保护，这些设备可以在深海环境下正常运行，记录和传输数据，拍摄图像或视频等。深海装备在海底作业时不仅需抵抗海水腐蚀、应力腐蚀、生物腐蚀，还必须承受载荷对结构的考验及深海环境的高压强。

深海装备结构材料，根据材料自身种类，又可主要分为金属材料（高性能钢、合金材料）及非金属材料（陶瓷材料、复合材料）。

1）金属材料

金属材料主要在深潜器、管线等装备上使用，包括高强度钢和合金，合金主要包括钛合金、镍合金、铝合金以及铜镍合金等。美国、日本、英国、俄罗斯从 20 世纪中期就开始建立深海装备结构钢体系。

HY80 钢、HY100 钢和 HY130 钢都是美国在舰船制造领域使用的重要材料。这些钢材在军舰建造中发挥着关键的作用，并且随着技术的不断发展，新一代的 HSLA（高强度低合金）舰船用钢也逐渐得到应用。HY80 钢和 HY100 钢是高强度低合金钢，具有出色的强度和韧性。它们被广泛用于非耐压壳体部分的攻击型核潜艇和"尼米兹"级航空母舰的飞行甲板制造。这些钢材的制造和焊接需要经过调质处理才能保证优良的综合性能，因此焊接难度和制造成本较高。而 HY130 钢则是用于核潜艇的耐压壳体材料，具有更高的屈服强度和良好的可焊性。美国"弗吉尼亚"号核潜艇采用了 HY130 钢。为了降低制造成本并提高材料性能，美国提出了 HSLA 舰船用钢开发计划。HSLA80 和 HSLA100 是新一代的低合金钢，具有高强度和良好的韧性。相比于之前的钢材，HSLA 系列钢使用成本显著降低，同时仍能满足军舰的要求。美国在舰船制造领域不断研发和应用各种高强度钢和低合金钢，以满足军舰在深海环境下的需求，并且随着技术的进步，新一代的 HSLA

舰船用钢也在逐渐取代传统的钢材，为舰船制造提供了更好的选择。

英国也是舰艇用钢开发较早的国家之一，1958 年即首次使用自行研制的 550 MPa 级调质钢 QT35 建造攻击型核潜艇。但因 QT35 合金易出现层状撕裂，1965 年后改用美国 HY80 合金，并经仿制定名为 Q1(N)。1970~1980 年又以美国 HY100 钢和 HY130 钢为原型成功仿制了 Q2(N) 和 Q3(N) 钢。仿制后的钢更加注重纯净度的要求，并规定了屈强比的上限值。其中 Q1(N) 钢为当前英国舰艇中的主要钢种，Q2(N) 钢用于英国 2000 年后建造的攻击力最强的"机敏"级潜艇的耐压壳体。

日本 1981 年的"深海-2000"深潜器采用不低于 880 MPa 的高屈服强度钢 NS90 钢。1983 年开发了屈服强度为世界最高水平的可焊接 1000 MPa 级钢 NS110。2000 年完成了 NS110 钢低强匹配焊接接头试验，验证了技术上用于潜艇制造的可行性。

俄罗斯在舰船用钢方面主要沿用苏联的碳素钢、高强度钢和高屈服强度钢，且均为调制钢。其中 АБ 系列的高屈服强度钢加入了镍、铬和钛等合金元素，其屈服强度为 390~1175 MPa，可用于制造大深潜潜艇主船体和航母飞行甲板等需要高屈服强度的部件。此外，俄罗斯还使用低磁钢来制造潜艇，如 941 型"台风"级潜艇的非耐压壳体，以及"K"级潜艇的指挥台围壁、尾部壳体、稳定翼和舵板等。这些低磁钢可以减少潜艇在水下运动时被磁探测器探测到的可能性，提高潜艇的隐蔽性和安全性。

法国在相当于美国 HY100 的 HLES80 钢基础上研制了 HLES100 高镍钢，镍含量最大为 8%（质量分数），屈服强度为 980 MPa，延伸率大于 14%，−60 ℃ 的冲击韧性大于 70 J/cm^2，法国 2004 年服役的"凯旋"级核潜艇耐压壳体便选用了这种钢。

我国 20 世纪 80 年代以后制造潜艇非耐压壳体普遍用 907A 钢，耐压壳体采用综合性能较高的 921 镍铬系钢。在 921 镍铬系钢基础上，经过对熔炼、开坯、热处理的工艺改进，演进成 921A 钢。921A 钢、922A 钢、923A 钢及其配套材料是我国当前最主要的潜艇用钢。为了满足潜艇发展需要，通过采用 NiCrMoV 合金设计及先进的炉外真空精炼（VH），研制成功了 785 MPa 级核潜艇用 980 钢，综合使用性能达到国际先进水平，目前已应用于我国某型号核潜艇。

除高性能钢之外，钛合金由于具有密度小、比强度高、耐高温、耐腐蚀、无磁、透声和抗冲击振动等特点，已成为具有发展前途的深海装备结构材料之一而被各国广泛地开发和使用。

在深海环境下，钛合金可以承受高压、高温和腐蚀等恶劣条件，同时还能够保持良好的机械性能。由于钛合金的密度较低，使用钛合金可以减轻装备的自重，提高装备的潜航深度和操纵性能。此外，钛合金还具有良好的透声性能，可以减少水下噪声和提高声呐探测效果。正因为钛合金在深海装备领域的优异性能，各国都在积极开发和使用钛合金材料。在海洋工程、深海潜水器、潜艇和海洋石油开采等领域，钛合金已经得到了广泛应用，并且在未来的发展中仍然具有巨大的潜力。俄罗斯的阿尔法级攻击型核潜艇及塞拉级多用途核潜艇的耐压壳体都采用了钛合金材料。这些潜艇的钛合金耐压壳体具有出色的性能，可以承受高压和腐蚀等恶劣条件，并且能够在 800～900 m 的极限下潜深度下工作[①]。另外，世界各国目前的深海潜水器的耐压壳体也多采用钛合金建造，如美国的"海崖"号深潜器、日本的"深海 6500"、法国的"鹦鹉螺"号、俄罗斯的"和平"号以及我国的"蛟龙号"载人潜水器。

沉淀硬化镍基合金具有很高的屈服强度，适用于深海环境下高强度紧固件的制造。这种合金能够承受高应力和腐蚀环境，具有良好的耐腐蚀性和机械性能。铜镍合金是一种调幅分解强化型合金，具有优异的抗腐蚀性能和抗海洋生物生长能力。它还具有高强度、良好的导电导热性能、抗热应力松弛性能和较好的疲劳特性，因此在深海材料的研制中备受关注。

2）非金属材料

非金属材料的应用在深海装备中也是非常重要的。树脂基复合材料具有强度高、质量轻、耐腐蚀和抗疲劳等优点，被广泛应用于深海设备制造。陶瓷材料由于其特殊的结构和性能，在深海装备领域中也具有很大的潜力。先进陶瓷材料和陶瓷材料增韧技术的发展，为陶瓷材料在深海装备中的应用提供了新的可能性。陶瓷基复合材料的使用可以提高材料的韧性和强度，从而满足深海环境下对材料的高要求。美国"海神"号机器人潜艇采用的特制轻量级陶瓷基复合材料成功地完成了对马里亚纳海沟最深处的探测任务，这说明了陶瓷材料在深海装备中的巨大潜力。

碳纤维增强复合材料（CFRP）的优点确实非常多，尤其是在深海石油平台的结

---

① 施征. 俄罗斯 945AB 多用途攻击核潜艇[J]. 海事大观, 2010, (1): 68-74.

构件上应用广泛。因为 CFRP 具有高强度、高模量和低密度等特点，相比于传统的金属材料，使用 CFRP 可以减轻平台的重量，提高平台的载荷能力和抗风浪性能。此外，CFRP 还具有良好的耐腐蚀性和抗疲劳损伤性能，可保证石油平台的长期使用寿命。在深海作业平台上，CFRP 制成的系缆的耐腐蚀性能也非常优异，可以承受深海环境下的高压、高温和高盐度等极端条件。因此，使用 CFRP 系缆可以有效地提高深海作业平台的作业深度，延长平台的使用寿命，减少维护和更换成本。

我国已自主开发出内径为 150 mm、工作压力 20 MPa、抗拉强度 20 t 海洋深水热塑性复合材料管用于深海油气领域，实现了管材结构的"全非金属化"，做了主要指标的实物评价实验并在黄海海域进行了海试，技术已达到国际先进水平[①]。

2. 深海装备浮力材料

在深海装备中，轻质高强度固体浮力材料被广泛应用于提供浮力支持和减轻装备重量。化学泡沫复合材料、微球复合泡沫材料和轻质合成复合材料是常见的固体浮力材料类型。这些材料通常以特殊黏结剂为基础，通过填充空心微珠或其他添加剂来实现轻质和高强度的特性。它们在海洋环境中具有良好的耐压性能，并且不易吸水。国外在高强度固体浮力材料的研究方面起步较早。美国和俄罗斯等国家在这方面取得了显著进展。这些国家研制的固体浮力材料密度一般在 0.4～0.6 g/cm³ 之间，耐压强度达到 40～100 MPa。

我国轻质高强固体浮力材料的研究起步较晚，通过研究人员的多年努力，已经在配方、工艺、成型等核心关键技术方面取得突破性进展。陈尔凡等[②]以环氧树脂作为基体，并填充空心玻璃微珠，然后用改性胺类固化剂大幅度缩短固化时间，最后以液体聚硫橡胶作为增韧剂，制成了高强度、低密度、低吸水率的深海浮力材料；海洋化工研究院有限公司开发了具有超低密度、耐压、低吸水率、可机加工的、不同水深使用的系列化深水用固体浮力材料，在国内众多涉海领域得到广泛应用。"蛟龙号"载人潜水器的外壳由填充了直径微小的空心玻璃微珠的环氧树脂制作而成，设计的最大下潜深度为 7000 m[③]。"蛟龙号"载人潜

① 周鑫月，李金儒，裴放. 碳纤维复合材料在深海油气领域中的应用[J]. 纤维复合材料，2018, (1): 5.
② 陈尔凡，张莹，马驰，等. 深海浮力材料的研制[J]. 工程塑料应用，2013, 41(2): 5.
③ 高昂，胡明皓，王勇智，等. 深海高强浮力材料的研究现状[J]. 材料导报：纳米与新材料专辑，2016, 30(2): 5.

水器可在占世界海洋面积 99.8% 的广阔海域中使用。

4.1.2　用于深海环境的涂料

涂料作为金属材料的主要防腐蚀技术手段已经被广泛应用。但是，在深海环境中，海水溶解氧含量和温度等因素会对碳钢和低合金钢的腐蚀产生影响，并进一步影响涂料的防护性能和使用寿命。根据美国太平洋海区深海测试数据，在深海环境中，海水溶解氧含量和温度对于碳钢和低合金钢的腐蚀均有减小的作用[①]。但是，在深海环境中，使用涂层后金属腐蚀过程和腐蚀性介质在涂层中渗透过程构成相互加速条件，从而给深海结构涂层/金属体系带来了更严重的腐蚀问题。

美国海军部海上系统司令部在 2003 年批准了 INTERGARD143 高固体分环氧涂料作为深海装备维修保养涂料使用。这种涂料具有较高的固体含量和干膜厚度，能够有效地防止海水的侵蚀，从而提高深海装备的防腐性能和使用寿命。俄罗斯海军深海装备涂料具有厚浆性、固体含量高、干膜厚度大、柔韧性好以及耐盐雾性能良好等特点，这些特点可以有效提高涂层的防腐性能和使用寿命。英国海军的深海装备涂料采用固体含量大于 82%（体积分数）的环氧高固体分防腐蚀涂料配套，具有优异的防腐性能和良好的表面处理容忍性。同时，还对深海装备涂料的性能要求和评价方法制定了专门的标准规范。德国 209 级深海装备防腐蚀涂料配套采用高固体分环氧涂料，干膜厚度达 550 μm，设计使用寿命为 10 年，适用于类似中国南海情况的海域。这种涂料配套具有优秀的防护性能和耐久性，可以有效保护深海装备免受腐蚀的影响。

各国在深海装备防腐蚀涂料方面都进行了系统研究，采用环氧高固体分涂料配套，并对涂料性能进行全面的测试评价，特别是对耐海水压力性能的评估。这些措施都旨在确保深海装备具有良好的防护性能，延长使用寿命，并提高可靠性。

欧美发达国家也尚未建立针对深海装备的耐压力防腐蚀涂料的相关标准规范，目前仅美国针对涂层抗拉性能制定了 ASTM D 2370-1998（Standard test method for tensile properties of organic coatings），该标准体系的适用对象为压力

---

① Venkatesan R, Venkatasamy M A, Bhaskaran T A, et al. Corrosion of ferrous alloys in deep sea environments[J]. British Corrosion Journal, 2002, 37: 4, 257-266.

交变环境用涂层体系，背景并非针对深海装备。

4.1.3　深海环境中阴极保护技术和牺牲阳极材料

深海环境下中腐蚀防护的主要措施有优选材料、涂层和阴极保护，阴极保护由于其可靠性强、易于施工而广泛应用于深海结构的防腐工程。世界上工业发达国家早在 20 世纪 60 年代就开始研究深海环境对牺牲阳极保护系统的影响。随着水深的增加，深海环境中的压力、温度、盐度等因素都会发生较大变化，这对牺牲阳极保护系统的性能和效果产生影响。

1983～1984 年挪威船舶研究所在墨西哥湾开展了 1083～1945 m 深海环境为期 272 天的实海暴露试验及金属和合金材料的阴极保护性能研究。研究表明：在不同海域、不同深度以及不同暴露时间条件下，不同金属及合金材料所需的阴极保护电流差异较大，但对同一金属及合金材料而言，一般在浅海环境比深海环境下所需的阴极保护电流更高。另外，试验及经验均表明，常用的铝、锌基牺牲阳极在深海和浅海下阴极保护性能存在极大差异。在深海环境下，牺牲阳极电化学性能降低，溶解性能恶化[1][2]。Oakley 等[3]研究模拟 2500 m 深海环境下，采用牺牲阳极保护的低碳钢和不锈钢的腐蚀行为。研究结果表明：低碳钢在高压环境下没有发生氢脆破坏，深海腐蚀过程中低碳钢表面附着大量 Ca^{2+}、Mg^{2+} 沉积物，但仍需要较大的阴极保护电流。此外，阴极表面的光洁度也会影响其腐蚀行为，表面光洁度高的阴极更容易腐蚀；不锈钢在高压环境下的破坏方式主要是点蚀。点蚀破坏特征与材料自身的钝化膜有关，与其表面附着物无关。因此，不锈钢在深海环境下需要的保护电流密度与常压下相比差别不大。为解决牺牲阳极在深海环境下性能下降的问题，美国 DeepWater 公司开发了 Retro 系列铝合金深海牺牲阳极，目前该阳极已广泛应用于深海油气开发设备，其在超过 500 m 的深海环境下仍显示了良好的阴极保护性能。MPM 公司是专业的深海外加电流阴极保护设计与工程

① Fischer K P. Field testing of CP current requirements at depth down to 1300 m on the northern Norwegian continental shelf from 63 to 67°N[C]. Corrosion, Houston: NACE, 1999: 361.

② Beccaria A M, Fiordiponti P, Mattogno G. The effect of hydrostatic pressure on the corrosion of nickel in slightly alkaline solutions containing Cl ions[J]. Cheminform, 1989, 29(4):403-413.

③ Tawns A, Oakley R. Cathodic protection at a simulated depth of 2500m[J]. Corrosion, 2000: 134.

公司，其开发的第四代 GEN IV 辅助阳极系统可应用于水深超过 300 m 的深海环境中，最大输出电流可达 800 A，使用寿命为 10 年以上，最长可达 50 年，该辅助阳极同样采用了混合金属氧化物，其支撑结构采用了玻璃纤维复合材料。

我国在深海环境下的牺牲阳极保护系统的研究方面开展研究工作：针对深海环境用铝合金牺牲阳极，在 Al-Zn-In 三元合金的基础上，通过添加 Mg、Ti、Ga、Mn 等合金元素，利用合金元素间的复合活化作用，获得其在深海中的高活化性能，研制出深海铝合金牺牲阳极材料[1]。Li 等研究了新型 Al-Zn-In-Mg-Ti-Ga-Mn 阳极的电化学行为，该阳极在模拟 600 m 深海环境中的工作电位为–1.05～–1.15 V，电流效率大于 90%，溶解性能良好，可用于深海环境各类金属构件的腐蚀防护[2]。

目前开发新型的适用于深海环境下的牺牲阳极的研发内容包括：①新型优质牺牲阳极的研发；②特殊阳极制造工艺优化；③阳极性能测试和评定技术开发。

4.1.4　深海通信设备材料

深海通信主要有有线和无线两种方式。有线是通过电缆传输，无线则是通过声波、无线电、激光、量子通信等传输。无线通信设备一般被深海抗压材料包裹。

海底通信电缆是用绝缘材料包裹的导线，铺设在海底，用于设立国家之间的电信传输。在海底光缆的设计中，为了保护光纤不受海水侵蚀以及防止断裂，通常会采用多层结构。内部的光纤设在 U 形槽塑料骨架中，填充油膏或弹性塑料体来形成纤芯。纤芯周围使用高强度的钢丝绕包，并使用防水材料填满缝隙。钢丝外部还会绕包一层铜带，并进行焊接搭缝，形成一个抗压和抗拉的联合体。最外层则是聚乙烯护套，用于保护整个光缆。深海环境条件下高可靠性海底通信设备金属材料中，钛合金由于物理力学性能优良、抗腐蚀性良好、同体积结构重量轻且性能价格比较高，是可能的首选的海底通信设备的主体材料。

脐带缆是深海油气开采的关键技术装备，它由集束的钢管或热塑性塑料管构成中空管缆，用于内置动力电缆以及连接海面与海底设施的双路通信缆线等。脐

① 邢少华，李焰，马力，等. 深海工程装备阴极保护技术进展[J]. 装备环境工程，2015, 12(2): 5.

② Li W L, Yan Y G, Chen G, et al. The development of a new type aluminium anode for deepwater cathodic protection[J]. Advanced Materials Research, 2011, 317-319: 189-193.

带缆自由悬浮于海中,这种设计有利于承受随着管长延伸而增加的轴向拉伸载荷。钢管脐带缆具有抗腐蚀性强、化学性能稳定、抗压溃能力强以及强度质量比高等优点。然而,随着水深逐渐增加,进入深海,钢管无法再提供足够的抗拉能力,因此需要采用高性能复合材料如碳纤维来保证结构强度。这种新型碳纤维增强脐带缆,相比于带有钢制铠装层的脐带缆具备以下优势:质量轻,强度高,导热性低,耐腐蚀性良好,耐吸湿性能强,抗疲劳能力强,对环境变化的敏感性低,在达到与钢管脐带缆相同强度的同时减少自重约80%[①]。

4.2 基于 SCI 科技文献的深远海装备材料技术研发进展

利用文献计量学相关理论,以科技文献为计量对象,采用数学统计等分析方法,定量分析相关领域科技文献的年度发展态势、数量关系、变化规律,以期揭示科学技术内容特征、结构变化和发展规律。

4.2.1 总体发展态势

以 Web of Science 数据检索平台核心合集为数据来源,检索词包括深海腐蚀、高压、结构材料;潜水器耐压壳材料;深海管道材料(脐带缆、海洋立管);深海浮力材料;深海防腐涂料;深海电缆材料;深海牺牲阳极材料等。利用检索式(TS=((("deep sea" or "deep ocean" or "abyssal sea") and (corro* or "structural" or "construction" or "high pressure") and material*) or (("submersible" or "submarine" or "AUV" or "ROV") and "pressure hull material*") or (("deep sea pipeline" or "umbilical cable" or "marine riser") and material*) or ("deep sea buoyancy material*") or (("deep sea" or "deep ocean" or "abyssal sea") and ("anticorrosive paint*" or " anticorrosive coat* ")) or (("deep sea" or "deep ocean" or "abyssal sea")

---

① 易明. 碳纤维复合材料在深海油气开发中的应用[J]. 新材料产业, 2013, (11): 6.

and "cable material*") or (("deep sea" or "deep ocean" or "abyssal sea") and sacrificial anode material*))) AND DT=(Article)。检索时间为 2022 年 5 月 16 日，检索并经过人工清洗后得到 100 篇文献，如图 4.1 所示。

深海装备材料研究领域产生的首篇文献发表于 1976 年(美国)，按发文数量年度变化可将其分为两个阶段：①第一阶段为萌芽期(1997～2016 年)，该阶段年均发文量只有几篇，增长率较为缓慢，主要内容为深海环境对金属和合金腐蚀行为的影响、钛合金的深海腐蚀研究、深海浮力材料力学特性、结构材料在高静水压力下的磨粒磨损试验等；②第二阶段为快速发展期(2016 年至今)，该阶段年度发文量快速增长，主要内容为新型环氧中空玻璃微球复合材料的制备、深海载人潜水器浮力材料损伤机理、纳米球涂层在海洋交变静水压力下的自修复性能和耐腐蚀性能、深海生物采样光学图像传输系统等。

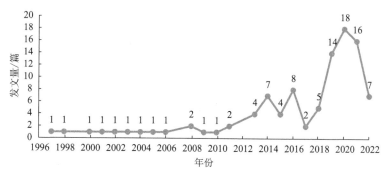

图 4.1 深海装备材料文献数量的年度变化情况

注：2022 年论文数量未完全收录

4.2.2 主要机构发文分析

对论文作者机构进行量化分析，可帮助了解作者所在机构的学术影响力和科研实力，同时在一定程度上反映出该机构的国际影响力和话语权。表 4.1 反映出在该领域内全球具有影响力的研究机构，可以看出深海装备材料领域机构发文量差距较小。

表 4.1　深海装备材料全球发文量前 18 的研究机构[①]

序号	机构	国家	发文量/篇
1	浙江大学	中国	7
2	大连理工大学	中国	6
3	哈尔滨工程大学	中国	6
4	上海海洋大学	中国	6
5	大连海事大学	中国	5
6	中国科学院金属研究所	中国	5
7	印度国家海洋技术研究所	印度	5
8	印度科学学院	印度	4
9	洛阳船舶材料研究所	中国	4
10	北京科技大学	中国	4
11	中国科学院海洋研究所	中国	3
12	意大利国家研究理事会海洋研究所	意大利	3
13	国家深海基地管理中心	中国	3
14	东北大学	中国	3
15	中国海洋大学	中国	3
16	上海交通大学	中国	3
17	天津大学	中国	3
18	圣保罗大学	巴西	3

浙江大学研究内容是深海海沟中的自供电软体机器人、电热驱动的深海浮力控制模块、气密型深海水采样器管接头、深沟大型生物保压捕集仪等。

大连理工大学研究内容是新型环氧空心玻璃微球复合材料的制备、大电流复合脐带电缆、深海采矿粗颗粒侵蚀引起的损坏测试、深海管道在静水压力和腐蚀缺陷的耦合作用下屈曲失稳研究等。

哈尔滨工程大学研究内容是自浮式沉积物采样器、深海柔性管道铺设试验、深海载人潜水器的结构框架损坏机制、Ti-Al-Nb-Zr 合金钝化膜在模拟深海环境中

----

① 发文量为 2 篇的研究机构并列较多，所以列出发文量大于 2 篇的研究机构。

的电化学性能等。

上海海洋大学研究内容是马氏体时效钢 18Ni(250) 螺栓连接的内径 2.1 m 深海载人舱研制、聚甲基丙烯酸甲酯(PMMA)结构压力效应的实验与数值分析、深海潜水器用可调压载舱折叠平盖失效分析等。

大连海事大学研究内容是电热驱动的深海浮力控制模块、基于石蜡相变材料的深海驱动装置、小型深海软体机器人空心玻璃微球和硅橡胶柔性浮力材料数值模拟与实验研究等。

中国科学院金属研究所研究内容是静水压力对超纯铁腐蚀行为的影响、深海 Fe-Cr-Ni-Mo 高强度钢的焊接性能、静水压力对金属腐蚀热力学及动力学的影响、深海环境中 Ni-Cr-Mo-V 高强度钢的腐蚀行为建模等。

印度国家海洋技术研究所研究内容是深海环境中铁合金的腐蚀、高度耐海洋腐蚀的铝合金和双相不锈钢材料的异常腐蚀、钛及钛合金 Ti-6Al-4V 的深海腐蚀、深海环境中结构材料上的生物膜等。

印度科学学院研究内容是深海环境中铁合金的腐蚀、钛及钛合金 Ti-6Al-4V 的深海腐蚀、深海环境对金属和合金腐蚀行为的影响等。

洛阳船舶材料研究所研究内容是间歇加载时间和应力比对钛合金 Ti-6Al-4V ELI 驻留疲劳行为的影响、静水压力和预应力对新型 Ni-Cr-Mo-V 高强钢腐蚀行为的影响、2Cr13 不锈钢在深海环境中的点蚀、Ti-Al-Nb-Zr 合金钝化膜在模拟深海环境中的电化学性能等。

北京科技大学研究内容是苛刻环境下材料表面防护技术的研究、5052 和 6061 铝合金在中国南海海域 800 m 和 1200 m 深海环境下的腐蚀行为研究、铜合金在中国南海深海环境下的腐蚀行为研究等。

中国科学院海洋研究所研究内容是利用耗氢微生物降低高强度钢中氢脆风险、不同温度热处理过的 AISI 4135 钢在被天然海水膜覆盖时的腐蚀行为、海洋交变静水压力下氧化石墨烯-介孔硅层-纳米球结构涂层的自愈性能及耐腐蚀性能等。

意大利国家研究理事会海洋研究所研究内容是用于欧洲项目 KM3NeT 的深海环境中的金属材料测试、深海环境中常用合金的腐蚀行为等。

国家深海基地管理中心研究内容是深海载人潜水器浮力材料的损坏机制、深海载人潜水器的结构框架损坏机制、自浮式沉积物采样器等。

东北大学研究内容是深海环境中 Ni-Cr-Mo-V 高强度钢的腐蚀行为建模、静水压力对超纯铝和超纯铁腐蚀行为的影响、深海机器人脐带缆的动态特性等。

中国海洋大学研究内容是海洋交变静水压力下氧化石墨烯-介孔硅层-纳米球结构涂层的自愈性能及耐腐蚀性能、深海载人潜水器浮力材料的损坏机制、深海立管涡激振动离散螺旋板条减振机理等。

上海交通大学研究内容是内爆临界状态下氮化硅陶瓷浮选球的失效、深海潜水器用可调压载舱折叠平盖失效分析、聚甲基丙烯酸甲酯材料的深海载人潜水器观测窗设计等。

天津大学研究内容是高温应用的空心玻璃微球/SiO_2浮力材料的研制、复杂海况下深海 ROV 脐带缆的动态特性等。

圣保罗大学研究内容是用于脐带电缆螺旋部件建模的三维曲梁单元、脐带电缆建模中一种管状单元模拟具有正交各向异性材料特性的圆柱体、可用于海洋立管拉伸铠装线的无线磁弹性应变传感器模型等。

4.2.3 主要结论

基于对科技文献的分析，得出如下与深海装备材料研究相关的结论：

(1)我国是全球深海装备材料发文数量的主力军。

(2)国内外发文多为研究型机构。国内研究内容主要为深海机器人、深海腐蚀试验、柔性浮力材料、海水膜覆盖时的腐蚀行为等。国外研究内容主要为深海环境下常用合金的腐蚀行为、深海环境中结构材料上的生物膜等。

(3)深海腐蚀试验和常用合金的腐蚀行为仍然是当前研究的重点。

4.3 基于专利的深远海装备材料技术创新趋势

专利是衡量技术创新力和市场竞争力的重要表现形式，也是科研机构是否具有竞争力的体现。本文将以德温特专利数据库为数据来源，对该领域专利文献进行检索和量化分析，以期解析出该技术的总体发展态势、主要专利权人、技术布局、主要发明人和专利保护国家布局等情况。

4.3.1　总体态势分析

利用德温特专利数据库，检索式为：TS=((("deep sea" or "deep ocean" or "abyssal sea") and (corro* or "structural" or "construction" or "high pressure") and material*) or (("submersible" or "submarine" or "AUV" or "ROV") and "pressure hull material*") or (("deep sea pipeline" or "umbilical cable" or "marine riser") and material*) or ("deep sea buoyancy material*") or (("deep sea" or "deep ocean" or "abyssal sea") and ("anticorrosive paint*" or " anticorrosive coat*")) or (("deep sea" or "deep ocean" or "abyssal sea") and "cable material*") or (("deep sea" or "deep ocean" or "abyssal sea") and sacrificial anode material*))，检索日期为 2022 年 05 月 18 日，并经过专利清洗，确定专利(专利族)309 件。

根据深海装备材料专利家族申请量随时间的变化情况分析该技术领域的专利发展态势，揭示出技术的发展时间和历程，反映目前技术所处的发展阶段。

如图 4.2 所示，该领域的首项专利出现于 1966 年，由美国政府申请，为环氧树脂组成的浮力材料。

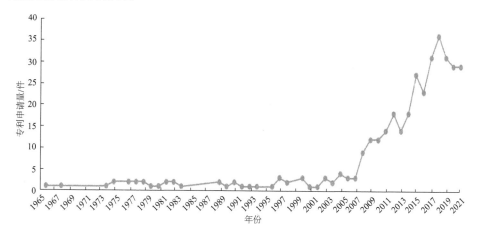

图 4.2　深海装备材料专利发展态势分析

在五十多年的发展过程中，该领域的专利申请经历了较为明显的两个发展阶段，分别是：①萌芽期(1966～1994年)，该阶段每年的专利申请量很少，只有几项(不超过3项)；②发展期(1996～2018年)，专利申请活动明显向好，该阶段的专利申请量快速增长，2018年的专利申请量增至峰值36项；③稳定期(2019年至今)，这两年的专利申请量较2018年稍有回落。

4.3.2 专利技术分布

本节基于全球公认的IPC分类法来看深海装备材料专利的技术分布。通过技术分布分析来揭示该领域全球技术竞争的重点方向和最近几年的新兴创新技术。

对专利数量较多的前17个完整的IPC分类号进行分析发现，如表4.2所示，深海装备材料专利涉及按形状区分的绝缘导体或电缆、钻杆或钻管、包含光导和其他光学元件(如耦合器)的装置的结构零部件、测试材料的耐气候或耐腐蚀性能、抗腐蚀涂料、铁基合金等领域。

分析2019～2021年专利申请的占比情况，发现通过完全或局部填充电缆中的间隙的(57%)、含钼或钨的铁基合金(57%)、防止流体进入导体或电缆(55%)、抗腐蚀涂料(50%)等技术方向的专利申请活动非常活跃，专利申请量占该技术领域专利总量的50%以上，反映出这些技术代表了该领域出现的新兴创新技术。

表 4.2 专利数量较多的前 17 位 IPC 分类号分析

序号	IPC 分类号	技术领域	专利数量/件	时间跨度(年份)	2019～2021年申请量占比/%
1	H01B-007/18	防护由磨损、机械力或压力引起的损坏	27	2011～2021	41
2	H01B-007/14	海底电缆	23	1974～2020	30
3	E21B-017/01	立管	19	1989～2021	16
4	H01B-007/22	金属线或金属带，如钢制的	14	2013～2020	43
5	H01B-007/17	防护由外部因素引起的损坏，如护套或铠装	13	2013～2021	46
6	H01B-007/04	可弯曲的电缆、导体或软线，如牵引电缆	12	1983～2020	33

续表

序号	IPC 分类号	技术领域	专利数量/件	时间跨度(年份)	2019~2021年申请量占比/%
7	H01B-007/282	防止流体进入导体或电缆	11	2016~2021	55
8	G02B-006/44	用于为光导纤维提供抗拉强度和外部保护的机械结构,如光学传输电缆	10	2006~2021	40
9	H01B-007/28	由潮湿、腐蚀、化学侵蚀或气候引起的电缆损坏防护	10	2015~2021	40
10	G01N-017/00	测试材料的耐气候、耐腐蚀或耐光照性能	9	1975~2021	22
11	C09D-005/08	防腐涂层	8	2014~2021	50
12	G01N-017/02	用于大气侵蚀、腐蚀或防腐测量中的电化学测量系统	8	2007~2021	38
13	H01B-011/22	包括至少 1 个电导体连同光导纤维共同构成的电缆	8	2010~2020	38
14	C22C-038/44	含钼或钨的铁基合金	7	2016~2021	57
15	E21B-017/00	钻杆或钻管,柔性钻杆柱,方钻杆,钻铤,抽油杆,套管,管子	7	1989~2012	0
16	H01B-007/00	按形状区分的绝缘导体或电缆	7	1983~2020	43
17	H01B-007/285	通过完全或局部填充电缆中的间隙的	7	2016~2021	57

4.3.3　专利权人分析

根据该领域专利权人专利家族数量选出最高的 17 个机构[①],对其技术分布、时间布局、竞争特点等进行分析,期望给进入该领域布局的机构提供参考。

深海装备材料领域的主要专利权人(前 17)如表 4.3 所示。12 个机构为中国科研机构,3 个中国企业,1 个美国企业,1 个日本企业。

---

① 排名前 17 机构后数量较少且并列。

表 4.3 前 17 专利申请机构分析

序号	机构名称	专利家族数量/项
1	中国船舶重工集团公司第七二五研究所(CSSC Group Corporation No. 725 Research Institute)	8
2	上海海事大学(Shanghai Maritime University)	6
3	中国海洋石油集团有限公司(China National Offshore Oil Corporation)	5
4	埃克森美孚研究工程公司(Exxonmobil Research and Engineering Company)	5
5	中国海洋大学(Ocean University of China)	5
6	浙江大学(Zhejiang University)	5
7	天津大学(Tianjin University)	4
8	东莞市南风塑料管材有限公司(Dongguan Nanfeng Plastic Pipe company limited)	3
9	中国科学院海洋研究所(Institute of Oceanology of the Chinese Academy of Sciences)	3
10	日本神户制钢公司(Kobe Steel Ltd)	3
11	国家深海基地管理中心(National Deep Sea Center)	3
12	中国船舶重工集团公司第七〇二研究所(CSSC Group Corporation No. 702 Research Institute)	3
13	哈尔滨工程大学(Harbin Engineering University)	3
14	青岛科技大学(Qingdao University of Science and Technology)	3
15	华南理工大学(South China University of Technology)	3
16	西湖大学(Westlake University)	3
17	中天科技海缆股份有限公司(Zhongtian Technology Submarine Cable Company Limited)	3

中国船舶重工集团公司第七二五研究所在深海装备材料领域拥有 8 项专利家族,专利申请时间跨度为 2003~2018 年,其中 2015 年 2 项,2003 年、2007 年、2008 年、2014 年、2017 年、2018 年各 1 项。主要技术为测试材料的耐气候、耐腐蚀或耐光照性能;用于大气侵蚀、腐蚀或防腐测量中的电化学测量系统;铜基合金;阴极保护法的金属防腐蚀;施加稳定的张力或压力等。

上海海事大学在深海装备材料领域拥有 6 项专利家族,专利申请时间跨度为 2012~2018 年,其中 2013 年 2 项,2012 年、2014 年、2015 年、2018 年各 1 项。主要技术为通过模子或喷嘴挤出成型材料;成螺旋形;使用碳作为配料;深海浮力材料等。

中国海洋石油集团有限公司在深海装备材料领域拥有 5 项专利家族，专利申请时间跨度为 2018～2020 年，其中 2018 年 1 项，2019 年、2020 年各 2 项。主要技术为深海潜水重力锚材料；深海定深取样腐蚀模拟实验测试装置；轻质深水复合脐带缆；脐带电缆配重装置材料等。

埃克森美孚研究工程公司在深海装备材料领域拥有 5 项专利家族，专利申请时间跨度为 1998～2012 年，其中 2009 年 2 项，2010 年 3 项，2012 年 2 项，1998 年、2008 年、2011 年各 1 项。美国布局 3 项，加拿大布局 2 项，中国布局 2 项，澳大利亚 1 项，俄罗斯 1 项。主要技术为用于海洋立管的涂层套筒；油气井生产装置；具有浮力的固体颗粒等。

中国海洋大学在深海装备材料领域拥有 5 项专利家族，专利申请时间跨度为 2009～2019 年，其中 2019 年 2 项，2009 年、2011 年、2012 年各 1 项。主要技术为深海鱼类养殖的大型嵌套式非金属网；深海热液区海洋材料的烟气腐蚀研究和热液腐蚀研究；用于深海浮力材料的中空微晶玻璃微球；陶瓷空心球用于深海浮力材料等。

浙江大学在深海装备材料领域拥有 5 项专利家族，专利申请时间跨度为 2015～2019 年，其中 2019 年 2 项，2015 年、2017 年、2018 年各 1 项。主要技术为水下机器人结构电路封装方法；压力自适应柔性智能驱动装置；深海高压密封防水防折软连接器；基于缸壁厚降低材料强度要求的深海高压环境监测装置；深海电子元件包裹材料等。

天津大学在深海装备材料领域拥有 4 项专利家族，专利申请时间跨度为 2011～2021 年，2011 年、2014 年、2021 年各 1 项。主要技术为深海海底管道弯曲试验装置；深海油气开采输油管道；通过焊接提高船用立管焊接接头的疲劳性能等。

东莞市南风塑料管材有限公司在深海装备材料领域拥有 3 项专利家族，专利申请时间跨度为 2013～2015 年，每年各 1 项。主要技术为深海连接的养殖网箱材料。

中国科学院海洋研究所在深海装备材料领域拥有 3 项专利家族，专利申请时间跨度为 2018～2021 年，2018 年、2020 年、2021 年各 1 项。主要技术为用于保护深海环境海洋结构阴极材料的铝合金牺牲阳极材料；水下机器人深海按压式电磁开关装置；用作深海冷泉生物高压控温模拟养殖装置等。

日本神户制钢公司在深海装备材料领域拥有 3 项专利家族，专利申请时间跨度为 2008～2012 年，2008 年、2009 年、2012 年各 1 项。主要技术为制造钛合金钢坯、钛合金板等。

国家深海基地管理中心在深海装备材料领域拥有 3 项专利家族，专利申请时间跨度为 2005～2018 年，2005 年、2012 年、2018 年各 1 项。主要技术为深海取样器自调节密封盖；深海释放器水声通信换能器；载人潜水器延伸式深海生物样本捕集器等。

中国船舶重工集团公司第七〇二研究所在深海装备材料领域拥有 3 项专利家族，专利申请时间 2013 年 2 项，2018 年 1 项。主要技术为体式深海液压阀箱；用于深海工程领域的应力时间测量传感器；磁性多功能水下机器人脐带电缆等。

哈尔滨工程大学在深海装备材料领域拥有 3 项专利家族，专利申请时间 2013 年 2 项，2018 年 1 项。主要技术为用于深海浮力材料的环氧树脂组合物；用于优化脐带电缆填充结构；铝基牺牲阳极材料等。

青岛科技大学在深海装备材料领域拥有 3 项专利家族，专利申请时间 2016 年、2017 年、2021 年各 1 项。卢森堡布局 1 项，中国布局 2 项。主要技术为用于深海液压系统的压力补偿装置；用于压力自平衡深海仪器的光学透镜封装结构等。

华南理工大学在深海装备材料领域拥有 3 项专利家族，专利申请时间 2016 年、2019 年、2020 年各 1 项。主要技术为 3000 m 超深海油气工程复合软管；深海管道等离子增材制造修复；用于为深海空间站提供核动力源的溴盐冷却小型熔盐堆等。

西湖大学在深海装备材料领域拥有 3 项专利家族，3 项均为 2019 年申请。主要技术为具有光纤保护功能的水下机器人脐带电缆；一种降低流体阻力的水下船舶机器人脐带缆等。

中天科技海缆股份有限公司在深海装备材料领域拥有 3 项专利家族，专利申请时间 2017 年、2020 年、2021 年各 1 项。主要技术为超深强电复合脐带电缆；高压动态海底电缆等。

4.3.4 近几年新研发的材料技术

为揭示深海装备材料领域的最新专利技术，对 2019～2021 年间包含专利数量较多的前十个新 IPC 技术领域进行分析。如表 4.4 所示，近年来深海装备材料领域出现的新专利技术主要集中于天然或合成橡胶；铁基合金，如合金钢；多通路软管；阴极保护装置的结构部件或组件；地下或水下安装，通过装管、电缆管道或输送管安装；密封的外壳；涂层；含金刚石合金；电缆，缆型，束线；以抗磨部件为特征的技术领域，如金刚石镶嵌。

表 4.4　2019～2021 年深海装备材料专利新涉及的技术领域

序号	IPC 分类号	技术领域	专利数量/件
1	H01B-003/28	天然或合成橡胶	3
2	C22C-038/00	铁基合金，如合金钢	3
3	F16L-011/22	多通路软管	2
4	C23F-013/06	阴极保护装置的结构部件或组件	2
5	G02B-006/50	地下或水下安装，通过装管、电缆管道或输送管安装	2
6	H05K-005/06	密封的外壳	2
7	C08J-007/04	涂层	2
8	C22C-026/00	含金刚石合金	2
9	G06F-113/16	电缆，缆型，束线	2
10	E21B-010/46	以抗磨部件为特征，如金刚石镶嵌	2

4.3.5　主要结论

专利申请趋势与科技文献发布趋势类似，专利申请从 2007 年开始迅猛增长。申请专利的主要技术是海底电缆保护材料、海洋立管、浮力材料，牺牲阳极等其他技术的专利申请相对较少。

国内机构专利技术主要关注金属防腐蚀的阴极保护中的阳极材料、深海浮力材料、轻质深水复合脐带缆、深海潜水重力锚材料、深海电子元件包裹材料等；美国埃克森美孚研究工程公司主要关注海洋油气生产装备材料，海洋立管的涂层套筒、油气井生产装置、具有浮力的固体颗粒等；日本神户制钢公司主要关注深海耐压和耐腐蚀材料，制造钛合金钢坯、钛合金板等。

近些年，在深海装备材料方面主要专利申请技术是天然或合成橡胶、合金钢，其次是阴极保护装置。

4.4 深海装备材料标准化发展

4.4.1 我国深海装备材料标准化状况

我国深海装备材料相关标准有 23 项，其中国家标准 18 项，行业标准 3 项，团体标准 2 项。我国深海装备材料相关国家标准如表 4.5 所示，潜水器和海底电线电缆占比较高。2 项为试验方法标准，其他为产品标准。

表 4.5 我国深海装备材料相关国家标准

标准号	标准名称	发布日期	归口单位
GB/T 40073—2021	潜水器金属耐压壳外压强度试验方法	2021-04-30	全国潜水器标准化技术委员会
GB/T 40072—2021	潜水器金属框架强度试验方法	2021-04-30	全国潜水器标准化技术委员会
GB/T 35361—2017	潜水器钛合金对接焊缝超声波检测及质量分级	2017-12-29	全国潜水器标准化技术委员会
GB/T 35367—2017	潜水器钛合金对接焊缝 X 射线检测及质量分级	2017-12-29	全国潜水器标准化技术委员会
GB/T 35364—2017	潜水器用 TA31 合金锻件	2017-12-29	全国潜水器标准化技术委员会
GB/T 35368—2017	潜水器用 Ti75 合金棒材	2017-12-29	全国潜水器标准化技术委员会
GB/T 35365—2017	潜水器用钛合金焊丝	2017-12-29	全国潜水器标准化技术委员会
GB/T 31910—2015	潜水器用钛合金板材	2015-09-11	全国有色金属标准化技术委员会
GB/T 4950—2021	锌合金牺牲阳极	2021-08-20	全国海洋船标准化技术委员会

续表

标准号	标准名称	发布日期	归口单位
GB/T 17731—2015	镁合金牺牲阳极	2015-09-11	全国有色金属标准化技术委员会
GB/T 4948—2002	铝-锌-铟系合金牺牲阳极	2002-08-29	全国海洋船标准化技术委员会
GB/T 4950—2002	锌-铝-镉合金牺牲阳极	2002-08-29	全国海洋船标准化技术委员会
GB/T 33508—2017	立管疲劳推荐作法	2017-02-28	全国石油钻采设备和工具标准化技术委员会
GB/T 31489.3—2020	额定电压 500 kV 及以下直流输电用挤包绝缘电力电缆系统 第 3 部分：直流海底电缆	2020-12-14	全国电线电缆标准化技术委员会
GB/T 32346.1—2015	额定电压 220 kV (U_m=252 kV) 交联聚乙烯绝缘大长度交流海底电缆及附件 第 1 部分：试验方法和要求	2015-12-31	全国电线电缆标准化技术委员会
GB/T 32346.2—2015	额定电压 220 kV (U_m=252 kV) 交联聚乙烯绝缘大长度交流海底电缆及附件 第 2 部分：大长度交流海底电缆	2015-12-31	全国电线电缆标准化技术委员会
GB/T 32346.3—2015	额定电压 220 kV (U_m=252 kV) 交联聚乙烯绝缘大长度交流海底电缆及附件 第 3 部分：海底电缆附件	2015-12-31	全国电线电缆标准化技术委员会
GB/T 40341—2021	深海油田钻采用高强韧合金结构钢棒	2021-08-20	全国钢标准化技术委员会

我国深海装备材料相关行业标准如表 4.6 所示，涉及船舶、石油天然气和邮电通信行业。

表 4.6　我国深海装备材料相关行业标准

标准号	标准名称	发布日期	归口单位	行业
CB/T 4463—2016	深海潜水器用复合材料轻外壳规范	2016-07-28	全国潜水器标准化技术委员会	船舶
SY/T 6878—2012	海底管道牺牲阳极阴极保护	2012-01-04	海洋石油工程标准化技术委员会	石油天然气
YD/T 814.5—2011	光缆接头盒 第 5 部分：深海光缆接头盒	2011-05-18	中国通信标准化协会	邮电通信

我国深海装备材料相关团体标准如表 4.7 所示，均归口为浙江省品牌建设联合会。

表 4.7 我国深海装备材料相关团体标准

标准号	标准名称	发布日期	归口单位
T/ZZB 0313—2018	深海系泊聚酯缆绳	2018-02-09	浙江省品牌建设联合会
T/ZZB 2439—2021	深海用固体浮力材料	2021-09-03	浙江省品牌建设联合会

4.4.2 国外深海装备材料标准化状况

国外深海装备材料相关标准如表 4.8 所示，主要为国际标准化组织发布，涉及金属和合金的腐蚀保护。

表 4.8 国外深海装备材料相关标准

机构	标准号	标准名称(英文)	标准名称(中文)	发布年份	技术委员会
国际标准化组织(ISO)	ISO 23226:2020	Corrosion of metals and alloys-Guidelines for the corrosion testing of metals and alloys exposed in deep-sea water	金属和合金的腐蚀 暴露在深海水中的金属和合金的腐蚀试验指南	2020	ISO/TC 156
	ISO 12473:2017	General principles of cathodic protection in seawater	海水中阴极保护通则	2017	ISO/TC 156
	ISO 7365:2012	Shipbuilding and marine structures-Deck machinery-Towing winches for deep sea use	造船和海洋结构 甲板机械 深海用牵引绞车	2012	ISO/TC 8/SC 4
	ISO 21173:2019	Submersibles-Hydrostatic pressure test-Pressure hull and buoyancy materials	潜水器 静水压力试验 耐压船体和浮力材料	2019	ISO/TC 8/SC 13
	ISO 13628-2:2006	Petroleum and natural gas industries-Design and operation of subsea production systems-Part 2: Unbonded flexible pipe systems for subsea and marine applications	石油和天然气工业 海底生产系统的设计和操作 第 2 部分：用于海底和海洋应用的非黏合柔性管道系统	2006	ISO/TC 67/SC 4

续表

机构	标准号	标准名称(英文)	标准名称(中文)	发布年份	技术委员会
国际标准化组织(ISO)	ISO 13628-4:2010	Petroleum and natural gas industries–Design and operation of subsea production systems–Part 4: Subsea wellhead and tree equipment	石油和天然气工业 海底生产系统的设计和操作 第 4 部分: 海底井口和采油树设备	2010	ISO/TC 67/SC 4
	ISO 13628-5:2009	Petroleum and natural gas industries–Design and operation of subsea production systems–Part 5: Subsea umbilicals	石油和天然气工业 海底生产系统的设计和操作 第 5 部分: 海底脐带缆	2009	ISO/TC 67/SC 4
	ISO 13625:2002	Petroleum and natural gas industries–Drilling and production equipment–Marine drilling riser couplings	石油和天然气工业 钻井和生产设备 海洋钻井隔水管接头	2002	ISO/TC 67/SC 4
	ISO 15589-2:2012	Petroleum, petrochemical and natural gas industries–Cathodic protection of pipeline transportation systems–Part 2: Offshore pipelines	石油、石化和天然气工业 管道运输系统的阴极保护 第 2 部分: 海上管道	2012	ISO/TC 67/SC 2
美国国家标准化协会(ANSI)	MIL-S-24154A AMENDMENT 2	Syntactic buoyancy material for high hydrostatic pressures	用于高静水压力的合成浮力材料	1991	
欧洲标准化委员会(CEN)	EN 10257-2:2011	Zinc or zinc alloy coated non-alloy steel wire for armouring either power cables or telecommunication cables–Part 2: Submarine cables	电力电缆或电信电缆铠装用锌或锌合金涂层非合金钢丝 第 2 部分: 海底电缆	2011	
	EN 12473:2014	General principles of cathodic protection in seawater	海水阴极保护的一般原则	2014	
美国材料与试验协会(ASTM)	ASTM G78-20	Standard guide for crevice corrosion testing of iron-base and nickel-base stainless alloys in seawater and other chloride-containing aqueous environments	海水和其他含氯化物水环境中铁基和镍基不锈钢合金缝隙腐蚀试验的标准指南	2020	ASTM G01.04

续表

机构	标准号	标准名称(英文)	标准名称(中文)	发布年份	技术委员会
美国材料与试验协会(ASTM)	ASTM D4939-89(2020)	Standard test method for subjecting marine antifouling coating to biofouling and fluid shear forces in natural seawater	在天然海水中使海洋防污涂层受到生物污染和流体剪切力的标准试验方法	2020	ASTM D01.45
	ASTM A1099/A1099M-20	Standard specification for modified alloy steel forgings, forged bar, and rolled bar commonly used in oil and gas pressure vessels	石油和天然气压力容器中常用的改性合金钢锻件、锻棒和轧制棒材的标准规范	2020	ASTM A01.22
	ASTM F1182-07(2019)	Standard specification for anodes, sacrificial zinc alloy	阳极标准规范,牺牲锌合金	2019	ASTM F25.07
	ASTM A411-08(2022)	Standard specification for zinc-coated (galvanized) low-carbon steel armor wire	镀锌(镀锌)低碳钢铠装线的标准规范	2022	ASTM A05.12

4.4.3 国内外深海装备材料标准化比较

国内外深海装备标准比较如表 4.9 所示,国外主要为国际标准化组织发布,产品标准较多,涉及石油、通信和船舶行业。

表 4.9 国内外深海装备标准比较

区域(机构/层级)	国外				国内	
	ISO	ANSI	CEN	ASTM	国家标准	行业标准
数量/项	9	1	2	5	18	3
标准类型	多产品标准,少方法标准	产品标准	产品和方法标准	产品和方法标准	多产品标准,少方法标准	产品和技术标准
涉及行业	石油、通信、船舶	船舶	通信、船舶	石油、船舶	船舶、石油、通信	船舶、石油、通信

4.4.4　主要结论

通过对国内外深海装备材料标准的调研，得出如下几点结论：

（1）国外标准制定机构广泛。国外深海装备材料标准发布机构主要是国际标准化组织、欧洲标准化委员会和美国材料与试验协会。

（2）国内外标准侧重产品应用。国内外深海装备材料标准产品标准占比较大，涉及石油、通信和船舶。

（3）我国深海装备材料标准主要存在两方面的不足，一方面是基础方法类标准的较少，另一方面则是针对深海装备材料焊接相关标准的缺失。

4.5　本 章 小 结

本章从深海装备材料的发展现状与前沿技术、科技文献的计量分析、专利的计量分析以及国内外标准发展情况等四个维度分析了全球范围内深海装备材料的发展趋势、主要机构、前沿发展技术等。基于调研分析，可以看出我国研究实力正逐步增强，但在持续创新能力和基础标准方面尚有欠缺。

我国研究实力正逐步增强。我国发文量优于国外，说明我国在深海装备方面的研究投入较多，且现阶段处于研究热点阶段。深海装备材料研发主要集中在深海机器人、深海浮力材料和深海腐蚀试验方面。

我国持续创新能力有待提高。我国专利权人在专利数量申请时间上不连续，且较分散。深海装备材料创新主要集中在阴极保护的牺牲阳极材料、深海浮力材料、钛合金钢板和复合脐带缆方面。

基础标准欠缺。我国深海装备材料标准基础方法类标准较少，针对深海装备材料焊接要求等相关标准也较少。深海装备材料应用主要集中在潜水器耐压材料、海底电缆材料、深海浮力材料和深海石油装备方面。

建议我国加强深海装备耐压材料、浮力材料和焊缝监测技术的研发、创新及应用一体化发展。

第5章 海洋材料发展建议

5.1 海洋材料发展水平战略需求分析

海洋材料是现代海洋产业发展的基石。海洋材料主要包括海洋结构材料、海洋腐蚀防护材料、深远海装备材料等，在海洋船舶制造、海洋装备制造、海洋交通建设、海洋工程建设、海洋油气田开发、海洋电气等行业领域均有应用，为海洋的探索、开发、应用提供了支撑保障。但是，我国海洋材料尤其是高端海洋材料的研发制造与国外相比还有一定差距，极大制约了国家海洋工业的发展。

5.1.1 研发高价值海洋材料是我国建设海洋强国重要支撑

2008 年，我国发布第一份《国家海洋事业发展规划纲要》；2012 年，党的十八大报告首次提出，我国应提高海洋资源开发能力，发展海洋经济，保护生态环境，坚决维护国家海洋权益，建设海洋强国。

2014 年，国家发展和改革委员会、财政部、工业和信息化部联合发布《关键材料升级换代工程实施方案》，政策目标是围绕海洋工程、新能源等战略性新兴产业和国民经济重大工程建设需要，促进海洋工程装备产业用高端金属材料、岛礁建设用新型建筑材料、新型防腐涂层等 50 种以上重点新材料实现规模稳定生产和应用。

2017 年，国家《"十三五"材料领域科技创新专项规划》提出海洋工程用关键结构材料包括超致密、高耐候、长寿命结构材料,海洋工程与装备用钛合金、高强耐蚀铝合金和铜合金、防腐抗渗高强度混凝土、防腐涂料等。

工业和信息化部在《重点新材料首批次应用示范指导目录(2019 年版)》中列入了一批重点发展的海洋工程材料:如海洋工程用低温韧性结构钢板、海洋工程及高性能船舶用特种钢板、超高纯生铁、焊管用钛带、宽幅钛合金板、新型硬质合金材料、连续玄武岩纤维、HS6 高强玻璃纤维、超高分子量聚乙烯纤维、高性能钐钴永磁体。

我国《十四五规划纲要》也明确提出围绕海洋工程、海洋资源、海洋环境、船舶与海洋工程装备等领域突破一批关键核心技术,增强要素保障能力。其中,高性能海洋材料研发是关键。

5.1.2 我国重点沿海地区发展海洋材料产业的进展

本节根据我国相关政策来评估海洋材料发展趋势。在我国总体发展规划政策,即国民经济和社会发展规划纲要中,从"十二五"到"十四五"均表示在发展海洋中,要大力发展海洋装备,包括深海装备、渔业成套设施、船舶制造、油气勘探开发装备和设施以及新能源装备和设施,这其中离不开海洋材料的布局和规划支撑。因此,这些装备的制造和设施的建造均依靠海洋材料,因此高性能、耐腐蚀的海洋材料以及腐蚀防护技术是发展海洋产业、提高产业服役寿命、保障绿色环保、研制低成本高效能装备的必要技术。

我国部分沿海省份在海洋基础设施和重点领域装备技术能力上进行重点部署。例如,在广东省海洋发展规划中,广东省重点提升传统海洋布局,培育发展新兴产业,加强海洋科技的基础条件建设,要求各地级市立足本地特色资源发展优势产业。其设立的省重点领域研发计划"海洋高端装备制造及资源保护与利用"专项取得了多项成果,研制了一批国内领先、国际先进的国产化技术和装备。"海龙号"填补了国内高端饱和潜水支持船自主建造空白,大型半潜式海洋波浪能发电技术与装备、海底大地电磁探测、天然气水合物勘探开采、深水区超大型海上风电设备安装平台设计与制造等多项技术研究获得国家和省级科技奖励。建设完成新型地球物理综合科学考察船"实验 6"号和我国最大的海洋综合科考实习船

"中山大学"号。

除了在重点基础设施和产业发展加大投入外，广东省在"十四五"期间非常重视海洋基础研究和海洋信息的观测及数据积累。在"十四五"期间，广东省将建成海洋高端产业集聚、海洋科技创新引领、粤港澳大湾区海洋经济合作和海洋生态文明建设四类海洋经济高质量发展示范区 10 个，打造 5 个千亿级以上的海洋产业集群。海洋生产总值年均增速目标达到 6.5%，涉海有效专利数量年均增长目标达到 6.5%，并争取重点监测涉海单位研发经费投入年均增长 10%，涉海高新技术企业则增长到 650 个。此外，在"十四五"期间，还将规划建设南海海底科学观测网、天然气水合物钻采船(大洋钻探船)、可燃冰环境生态观测实验装置等海洋领域大科学装置。

5.2　海洋材料发展挑战与建议

5.2.1　海洋材料科技发展面临的挑战

海洋产业和海洋资源的开发利用离不开装备技术，但用于生产制造海洋工程相关装备和设施的海洋材料却长期被忽视。海洋材料长期处于风、浪、流、蚀等恶劣环境，需要具备承受海洋恶劣环境的防水性、封闭性、耐腐蚀、抗海流、抗疲劳、承压、抗微生物等性能。随着海洋开发进入新时代，船舶和深远海工程需要更加先进的材料来应对各种海洋风险。

(1)我国关键的高性能海洋工程用结构材料(钢材、合金、复合材料)研发及制造焊接水平与国际先进水平还存在一定差距。包括高强低合金钢、耐蚀(候)钢、高性能轻质合金(镁、铝、铜、钛及其合金)等研制。如海洋基础设施及军用设施用到的焊接，大线能量焊接是一种应用广泛、大幅提高焊接效率、降低钢结构成本构建成本的技术，但其用钢一直是全球各国主力研发的技术之一，我国在该方面尚处于起步阶段，制约了海洋钢结构基础设施的建设效率。

(2)海洋防腐蚀新材料的研究创新和使用可大幅提高海洋结构材料的性能和使用寿命,应予以重视和推广。海洋环境下的腐蚀非常复杂,包括均匀腐蚀、点蚀、应力腐蚀、腐蚀疲劳、磨损、海生物污损、微生物腐蚀、硫化物和碳氧化物腐蚀,使用高性能海洋涂料、耐腐蚀材料及其他抗腐蚀技术可明显控制海洋工程的失效,同时深部海洋资源的开发需要采用更耐腐蚀的新材料实现深海防护和自我修复,有必要持续加强防腐蚀新技术的研发创新。

(3)缺乏海洋材料评价技术和方法标准,致使我国自主研发的海洋新材料成果转化率低。经过多年发展,我国海洋新材料国产化程度有了很大提高,部分产品实现了完全国产化,需要建立科学可靠的海洋材料评价体系和评价技术。

5.2.2　海洋材料发展的建议

材料的研究、应用和发展是海洋工程和海洋产业可持续发展的基础,材料的性能和耐久性影响着海洋工程装备和设施的服役寿命和应用功能。材料的发展促进了海洋工程的发展,而当海洋工程发展到一定程度反过来又促进了其对更高性能材料的需求。基于前述调研分析和海洋材料的研发进展及产业情况,提出如下发展建议:

(1)加强顶层设计,对沿领海线较长或海域较大沿海地区建立海洋观测平台—材料数据系统—材料基础研发—产业应用等一体化材料研发应用体系。其中,建立海洋观测平台,跟踪和监测海洋发展变化情况,掌握海洋变化趋势和变化规律,研究海洋发展变化的动因和机理,积累海洋观测数据,建立海洋观测数据体系,支撑海洋气候条件下材料技术研发。

(2)重视海洋材料前沿技术开发,尤其加强对高碱、强腐蚀、高温、高压等极端海洋条件下具有高性能特殊应用材料的开发。依托粤港澳大湾区高校、研究所等研发实力,加大对海洋新材料的研发投入,如大型 LNG 船用特殊钢材和焊料,高端树脂和复合材料,深海钻探材料,深海高强不锈钢,极地超低温钢,水下电力连接材料,海洋装备材料的腐蚀防护与防污,以及高性能传感器用材料等。

(3)联合国内外海洋用材料重点研发机构,构建以粤港澳大湾区为核心的专门从事海洋新材料的研发平台,设立研发项目,重点攻克海洋工程用材料的研发难点，推动海洋工程装备制造高端化、海洋生物医药与制品系列化、海水淡化与综合利用规模化、海洋可再生能源利用技术工程化、海洋新材料适用化、海洋服务业多元化。

(4)建立海洋新材料评估评价方法体系和标准体系，加强、加快技术向专利和标准转移和转化。鼓励产学研用，健全标准体系，为技术的产业化作支撑。我国研究实力强，但专利申请的技术创新能力不足，且缺乏相关标准的制定，这制约了我国海洋材料相关技术的商业化，阻碍了海洋经济的发展以及对海洋的进一步探索。因此瞄准国际先进水平，立足自主技术，健全海洋新材料标准体系、技术规范、检测方法和认证机制是实现海洋快速发展的有效解决方案之一。

(5)建立和完善海洋新材料产业政策，制定和完善行业准入条件，发布重点海洋新材料产品指导目录，实施海洋新材料产业重大工程。海洋产业向新兴海洋产业倾斜。将"人才链+产业链+创新创业链"作为集聚创新资源的战略基点，以海洋科技创新体系来支撑海洋经济高质量发展。